U0222437

中国茶品鉴图典

李俊杰 编著

甘肃科学技术出版社

图书在版编目（CIP）数据

中国茶品鉴图典/李俊杰编著.--兰州：甘肃科
学技术出版社，2017.7
ISBN 978-7-5424-2456-3

Ⅰ.①中… Ⅱ.①李… Ⅲ.①茶叶—品鉴—中国—图
集 Ⅳ.①TS272.5-64

中国版本图书馆CIP数据核字(2017)第254028号

中国茶品鉴图典

李俊杰　　编著

出 版 人　王永生
责任编辑　何晓东
封面设计　深圳市金版文化发展股份有限公司

出　版　甘肃科学技术出版社
社　址　兰州市读者大道568号　730030
网　址　www.gskejipress.com
电　话　0931-8773238（编辑部）　0931-8773237（发行部）
京东官方旗舰店　http://mall.jd.com/index-655807.html

发　行　全国新华书店　　　印　刷　深圳市雅佳图印刷有限公司
开　本　173mm×243mm　1/16　　印　张　27　字　数　300千字
插　页　1
版　次　2018年1月第1版　　　印　次　2018年1月第1次印刷
印　数　6000
书　号　ISBN 978-7-5424-2456-3
定　价　58.00元

今年春节，去了一趟"茶圣故里"（今湖北天门），造访了距老家不过 10 公里的茶经楼。

高中时代在唐代茶圣陆羽的故乡求学，未曾想过此后十余年都跟茶圣陆羽一样，反复在做一件事：喝茶。还有后来的学茶、上茶山、制茶等。

在茶经楼上层层游览茶经，登楼远望，找寻陆羽踪迹。回往喝茶的这十余年，弹指一挥间！

李俊杰

一个喝茶的 IT 人。微信公众号"茶道"创始人，自建茶友圈子，人称"茶道茗哥"，致力于做茶、茶人、茶商、茶友等的连接。

喝茶是专业，不是兴趣

那年在长沙，我还在园艺园林学院茶学系实验室品鉴着各地好茶，心里却嘀咕着写完品鉴报告后，找自习教室去练习更多的高数题。进入大三，想到未来的工作是出入茶园，耕地除草，不停歇地喝茶、卖茶，我就觉得懵，这是工作吗？眼前的毛概邓论、数据结构之类的考研题目，都感觉不是啥难事，想的是计算机和远方。

当时我还作为班上学习委员，伙同班长和生活委员等，一起搬离宿舍，通宵自习，反复做题，备战考研，茶学系就我们班考研风最盛，而且大部分不考本专业。跨专业，跨学校，跨省。

喝茶是兴趣，不是专业

那年在西安，面对着电脑，疏远了茶，开始了"啤酒饮料矿泉水"的小年轻生活，没意识到自己缺点啥。读研期间我还偶尔混迹一些茶网站、茶论坛，还记得在一个叫茶语清心的论坛里，零零碎碎胡诌了一篇茶与水谈恋爱的文言文，后来有个在论坛与我互动的好友说想结识我这类朋友，想给我邮寄一份茶，一起品尝。不知当时是网络防御心理还是我的不好意思，我默不回应，最后也遗憾未能结识这位朋友。后来我在茶友圈一直鼓励茶友之间分享和勇于交流，深受这位素未谋面朋友的影响，有人分享，也有人接受，就挺好。

喝茶是好玩，不是工作

这些年在深圳，于 2012 年年底接触新媒体，从做一个茶道的公众号开始。当时还没有互联网＋的概念，纯属无心插柳的好玩心态，却将我学过的两个专业结合了起来。茶道公众号从"乐思乐分享，品茶品人生"的理念出发，只做茶文分享。通过公众号认识了很多爱茶的朋友。我做过很多尝试，包括建立一个茶友圈子：让志同道合的人能汇聚在一起，互通有无。于是一个叫"茗哥"的我就出现了，茗哥在这个圈子里起一个连接"点"的作用，天南海北的茶友通过茶道文章的传播分享，一部分深度连接的茶友进入了茗哥朋友圈，参与茗哥策划的各种好玩有趣的活动，比如送茶、试茶、茶山行旅游、茶聚会等，"茶油圈"就自然产生了。

茶油圈是一个社群，主要来源于茶道订阅用户。茶油是茶友的代名词，有茶有水有自由的茶友，所谓之"茶油"。其实品茶学术化，茶艺流于形，让太多不懂茶的人望而却步，止于茶文化高大上的门前……戏称茶油，希望大家畅快饮茶，车到山前必有路，喝到饱时能品味……

喝茶是工作，不是好玩

茶油圈从公众号平台走到线下，来自五湖四海的茶友自由"连接"，以茶会友，集中在 2014 年，茶油圈的小伙伴一起努力完成了很多个"一次"：

一次聚会：组织在长沙、上海、沈阳、深圳等地进行一次茶友聚会。

一次旅行：4 月在云南景迈山古茶园旅游。

一个茶饼：4 月茶友们参与（采茶、制作等）完成第一块古茶饼的制作。8 月茶友们参与黑茶砖制作，并有了自己的纪念千两茶。

一次福利：5 月起，茶商纷纷为茶油圈赞助茶产品等福利。

一次设计：茶油圈里的设计师和艺术爱好者 10 余人参与设计 logo，完成茶道 logo 的设计。

诸如此类，现在已经有很多个数不清的"一次"了，有时茶友们会发来合照，缘于这个圈子相识。不仅如此，在这个小圈子里，他们有的找到了自己心仪的茶，有的找到了茶艺方面的工作，有的结识了相见恨晚的朋友，还有的在茶油圈寻到了自己的归宿……

每"一次"都是集体智慧的一次超越，每个参与其中的茶友都是知识和情感的奉献者。

我作为社群的发起人，一边喝茶，一边思考在社群持续做更多好玩有趣的事情。写书，其实也是自建立茶油圈以来的心愿，随着加入茶油圈的人越来越多，成书的愿望越发强烈。

茶友们来自天南海北，从不相识到熟悉，如同一个以前从不喝茶的人到开始喝茶的人，慢慢地，茶走入了生活，并变得不可或缺。

中国茶资源丰富，产品多种多样，从源头种类、种植、加工、工艺、茶艺、市场消费，大部分都还是很成熟的，但是在环节之间的有些连接，比如，一个人从不喝茶到喝茶的过程有个断层，传统观点认为喝茶的人比较讲究圈子，互联网时代依然是这样，跟朋友喝，跟家人喝，跟客户喝；不喝茶的人到喝茶，是 0 到 1 的过程，一般他们不会轻易去尝试。我能想到的是，圈子是最适合影响大家来喝茶的，于是我做了大量社群活动来认证，发现茶友们普遍的问题，还是集中在"什么是好茶""如何买到好茶""如何识别好茶""如何品茶"这些最直接的问题，也许在本书中可以找到答案。

目录／Contents

Part 2 好器好茶：茶器介绍和茶叶选购

Part 3 茶艺茶道：泡茶方法和饮茶文化

Part 4 丰富多样的品茶文化

Part 5 中国十大名茶品鉴

Part 8　认识乌龙茶：色重味香

270　认识乌龙茶

Part 11 认识白茶：清透碧绿

370 认识黄茶

Part 12 认识花茶：香形相辅

388 认识花茶

Part 1

源远流长：
品读茶文化

　　茶在中国，素有"国饮"之称，足以见其文化足迹，非一朝一夕而成。

　　闲暇之时，手执一杯香茗，看轻烟缭绕，闻悠悠茶香，细细品读源远流长的中国茶文化。

了解中国茶的知识

["茶"音溯源]

大体而言,在唐代之前人们大多把茶称为"荼",期间也用过其他字形,直到中唐以后,"茶"字才成为官方的统一称谓。

最早的时候,人们用"荼"字作为茶的称谓。但是,"荼"字有多种含义,易发生误解;而且,"荼"是形声字,"艹"字头说明它是草本植物,不合茶是木本植物的身份。《尔雅》一书中,开始尝试着借用"槚"字来代表茶树,但"槚"的原义是指楸、梓之类树木,用来指茶树也会引起误解。所以,在"槚,苦荼"的基础上,又造出一个"搽"字,读"chá"的音,用来代替原先的"槚""荼"。到了陈隋之际,出现了"茶"字,改变了原来的字形和读音,多在民间流行使用。直到唐代陆羽《茶经》之后,"茶"字才逐渐流传开来,运用于正式场合。

茶传入国外后,世界各国最初对茶的称呼都是从中国对外贸易所在地广东、福建一些地区的"茶"的方言音译而来的。因茶叶输出地区发音有区别,各国的茶读音也随之不同,大致可分为依北方音"cha"和厦门音"te"两大系统。例如,土耳其cay/chay、阿拉伯chay、日本qya、印度chai、波兰chai、葡萄牙cha、越南cha、菲律宾cha、伊朗chay、希腊tsai、荷兰thee、英国tea、美国tea、法国the、意大利te。

[关于"茶"的字形演变]

在中国古代,表示茶的字有多个,"其字,或从草,或从木,或草木并。其名,一曰茶,二曰槚,三曰蔎,四曰茗,五曰荈。"由于茶是木本植物,在《尔雅·释木》之中,为其正名"槚(jiǎ),即茶"。后来,《魏王花木志》中说:"茶,叶似栀子,可煮为饮。其老叶谓之蔎,嫩叶谓之茗。"直到唐代陆羽第一次在《茶经》中使用统一的"茶"字之后,才渐渐流行开来。

甲骨文　　大篆　　小篆　　草篆　　隶书　　楷书

"茶"的雅号别称

在唐代以前，"茶"字还没有出现。《诗经》中有"荼"字，《尔雅》称茶为"槚"，《方言》称"蔎"（shè），《晏子春秋》称"茗"，《凡将篇》称"荈"（chuǎn），《尚书·顾命篇》称"诧"。

另外，古时的茶是一物多名，在陆羽的《茶经》问世之前，茶还有一些雅号别称，如：水厄、酪奴、不夜侯、清友、玉川子、涤烦子等。后来，随着各种名茶的出现，往往以名茶的名字来代称"茶"字，如"龙井""乌龙""大红袍""雨前"等。

图说茶事

shuǐ è
水 厄

晋代司徒长史王蒙嗜茶，常请客人陪饮。士大夫将拜访王蒙戏称"水厄"，而"厄"有灾难之意。

bù yè hóu
不夜侯

不夜侯，源于晋代张华的《博物志》。因茶有提神醒目之功，故而称其为"侯"。

qīng yǒu
清 友

源自宋代苏易简的《文房四谱》。因苏易简把茶当成清雅质朴的好友，故称"清友"。

中国四大茶区

中国茶区根据生态环境、茶树品种、茶类结构分为四大茶区，即华南茶区、西南茶区、江南茶区、江北茶区。

华南茶区

华南茶区包括福建东南部、台湾、广东中南部、广西南部、云南南部及海南。华南茶区茶树品种主要为大叶类品种，小乔木型和灌木型中小叶类品种亦有分布，生产茶类品种有乌龙茶、工夫红茶、红碎茶、绿茶、花茶等。

华南茶区气温为四大茶区最高，年均气温在20℃以上，一月份平均气温多高于10℃，≥10℃积温在6500℃以上，无霜期300天以上，年极端最低气温不低于-3℃。

华南茶区雨水充沛，年降水量为1200～2000毫米，其中夏季占50%以上，冬季降雨较少。茶区的土壤以砖红壤为主，部分地区也有红壤和黄壤分布，土层深厚，有机质含量丰富。

西南茶区

西南茶区包括云南中北部、广西北部、贵州、四川、重庆及西藏东南部。西南茶区茶树品种丰富，乔木型大叶类和小乔木型、灌木型中小叶类品种都有，生产茶类品种有工夫红茶、红碎茶、绿茶、黑茶、花茶等，是中国发展大叶种红碎茶的主要基地之一。

西南茶区地形复杂，气候变化较大，平均气温在15.5℃以上，最低气温一般在-3℃左右，个别地区可达-8℃。≥10℃积温在4000℃~5800℃，无霜期200~340天。

西南茶区雨水充沛，年降水量为1000~1200毫米，但降雨主要集中在夏季，冬、春季雨量偏少，如云南等地常有春旱现象。西南茶区的土壤类型多，主要有红壤、黄红壤、褐红壤、黄壤、红棕壤等，有机质含量较其他茶区高，有利于茶树生长。

江南茶区

　　江南茶区包括湖南、江西、浙江、湖北南部、安徽南部、江苏南部。江南茶区茶树品种以灌木型为主，小乔木型也有一定的分布，生产茶类有绿茶、乌龙茶、白茶、黑茶、花茶等。

　　江南茶区地势低缓，年均气温在15.5℃以上，极端最低气温多年平均值不低于-8℃，但个别地区冬季最低气温可降到-10℃以下，茶树易受冻害。≥10℃积温为4800℃~6000℃，无霜期230~280天。夏季最高气温可达40℃以上，茶树易被灼伤。

　　江南茶区雨水充足，年均降雨量1400~1600毫米，有的地区年降雨量可高达2000毫米以上，以春、夏季为多。茶区的土壤以红壤、黄壤为主，部分地区有黄褐土、紫色土、山地棕壤和冲积土，有机质含量较高。

江北茶区

　　江北茶区包括甘肃南部、陕西南部、河南南部、山东东南部、湖北北部、安徽北部、江苏北部。江北茶区茶树品种主要是抗寒性较强的灌木型中小叶种，生产茶类主要为绿茶。

　　江北茶区大多数地区的年平均气温在15.5℃以上，≥10℃积温为4500℃~5200℃，极端最低温为-10℃，个别年份极端最低气温可降到-20℃，造成茶树严重冻害，无霜期200~250天。

　　江北茶区年降水量较少，在1000毫米以下，且分布不均，其中春、夏季降雨量约占一半。茶区的土壤以黄棕壤为主，也有黄褐土和山地棕壤，pH值偏高，质地黏重，常出现黏盘层，肥力较低。

中国七大茶类

不发酵茶——绿茶

　　绿茶，又称不发酵茶，是以适宜茶树的新梢为原料，经过杀青、揉捻、干燥等传统工艺制成的茶叶。由于干茶的色泽和冲泡后的茶汤、叶底均以绿色为主调，因此称为绿茶。

　　绿茶是历史上最早的茶类，古代人类采集野生茶树芽叶晒干收藏，可以看作是绿茶加工的发始，距今至少有3000多年。绿茶为我国产量最大的茶类，产区分布于各产茶区，其中浙江、安徽、江西三省产量最高、质量最优，是我国绿茶生产的主要基地。中国绿茶中，名品最多，如西湖龙井、洞庭碧螺春、黄山毛峰、信阳毛尖等。

全发酵茶——红茶

　　红茶在绿茶的基础上经过发酵而成，即以适宜的茶树新芽为原料，经过杀青、揉捻、发酵、干燥等工艺制作而成。制成的红茶其鲜叶中的茶多酚减少90%以上，新生出茶黄素、茶红素以及香气物质等成分，因其干茶的色泽和冲泡的茶汤以红色为主调，故名红茶。

　　红茶的发源地在我国的福建省武夷山茶区。尽管世界上的红茶品种众多，产地很广，但多数红茶品种都是由我国红茶发展而来。世界四大名红茶分别为祁门红茶、阿萨姆红茶、大吉岭红茶和锡兰高地红茶。

半发酵茶——乌龙茶

　　乌龙茶，又名青茶，属半发酵茶类，基本工艺过程是晒青、晾青、摇青、杀青、揉捻、干燥，以其创始人苏龙（绰号乌龙）而得名。乌龙茶结合了绿茶和红茶的制法，其品质特点是既具有绿茶的清香和花香，又具有红茶醇厚的滋味。

　　乌龙茶的主要产地在福建的闽北、闽南及广东、台湾三地。名品有铁观音、黄金桂、武夷大红袍、武夷肉桂、冻顶乌龙、闽北水仙、奇兰、本山、毛蟹、梅占、大叶乌龙、凤凰单枞、凤凰水仙、岭头单枞、台湾乌龙等。

后发酵茶——黑茶

　　作为一种利用菌发酵方式制成的茶叶，黑茶属后发酵茶，基本工艺是杀青、揉捻、渥堆和干燥四道工序。按照产区的不同和工艺上的差别，黑茶可分为湖南黑茶、湖北老青茶、四川边茶和滇桂黑茶。

　　最早的黑茶是由四川生产的，是绿毛茶经蒸压而成的边销茶，主要运输到西北边区，由于当时交通不便，必须减少茶叶的体积，蒸压成团块。在加工成团块的过程中，要经过20多天的湿坯堆积，毛茶的色泽由绿变黑。

轻发酵茶——黄茶

人们在炒青绿茶的过程中发现，由于杀青、揉捻后干燥不足或不及时，叶色会发生变黄的现象，黄茶的制法也就由此而来。

黄茶属于发酵茶类，其杀青、揉捻、干燥等工序，与绿茶制法相似，关键差别就在于闷黄的工序。大致做法是，将杀青和揉捻后的茶叶用纸包好，或堆积后以湿布盖之，促使茶坯在水热作用下进行非酶性的自动氧化，形成黄色。

按采摘芽叶范围与老嫩程度的差别，黄茶可分为黄芽茶、黄小茶和黄大茶三类。

轻微发酵茶——白茶

白茶属于轻微发酵茶，是我国茶类中的特殊珍品，因其成品茶多为芽头、满披白毫、如银似雪而得名。白茶为福建的特产，主要产区在福鼎、政和、松溪、建阳等地。基本工艺是萎凋、烘焙（或阴干）、拣剔、复火等工序。白茶的制法既不破坏酶的活性，又不促进氧化作用，因此具有外形芽毫完整、满身披毫、毫香清鲜、汤色黄绿清澈、滋味清淡回甘的品质特点。

白茶因茶树品种、鲜叶采摘的标准不同，可分为叶茶（如白牡丹、新白茶、贡眉、寿眉）和芽茶（如白毫银针）。

再加工茶——花茶

花茶，又称熏花茶、香花茶、香片，是中国特有的香型茶。花茶始于南宋，已有千余年的历史，最早出现在福州。它是利用茶叶善于吸收异味的特点，将有香味的鲜花和新茶一起闷，待茶将香味吸收后再把干花筛除，花茶乃成。

最常见的花茶是茉莉花茶，根据茶叶中所用的鲜花不同，还有玉兰花茶、桂花茶、珠兰花茶、玳玳花茶等。普通花茶都是用绿茶作为茶坯，也有用红茶或乌龙茶制作的。

细说中国茶的历史

中国茶的历史背景

茶鲜叶到干叶时期（公元961年以前）

茶文化发展史

周朝茶为祭品，以供丧事之用。茶树生长有季节性，不可能随采随祭，必须晴天晒干或雨天阴干收藏，以便随时取用。

西汉将茶的产地县命名为"茶陵"，即湖南的茶陵。

东汉华佗《食经》"苦荼久食，益意思"记录了茶的医学价值。

中唐时，集茶文化之大成者是陆羽和他的名著《茶经》。《茶经》对唐代茶叶历史、产地、功效、栽培、采制、煎煮、饮用的知识、技术都作了阐述，把茶文化发展到一个空前的高度，是世界上第一部最完备的综合性茶学著作。陆羽也因此被后人称为茶圣、茶神。

宋代文人中出现了专业品茶社团，有官员组成的"汤社"、佛教徒组成的"千人社"等等。

宋太祖时期，宫廷中设立茶事机关，宫廷用茶已分等级，茶仪已成礼制，还赐给国外使节。

民间斗茶风起，带来了采制烹点的一系列变化。迁徙时邻里要"献茶"，有客来要敬"元宝茶"，定婚时要"下茶"，结婚时要"定茶"，同房时要"合茶"。

上古时代	夏商周	秦	汉	魏晋南北朝	隋	唐	宋

中国茶叶发展史

魏代《广雅》中最早记载了饼茶的制法和饮用："荆巴间采叶作饼，叶老者饼成，以米膏出之。"饮用时碾碎冲泡。茶以物质形式出现而渗透至其他人文科学而形成茶文化。

唐朝盛产寿州黄芽，是自然发黄的茶芽，蒸制为团茶，不像现时霍山大化坪出产自然发黄的黄芽。

11世纪前后，四川绿茶运销西北，交通不便，运输困难，必须压缩体积，蒸制为边销团块茶，使边销茶成为西北边区重要商品。

到了宋朝后期，由于蒸青饼茶在压制过程中会损失一部分茶香，而且制茶过程费时费力，就出现了蒸青散茶，蒸青散茶是将茶蒸后直接烘干，这样就可以很好地保持茶叶的香味。

据信史《华阳国志》记载，当年周武王伐纣时，巴人曾向周军献茶。由此可见，茶叶的种植历史追溯到3000年以前是可以确定的。

两晋南北朝时期，为方便储藏和运输，出现了将散装茶叶跟米膏一起制成茶饼的晒青茶，这种方法一直沿用到初唐时期。

魏晋南北朝时期，饮茶之风流传到长江中下游，茶叶已成为日常饮料，宴会、待客、祭祀都会用茶。

蒸青团茶到炒青散茶时期（公元961年-1368年）

炒青到六大茶类时期（公元1368年-1700年）

已出现蒸青、炒青、烘青等各茶类，茶的饮用已改成"撮泡法"。

1391年，洪武皇帝朱元璋下诏："罢造龙团，惟采茶芽以进。"于是，不再有蒸青饼茶，而独存下来的蒸青散茶在明朝前期盛行。

到清朝时，茶叶出口已成一种正规行业，茶书、茶事、茶诗不计其数。

清初文人袁枚在《随园食单·茶酒单·武夷茶》中记述了工夫茶艺，工夫茶讲究茶具的艺术美，冲泡过程的程式美，品茶时的意境美，此外还追求环境美、音乐美。

各省各市及主产茶县纷纷主办"茶叶节"，如福建武夷市的岩茶节，云南的普洱茶节，浙江新昌、泰顺和湖北英山及河南信阳的茶叶节不胜枚举，都以茶为载体，促进经济贸易的全面发展。

元	明	清	现代

1570年前后，由于炒青绿茶的实践，发觉杀青后或揉捻后，不及时干燥或干燥程度不足，叶质变黄，产生新的认识，再去实践，就创造了黄茶。

小种红茶起源于16世纪，亦称正山小种。从小种红茶流传到闽东各县简化制法的工夫红茶，则起源于公元1650年前后。

福建福鼎的白毫银针，起源于1796年。

青茶是清朝雍正三年至十三年间劳动人民发明的。

白牡丹是继白毫银针之后，最早创制于建阳水吉，后传入政和、福鼎。1922年，政和开始创制白牡丹。

黑毛茶起源于16世纪以后。湖南安化黑毛茶揉捻后渥堆20多个小时，使叶色变成褐绿带黑，而后烘干为黑毛茶。这种黑毛茶经过各种蒸压技术，造成各种各样的黑砖茶。

从古至今饮茶方式的演变

饮茶始于中国，中国人饮茶已有数千年的历史。究竟最早是从何时开始饮茶的，目前说法不一。"神农尝百草，日遇七十二毒，得荼而解之"是在《神农本草经》中记载的，但当时茶主要是作为药用，而真正的"茗饮"应是秦统一巴蜀之后的事。

古代人最初的用茶方式

在原始社会，人类除了采集野果直接充饥外，有时也会挖掘野菜或摘取某些树木的嫩叶来口嚼生食，有时会把这些野菜和嫩叶与稻米一起在陶制的釜鼎（锅）内熬煮成粥。

古人在长期食用茶的过程中，认识到了它的药用功能。《神农本草经》记载："神农尝百草，日遇七十二毒，得荼而解之。"这是茶叶作为药用的开始，大约在夏商之前母系氏族社会向父系氏族社会转变时期。

汉魏六朝用冷水煮茶

饮茶历史起源于西汉时的巴蜀之地。从西汉到三国时期，在巴蜀之外，茶是仅供上层社会享用的珍稀之品。

关于汉魏六朝时期饮茶的方式，古籍仅有零星记录，《桐君录》中说："巴东别有真香茗，煎饮令人不眠。"晋代郭璞在为《尔雅》作注释时说："树小如栀子，冬生，叶可煮作羹饮。" 当时还没有专门的煮茶、饮茶器具，大多是在鼎或釜中煮茶，用吃饭用的碗来饮茶。

据唐代诗人皮日休说，汉魏六朝的饮茶法是"浑而烹之"，即将茶树生叶煮成浓稠的羹汤饮用。西晋杜育作《赋》，其中写道："水则岷方之注，挹彼清流。器泽陶简，出自东隅。酌之以匏，取式公刘。惟兹初成，沫沉华浮。焕如积雪，晔若春敷。"大概意思是：水是岷江的清泉，碗是东隅的陶简，用公刘制作的瓢舀出。茶煮好之时，茶末沉下，汤华浮上，亮如冬天的积雪，鲜似春日的百花。这里就涉及了择水、选器、酌茶等环节。这一时期的饮茶方式是煮茶法，以茶入锅中熬煮，然后盛到碗内饮用。

魏晋时期采摘茶叶制茶饼

魏晋南北朝时期，饮茶之风已逐步形成。这一时期，南方已普遍种植茶树。《华阳国志·巴志》中说："其地产茶，用来纳贡。"《蜀志》记载："什邡县，山出好茶。"当时的饮茶方式，《广志》中是这样说的："茶丛生真，煮饮为茗。茶、茱萸、檄子之属，膏煎之，或以茱萸煮脯胃汁，谓之茶。有赤色者，亦米和膏煎，日无酒茶。"

魏晋时期，三峡一带的茶饼制作与煎煮方式仍保留着以茶为粥或以茶为药的特征。操作过程是先采摘茶树的老叶，将其制成茶饼，再把茶饼在火上微烤至变色，并将茶饼捣成细末，最后浇以少量米汤固化制型。

唐代始创煎茶法

到了唐代，饮茶风气渐渐普及全国。自陆羽的《茶经》出现后，茶道更是兴盛。当时饮茶之风扩散到民间，人们都把茶当作家常饮料，甚至出现了茶水铺，"不问道俗，投钱取饮"。唐朝的茶，以团饼为主，也有少量粗茶、散茶和米茶。饮茶方式，除沿续汉魏南北朝的煮茶法外，又有泡茶法和煎茶法。

《茶经·六之饮》中记载："饮有粗茶、散茶、末茶、饼茶，乃斫、乃熬、乃炀、乃舂，贮于瓶缶之中，以汤活焉，谓之阉茶。" 茶有粗、散、末、饼四类，粗茶要切碎，散茶、末茶入釜炒熬、烤干，饼茶舂捣成茶末。将茶投入瓶缶中，灌以沸水浸泡，称为"阉茶"。"阉"义同"淹"，即用沸水淹泡茶。

煎茶法是陆羽所创，主要程序有：备器、炙茶、碾罗、择水、取水、候汤、煎茶、酌茶、啜饮。

用茶之进步

煎茶法与汉魏南北朝的煮茶法相比，有两点区别：
①煎茶法通常用茶末，而煮茶法用散叶、茶末皆可；
②煎茶是一沸投茶，环搅，三沸而止，煮茶法则是冷热水不忌，煮熬而成。

唐代如何蒸青茶饼

唐代以前，制茶多用晒或烘的方式制成茶饼。但是，这种初步加工的茶饼，仍有很浓的青涩之味。

经过反复的实践，唐代出现了完善的"蒸青法"。

蒸青是利用蒸汽来破坏鲜叶中的酶活性，形成的干茶具有色泽深绿、茶汤浅绿、茶底青绿的"三绿"特征，香气带着一股青气，是一种具有真色、真香、真味的天然风味茶。

陆羽在《茶经·三之造》一篇中，详细记载了这种制茶工艺："晴，采之。蒸之，捣之，拍之，焙之，穿之，封之，茶之干矣。"在二月至四月间的晴天，在向阳的茶林中摘取鲜嫩茶叶。将这些茶的鲜叶用蒸的方法，使鲜叶萎凋脱水，然后捣碎成末，以模具拍压成团饼之形，再烘焙干燥，之后在饼茶上穿孔，以绳索穿起来，加以封存。

制茶步骤

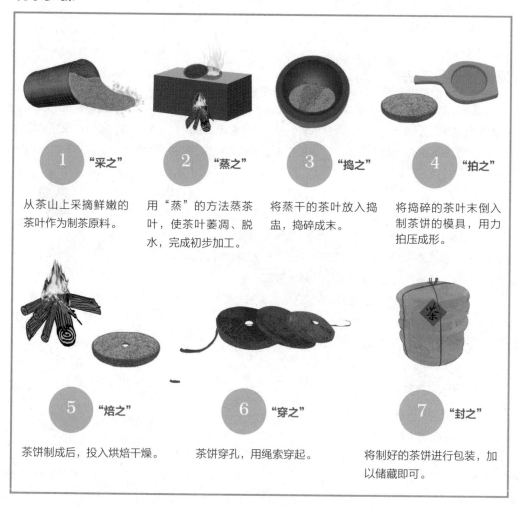

1 "采之"
从茶山上采摘鲜嫩的茶叶作为制茶原料。

2 "蒸之"
用"蒸"的方法蒸茶叶，使茶叶萎凋、脱水，完成初步加工。

3 "捣之"
将蒸干的茶叶放入捣臼，捣碎成末。

4 "拍之"
将捣碎的茶叶末倒入制茶饼的模具，用力拍压成形。

5 "焙之"
茶饼制成后，投入烘焙干燥。

6 "穿之"
茶饼穿孔，用绳索穿起。

7 "封之"
将制好的茶饼进行包装，加以储藏即可。

宋代人盛行"点茶"

饮茶的习俗在唐代得以普及，在宋代达到鼎盛。此时，茶叶生产空前发展，饮茶之风极为盛行，不但王公贵族经常举行茶宴，皇帝也常以贡茶宴请群臣。在民间，茶也成为百姓生活中的日常必需品之一。

宋朝前期，茶以片茶（团、饼）为主；到了后期，散茶取代片茶占据主导地位。在饮茶方式上，除了继承隋唐时期的煎、煮茶法外，又兴起了点茶法。为了评比茶质的优劣和点茶技艺的高低，宋代盛行"斗茶"，而点茶法也就是在斗茶时所用的技法。先将饼茶碾碎，置茶盏中待用，以釜烧水，微沸初漾时，先在茶叶碗里注入少量沸水调成糊状，然后再注入适量沸水，边注边用茶筅搅动，使茶末上浮，产生泡沫。

点茶步骤

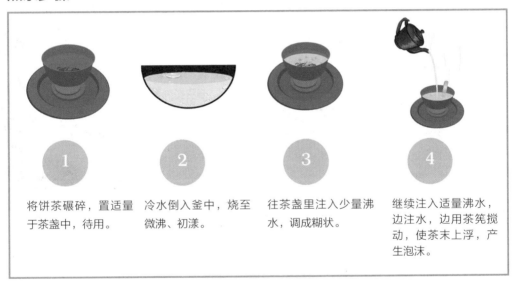

1 将饼茶碾碎，置适量于茶盏中，待用。

2 冷水倒入釜中，烧至微沸、初漾。

3 往茶盏里注入少量沸水，调成糊状。

4 继续注入适量沸水，边注水，边用茶筅搅动，使茶末上浮，产生泡沫。

蒸青散叶茶与龙凤团茶在宋代如何发展

蒸青团茶的工艺，保持了茶的绿色，提高了茶叶的质量，但是水浸和榨汁的做法，损失了部分茶的真味和茶香，而且难以除去苦味。为了改善这些缺点，到了宋代，蒸茶时逐渐采取蒸后不揉不压、直接烘干的做法，将蒸青团茶改造为蒸青散茶，这样，就保证了茶的香味。

据陆羽《茶经》记载，唐代已有散茶。到了宋代，饼茶、龙凤团茶和散茶同时并存。《宋史·食货志》中说："茶有两类，曰片茶，曰散茶。"片茶即饼茶。

龙凤团茶是北宋的贡茶，因茶饼上印有龙凤形的纹饰而得名。据宋代赵汝砺《北苑别录》记述，龙凤团茶的制造工序如下：茶芽采回后，先浸泡水中，挑选匀整芽叶进行蒸青，蒸后冷水清洗，然后小榨去水，大榨去茶汁，去汁后置瓦盆内兑水研细，再入龙凤模压饼、烘干。由于制作龙凤团茶耗时费工、成本惊人，所以宋朝灭亡后，龙凤团茶便走向末路。到了明代，明太祖朱元璋于1391年下诏罢造龙团，废除龙凤团茶。从此，龙凤团茶成为绝唱，而蒸青散茶开始盛行。

元明多用散茶泡茶

元朝泡茶多用末茶，并且还杂以米面、麦面、酥油等佐料；明代的细茗，则不加佐料，直接投茶入瓯，用沸水冲点，杭州一带称之为"撮泡"，这种泡茶方式是后世泡茶的先驱。明代人陈师在《茶考》中记载："杭俗烹茶，用细茗置茶瓯，以沸汤点之，名为撮泡。"

明太祖朱元璋正式废除团饼茶，提倡饮用散茶。宁王朱权，明太祖朱元璋的十七子，对茶道颇有研究，著有《茶谱》一书。书中写道："盖羽多尚奇古，制之为末，以膏为饼。至仁宗时，而立龙团、凤团、月团之名，杂以诸香，饰以金彩，不无夺其真味。然天地生物，各遂其性，莫若叶茶。烹而啜之，以遂其自然之性也。予故取烹茶之法，末茶之具，崇新改易，自成一家。"从他之后，茶的饮法逐渐变成现今直接用沸水冲泡的简易形式。

明代茶叶生产上有许多发明创造，绿茶生产上改进了蒸青技术并产生了炒青技术。花茶的生产得到了进一步的发展，许多花都可以用来窨制花茶。此外还出现了乌龙茶和红茶。

　　明代"文士茶"也颇具特色，尤以吴门四才子为最。四才子文徵明、唐寅、祝枝山和徐祯卿都是才华横溢的文化人，多才多艺又嗜茶，开创了"文士茶"的新局面。他们更加强调品茶时对自然环境的选择和审美氛围的营造，使品茶成为一种契合自然、回归自然的高雅活动。这在他们的传世佳作中都有很好的体现。

　　到了明朝后期，文士们对品饮之境的追求又有新的突破，讲究至精至美之境。全身心地融入品茶活动中，并更进一步达到超凡脱俗、天人合一的精神境界，提出茶道之说并对其进行了深入探索。这是明人对中国茶道精神的发展与超越。

清朝"工夫茶艺"兴盛

　　清朝在茶叶品饮方面的最大成就是"工夫茶艺"的完善。

　　工夫茶，是为适应茶叶撮泡的需要，经过文人雅士的加工提炼而成的品茶技艺。大约明代形成于浙江一带的州府里，扩展到闽、粤等地，到了清朝，逐渐转移到以闽南、潮汕一带为中心，至今以"潮汕工夫茶"享有盛誉。

　　清初文人袁枚在《随园食单·茶酒单·武夷茶》中记述了工夫茶艺，工夫茶讲究茶具的艺术美，冲泡过程的程式美，品茶时的意境美，此外还追求环境美、音乐美。清朝茶人已将茶艺推进到尽善尽美的境地，形成了工夫茶的鼎盛时期。

茶文化向国外的传播

与中国一衣带水的日本茶道

中国的茶与茶文化，对日本的影响最为深刻。茶道是日本茶文化中最具典型性的一个内容，而日本茶道的发祥，与中国文化的熏陶息息相关。中国茶传到日本后，慢慢被发扬光大成一种仪式，而且冠上了哲学及艺术之名，一个普通的茶仪式可持续4个小时。

中国茶及茶文化传入日本，主要是以浙江为通道，并以佛教传播为途径而实现的。浙江地处东南沿海，是唐、宋、元各代重要的进出口岸。自唐代至元代，日本遣使和学僧络绎不绝，来到浙江各佛教胜地修行求学，回国时，不仅带去了茶的种植知识、煮泡技艺，还带去了中国传统的茶道精神，使茶道在日本发扬光大，并形成了具有日本民族特色的艺术形式和精神内涵。

整个日本茶道，无不体现与佛教的息息相关，至今仍然散发着中国唐宋时代的文化气息，保留着浙江天台山、径山等地的佛家饮茶遗风。

从中国传入的韩国茶礼

古代朝鲜的茶礼源于中国，但融合禅宗、儒家、道教文化和本地传统礼仪而形成。早在1000多年前的新罗时期，朝廷的宗庙祭礼和佛教仪式中就运用了茶礼。高丽时期，朝廷举办的茶礼有9种之多。在阴历的每月初一、十五等节日和祖先诞辰之时，会在白天举行简单祭礼，有昼茶小盘果、夜茶小盘果等摆茶活动，称之为茶礼。

现代韩国提倡以和、静为根本精神的茶礼，其含义可泛化为"和、敬、俭、真"四个字。

韩国的茶礼侧重于礼仪，强调茶的亲和、礼敬、欢快，把茶礼贯彻于各阶层之中，以茶作为团结全民族的力量。所以，茶礼的整个过程，从环境、茶室陈设、书画、茶具造型与排列，到投茶、注茶、茶点、吃茶等均有严格的规范与程序，力求给人以清静、悠闲、高雅、文明之感。

威廉·乌克斯在《茶叶全书》里，梳理了中国茶进入英国的一段历史。1657年左右，英国伦敦有一家叫加威的咖啡馆，首次向市民出售茶叶，价格高达6~10英镑。

英国人将下午茶称为"图腾饮料"，无疑是赋予了下午茶一种超越现实的、形而上的宗教魅力与民族归属感，无论是皇宫贵族，还是平民百姓，每天上、下午两顿茶点已然成为"人权的甜品"。

事实上，茶在英国的普及，与英国人的饮食结构有很大关系，茶可以作为适应英国风土的维他命C补给来源。在日本医学博士诸冈存的《茶的医药史》中，他曾提到，英国由于殖民地面积广大，当时的船员因为贸易和海军的扩张而航行于世界各地，长期食用肉类（尤其是腌制过的牛肉），所以得坏血病的比例比较高；另外那些用未完全消毒的动物乳哺育的6~18个月大的婴儿也容易罹患坏血病，而且坏血病往往会使他们夭折。因此当英国人得知茶可以预防坏血病，并且对酒精中毒、食肉过多的人都有所帮助时，他们自然对茶表现出了极大的热情。正是在这样的饮食背景下，饮茶的习惯才会以惊人的速度迅速风靡英国本土。

茶香温暖俄罗斯

俄罗斯是从16世纪开始接受中国饮茶法，到17世纪后期，饮茶之风已普及到各个阶层。19世纪，关于俄国茶俗、茶礼、茶会的文学作品也一再出现。俄罗斯上层社会饮茶是十分考究的，有十分漂亮的茶具，茶碟也很别致。有些人家则喜欢中国的陶瓷茶具，所用茶具式样与中国茶具相仿，花色亦为中国式人物、树木花草，但壶身加入了欧洲特色，瘦劲、高身、金色流线形纹路，是典型的中西合璧作品，这很能说明中西文化交融的历史。

此外，俄罗斯的亚洲部分，如外高加索地区人民也酷爱饮茶，格鲁吉亚南部还是俄罗斯著名的茶区之一。那里烹茶方式近似欧洲，但又不完全与欧洲相同，有点类似中国云南的烤茶。这种泡茶法需用金属壶，饮茶时先把壶放在火上烤至100℃以上，然后按每杯水一匙半左右的用量先将茶叶投入炙热的壶底，随后倒温开水闷几分钟，一壶香茶便泡好了。这种泡茶法色、香、味俱佳，泡出的茶汤红艳可爱，而且在烹制时能闻得幽香，水冲茶时还会发出"噼啪"的爆响。这就要求炙壶的火候，且操作手法十分精巧熟练方能取得最佳效果。这在俄罗斯亚洲地区一些民族中很流行。

茶炊在俄罗斯的茶文化中占有极为重要的地位，甚至有"无茶炊便不能算饮茶"的说法。他们对中国的茉莉花茶很感兴趣，认为这种茶香飘四溢，沁人心脾。

山姆大叔的"速溶冰茶"

随着保健意识的增强，亚洲人的健康时尚和爱喝茶的嗜好，吸引着越来越多的美国人，这使得一向嗜咖啡如命的美国人也开始学喝茶，并掀起了一股喝茶热。西雅图的咖啡店大王"斯塔巴克斯"店现在也兼做茶叶生意，据报道，美国的各种茶饮料的销售额目前每年至少在10亿美元以上。

美国不产茶叶，美国人喝的茶全靠进口。美国人一般只重视茶叶的汤色而不太重视茶叶的外形，所以美国茶往往都是袋泡茶、速溶茶、混合冰茶粉等，要么就是罐装、瓶装的茶水，许多美国人甚至对茶叶的外形到底是什么样子都不太清楚。美国的茶叶市场，18世纪以武夷茶为主，19世纪以绿茶为主，20世纪后以红茶为主，袋泡茶占55%。

就像喜欢速溶咖啡一样，美国人青睐喝速溶茶，最受欢迎的是冰茶。饮用时，在冷饮茶中加入冰块，或事先将冷饮茶放入冰箱冰好，待饮用时取出，闻之冰冷沁鼻，啜饮凉齿爽口，顿觉胸中清凉。美国是一个嗜"冷"的社会，因为生活节奏快，饮冰茶省时方便，卡路里低，不含酒精，咖啡因的含量比咖啡少，有助于消除疲劳，保持体形健美，有益身心健康。美国的冰茶品种繁多，令人眼花缭乱，既有红茶，也有绿茶，还有中国乌龙茶；既有加糖的，也有无糖的；既有加果味香料的，也有纯粹是茶味的；还有一种带一丝酒香味的混合冰茶特别受成年人的欢迎。总之，它可以满足各种人的口味，任君挑选。

大洋洲多喝红茶

大洋洲地处南半球，茶是当地人民喜爱的饮料。大约19世纪初期，一些传教士和商船把茶带到新西兰等地。之后，饮茶的习惯在大洋洲逐渐兴旺起来。起初，大洋洲的茶叶市场为中国茶所独占。后来，印度茶、期里兰卡茶相继成为中国茶的竞争对手。

大洋洲的澳大利亚、新西兰等国，居民多数是欧洲移民的后裔，因此深受英国饮茶风习的影响，喜欢饮用牛奶红茶或柠檬红茶，还要加糖。大洋洲人饮的是调味茶，多为一次性冲泡，饮用时要滤去茶渣。

大洋洲人除饮早茶外，还饮午茶和晚茶，茶室和茶会等场所遍及各国各地。尤其是新西兰，人均茶叶消费量位列世界第三。新西兰人最重视晚餐，而晚餐称为"茶多"，可见茶的地位。新西兰人的茶室供应牛奶红茶、柠檬红茶、甜红茶等，通常作为餐后饮料。

伊朗人称茶为"茶侬"，这种与汉语的巧合似乎暗示着古老的丝绸之路所维系的不解情缘。伊朗人每天必饮茶，而他们喝茶的次数也多得惊人，对于许多伊朗人来说，一天十五六杯茶是最起码的。因为伊朗禁酒，所以人们便以茶代酒，提神健身、醒胃、清肠。

伊朗人喝茶的方式很奇特，他们喝茶时喜欢加糖，小巧玲珑的玻璃杯子里盛着琥珀色的茶，但是喝茶时，并不是直接将糖块放进茶里，而是先将糖放入口中，再去啜茶。轻咬一口糖，再悠悠然地把茶啜入嘴里，就能细细体味到茶与糖在口腔内中和的过程。有些糖片还镶嵌着柠檬皮，一咬，满嘴生津，这时，赶紧将略带涩味的茶送入口中，以舌尖轻轻搅和，那种甘醇至极的好味道，真是无法用言语能形容的。

土耳其的路边茶风景

早在数百年前，茶就随着丝绸之路远行到了欧洲。土耳其作为丝绸之路的终点，完整地保留下了一套属于它自己的茶文化。茶在土耳其被视为"国饮"，是土耳其人生活中必不可少的组成部分。如果说中国人是爱品茶，那么土耳其人则是嗜茶。在伊斯坦布尔市内，大街小巷都有茶档、咖啡室或露天式茶座，这些地方也往往是茶客们谈天说地、逍遥自在的地方。土耳其人喜欢在暖和的阳光下，呼朋引伴，在路旁高居一桌，叫上一杯土耳其红茶，喝喝茶、嗑嗑瓜子、闲聊会儿，悠闲度过下午茶时光。

土耳其红茶不加奶，但习惯加方糖，喝起来味道甜甜的，所以又称"甜茶"。土耳其茶最大的特色是它的茶具——一只形状仿似窄腰阔肚花瓶的玻璃小杯子，通常用一只小铜碟盛载，旁边放上两三粒方糖，无论当地专业茶档还是市内商店待客，都一律采用这种器皿。在土耳其，你迈进任何一间商店，无论生意做成与否，老板总是先奉上一杯"甜茶"，以示尊敬。

茶典、茶人与茶事

中国著名茶典大普及

茶典的定义

中国对茶的研究有着悠久的历史，许多专门研究茶的人与爱茶之人所留下的书籍和文献中记录了大量关于茶史、茶事、茶人、茶叶生产技术、茶具等内容，这些书籍和文献就被后人统称为茶典。我国著名的茶典有《茶经》《十六汤品》《茶录》《大观茶论》《茶具图赞》《茶谱》《茶解》等。

中国古代第一部茶叶专著——《茶经》

《茶经》是由唐代大师陆羽总结而成的一套关于茶的精深著作，它包含了陆羽对中国各大茶区的茶叶种植、采制、品质、烹煮、饮用及茶史、茶事、茶俗的多年研究。

《茶经》全书共7000多字，分上、中、下三卷，所论一之源、二之具、三之造、四之器、五之煮、六之饮、七之事、八之出、九之就、十之图，共十大部分。在此之前，中国还没有这么完备的茶叶专著，因此，《茶经》是中国古代第一部，同时也是最完备的一部茶叶专著。

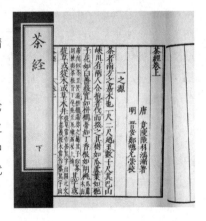

最早的宜茶汤品——《十六汤品》

苏廙是著名的候汤家、点茶家，约为晚唐至宋初人，《十六汤品》即为苏廙所著。《十六汤品》全书只有一卷，它认为汤决定了茶的优劣。根据陆羽所著的《茶经》中五之煮那一章，《十六汤品》将汤分为十六种。其中，据口沸程度分为三种，据注法缓急分为三种，据茶器种类分为五种，据薪炭燃料分为五种，总计十六汤品。

《十六汤品》是茶书中的冷门书，在固型茶被淘汰后，汤的神秘性也被破除，人们对汤的研究就不多了。但是，《十六汤品》是最早的宜茶汤品，为随后汤品研究提供了依据，它对茶道的贡献是不可抹杀的。

《茶录》与《大观茶论》

《茶录》与《大观茶论》都属于宋代茶书的代表。其中，《茶录》不仅得到皇帝的鉴赏，还勒石传后世，对当时福建的茶业有很大的推动作用。

《茶录》为宋代蔡襄所著，分上、下两篇，共800多字。《茶录》上篇主要叙述了茶的色、香、味，茶的储存，以及炙茶、碾茶、罗茶、候茶、盏、点茶。在论述茶的香时，书中说茶不适合掺杂其他珍果香草，否则会影响茶本身的香味。书中还指出茶叶的香味受到产地、水土、环境等影响。《茶录》下篇论茶器，主要是茶焙、茶笼、砧椎、茶钤、茶碾、茶罗、茶盏、茶匙和汤瓶。书中从制茶工具、品茶器具等方面进行论述，都是值得后人借鉴的。

《大观茶论》是宋徽宗赵佶的著作，共十二篇，主要是关于茶的各方面的论述。书中针对北宋时蒸青团茶的产地、采制、烹试、品质、斗茶风尚等进行了论述，内容详尽，论述精辟，是宋代茶书的代表作品之一，对宋代的茶品研究有很大的影响。其中，"点茶"一章尤为突出，论述深刻，从这方面我们可以看出宋代时期我国茶叶的发展已经达到一个较高的水平，对后世研究宋代的茶道提供了宝贵资料。

中国第一部茶具专著——《茶具图赞》

《茶具图赞》为宋朝审安老人所著，它是我国第一部茶具专著，以往的茶书中只是将茶具列为一部分，而这部书单单研究茶具，写得很精细。该书主要介绍了宋代的十二种茶具图，并在每幅图的后面都加上了赞语，故名为茶具图赞。

书中的茶具有韦鸿胪、木待制、金法曹、石转运、胡员外、罗枢密、宗从事、漆雕秘阁、陶宝文、汤提点、竺副帅、司职方，分别是现代的茶炉、茶锤、茶碾、石磨、茶匙、茶筛、茶刷、茶盘、茶杯、茶壶、刮水器、茶巾。其中茶锤、石磨、茶筛等是宋代制造团茶的专用器具，到明朝时这些器具已经没有了。

《茶谱》

《茶谱》不仅是明代比较有特色的一部茶典，也是研究明代茶业的重要文献，书中首次提出了"茶乃君子修心养性之物"的见解。《茶谱》为明代朱权所著，朱权是明太祖朱元璋的十七子，号涵虚子、丹丘先生，谥号宁献王。

《茶谱》全书共分十六章节，分别是序、品茶、收茶、点茶、茶炉、茶灶、茶磨、茶碾、茶罗、茶架、茶匙、茶筅、茶瓯、茶瓶、煎汤法、品水。书中记述详尽，内容丰富，涉及茶的很多方面，是一部参考价值很高的书，对后人的研究也有较大的影响。

《茶疏》

《茶疏》是明代许次纾的著作，许次纾极其喜欢品茶及茶的鉴赏，又得到吴兴姚、绍宪的指导，故对茶理的研究颇深。

《茶疏》全书分为三十九则，主要涉及茶品、采制、储藏、烹点等多个方面，在烹茶、品鉴方面也有着较为详细的评述，是明代具有代表性的茶书之一，是后人研究明代茶史的重要依据。此外，《茶疏》对于明代初始的炒青技术有着最早的记录。

《茶解》

罗廪，明朝人，他自幼生长在茶乡，从小就深受茶文化的熏陶，喜爱茶艺。罗廪因不满政治腐败、社会黑暗而隐入山中，专心研究茶艺。他开辟了茶园，种植茶树，制造茶叶，鉴赏茶品，过着清心寡欲的生活，经过10年的时间，他以自己的亲身经历，再总结前人的经验，终于写成了《茶解》一书。《茶解》对茶文化的传播与研究都有着很重要的作用，对后世的影响也很大，是众多茶典中的一部重要著作。

《茶史》

《茶史》是清代著名的关于茶的代表作品，它为清代刘源长所著。书中竭尽其能汇总了方方面面有关茶学的内容，对后人的研究起到一定的指导、推动作用，但过于繁杂而略显混乱。

《茶史》共两卷，三十个子目，上卷主要罗列茶的渊源、名品、采制、储藏以及历代名人雅士对茶学的论述与评鉴，下卷则主要记述了茶品鉴过程中所需了解的众多常识与古今名家的谏言，如选水、择器、茶事、茶咏等。

[茶人与茶事]

何谓茶人

"茶人"一词，历史上最早出现于唐代，单指从事茶叶采制生产的人，后来也将从事茶叶贸易和科研的人统称为茶人。

现代茶人可分为三类：

第一类是专业从事茶叶生产和研究的人，包括种植、采制、检验、生产、流通、科研等人员。

第二类是和茶业相关的人，包括茶叶器具的研制、茶叶医疗保健、茶文化宣传、茶艺表演等有一定专业技能的人员。

第三类是爱茶的人，包括喜爱饮茶的人、喜爱茶叶的人等。

茶圣陆羽

根据陆羽所作的《陆文学自传》，陆羽生于唐代复州竟陵（今湖北天门），因相貌丑陋而成为弃儿，后被当地龙盖寺和尚积公禅师收养，在龙盖寺学文识字、诵经煮茶为其以后的成长打下了良好的基础。由于不愿削发为僧、皈依佛门，陆羽12岁时逃出龙盖寺，开始漂泊不定的生涯。后来在竟陵司马崔国辅的支持下，年仅21岁的陆羽开始历时5年考察茶叶的游历。

经义阳、襄阳，往南漳，入巫山，一路风餐露宿，陆羽实地考察了茶叶产地32州。每到一处都与当地村叟讨论茶事，详细记录，之后隐居在苕溪，根据自己所获资料和多年论证所得从事对茶的研究。历时十九年，终于完成了世界上第一部关于茶的研究著作《茶经》，此时他已经47岁。

在我国古代封建社会，研究经书典籍通常被认为是儒家士人正途，而像茶学、茶艺这类学问通常被认为是难入正统的"杂学"。陆羽的伟大之处就在于他悉心钻研儒家学说，又不拘泥于此，将艺术溶于"茶"中，开中国茶文化之风气，也为中国茶业提供了完整的科学依据。陆羽逝世后，后人尊其为"茶神""茶圣"。

诗僧皎然

皎然，字清昼，唐代著名诗僧。皎然博学多识，诗文清新秀丽，其不仅是僧人，还是诗人，写下很多茶诗。他和陆羽是忘年之交，两人时常一起探讨茶艺，他所提倡的"以茶代酒"风气，对唐代及后世的茶文化有很大的影响。皎然喜爱品茶，也喜欢研究茶，在《顾渚行寄裴方舟》一诗中，详细地记录了茶树的生长环境、采收季节和方法、茶叶的品质等，是研究当时湖州茶事的重要资料。

"别茶人"白居易

白居易，字乐天，号香山居士，唐代著名的现实主义诗人。白居易一生嗜茶，对茶很偏爱，几乎从早到晚茶不离口。他在诗中不仅提到早茶、中茶、晚茶，还有饭后茶、寝后茶，是个精通茶道、鉴别茶叶的行家。白居易喜茶，他用茶来修身养性，交朋会友，以茶抒情，以茶施礼，从他的诗中可以看出，他品尝过很多茶，但是最喜欢的是四川蒙顶茶。

他的别号"别茶人"，是在《谢李六郎中寄新蜀茶》一诗中提到的，诗中说：故情周匝向交亲，新茗分张及病身。红纸一封书后信，绿芽十片火前春。汤添勺水煎鱼眼，末下刀圭搅曲尘。不寄他人先寄我，应缘我是别茶人。

对茶业有伟大贡献的蔡襄

蔡襄，字君谟，是宋代著名的书法家，被世人评为行书第一、小楷第二、草书第三，和苏轼、黄庭坚、米芾共称为"宋四家"。他是宋代茶史上一个重要的人物，著有《茶录》一书，该书自成一个完整体系，是研究宋代茶史的重要依据。

龙凤茶原本为一斤八饼，蔡襄任福建转运使后，改造为小团，即一斤二十饼，名为"上品龙茶"，这种茶很珍贵，欧阳修曾对它有很详细的叙述，这是蔡襄对茶业的伟大贡献之一。在当时，上品龙茶是朝廷的珍品，很多朝廷大臣和后宫嫔妃也只能观其形貌，却不能亲口品尝，可见其珍贵性。

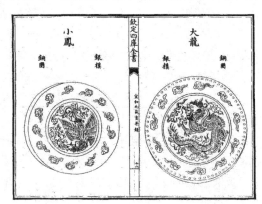

嗜茶的苏轼

在苏轼的日常生活中，茶是必不可少的东西，在一天中无论做什么事都要有茶相伴。在苏轼的诗中有很多关于茶的内容，这些流传下来的佳作脍炙人口，从中也可以看出他对茶的喜爱。

他在《留别金山宝觉圆通二长老》一文中写道"沐罢巾冠快晚凉，睡余齿颊带茶香"，这是说睡前要喝茶；在《越州张中舍寿乐堂》一文中有"春浓睡足午窗明，想见新茶如泼乳"，说的是午睡起来要喝茶；在《次韵僧潜见赠》中提到"簿书鞭扑昼填委，煮茗烧栗宜宵征"，这是说在挑灯夜战时要饮茶；当然，在平日的填诗作文时茶更是少不得。

苏轼虽然官运不顺畅，可是因为数次被贬，到过的地方也很多，在这些地方，他总是寻访当地的名茶，品茗作诗。苏轼在徐州当太守时，有次夏日外出，因天气炎热，想喝茶解渴解馋，于是就向路旁的农家讨茶，因此写了《浣溪沙·簌簌衣巾落枣花》一词："簌簌衣巾落枣花，村南村北响缲车，牛衣古柳卖黄瓜。酒困路长惟欲睡，日高人渴漫思茶，敲门试问野人家。"词中记录的就是当时想茶解渴的情景。

把茶比作故人的黄庭坚

黄庭坚（1045—1105年）是北宋洪州分宁人（今江西修水），中国历史上著名的文学家、书法家，与苏轼、米芾和蔡襄并称书坛上的"宋四家"。除了爱好书法艺术，黄庭坚还嗜茶，年少时就以"分宁茶客"而名闻乡里。

黄庭坚早年嗜酒和茶，后来因病而戒酒，唯有借茶以怡情，故称茶为故人。黄庭坚曾作一篇以戒酒戒肉为内容的《文愿文》，文曰："今日对佛发大誓，愿从今日尽未来也，不复淫欲，饮酒，食肉。设复为之，当堕地狱，为一切众生代受头苦。"此后20年，黄庭坚基本上依自己誓言而行，留下了一段以茶代酒的茶人佳话。

除了饮茶，黄庭坚还是一位弘扬茶文化的诗人，涉及摘茶、碾茶、煎水、烹茶、品茶及咏赞茶功的诗和词比比皆是，现今尚有10首流传于世的茶诗，如赠送给苏东坡的《双井茶送子瞻》。双井茶从此受到朝野大夫和文人的青睐，最后还被列入朝廷贡茶，奉为极品，盛极一时。

写茶诗人陆游

陆游，字务观，号放翁，宋代爱国诗人。他是一位嗜茶诗人，和范成大、杨万里、尤袤并称为"南宋诗词四大家"。他的诗词中有关茶的多达320首，是历史上写茶诗词最多的诗人之一。

陆游生于茶乡，出任茶官，晚年又隐居茶乡，他的一生都和茶息息相关，他的茶诗词，被认为是陆羽《茶经》的序，可见他对茶的喜爱和研究多么深厚。在日常生活中，陆游喜欢亲自煮茶，他的诗文中，也有很多记录煮茶心情的诗句，比如"归来何事添幽致，小灶灯前自煮茶"等。

宋徽宗擅长茶艺

宋徽宗，即赵佶，是宋神宗的十一子。赵佶在位期间，政治腐朽黑暗，可以说他根本就没有治国才能，但是他却精通音律、书画，对茶艺的研究也很深。他写有《大观茶论》一书，这是中国茶业历史上唯一一本由皇帝撰写的茶典。

他的《大观茶论》内容丰富，见解独到，从书中可以看出北宋的茶业发达程度和制茶技术的发展状况，是研究宋代茶史的重要资料。《大观茶论》中，还记录了当时的贡茶和斗茶活动，对斗茶的描述很详尽，可以从中看出宋代皇室对斗茶很热衷，这也是宋代茶文化的重要特征。

改革传统饮茶方式的朱权

朱权，明太祖朱元璋的十七子，封宁王。朱权对茶道颇有研究，著有《茶谱》一书，他改革了传统的品饮方式和茶具，提倡从简形式，开创了清饮的风气，形成一套简便新颖的饮茶法。

朱权在《茶谱》中写道："盖羽多尚奇古，制之为末，以膏为饼。至仁宗时，而立龙团、凤团、月团之名，杂以诸香，饰以金彩，不无夺其真味。然天地生物，各遂其性，莫若叶茶。烹而啜之，以遂其自然

之性也。予故取烹茶之法，末茶之具，崇新改易，自成一家。"从这段话中可以看出他对饮茶的独到见解，而从他之后，茶的饮法逐渐变成现今直接用沸水冲泡的简易形式。

朱权还明确指出了茶的作用：助诗兴、伏睡魔、倍清淡、中利大肠、去积热、化痰下气、解酒消食、除烦去腻等。他认为饮茶的最高境界就是："会泉石之间，或处于松竹之下，或对皓月清风，或坐明窗静牖，乃与客清淡款语，探虚立而参造化，清心神而出神表。"

爱茶之人郑板桥

郑板桥，清代著名书画家，精通诗、书、画，号称三绝，是"扬州八怪"之一。书画作品擅以竹兰石为题，将茶情与创作之趣、人生之趣融为一体，雅俗共赏，率真、洒脱，为后人称道。

郑板桥一生爱茶，无论走到哪里，都要品尝当地的好茶，也会留下茶联、茶文、茶诗等作品。在四川青城山天师洞，有郑板桥所作的一副楹联："扫来竹叶烹茶叶，劈碎松根煮菜根。" 他40多岁时，到仪征江村故地重游，在家书中写道："此时坐水阁上，烹龙凤茶，烧夹剪香，令友人吹笛，作《梅花落》一弄，真是人间仙境也。"从这些诗作中可以看出他对茶的喜爱。

喜茶好饮的乾隆

中国历代皇帝中，恐怕很少有人像清代的乾隆那样喜茶好饮，为茶取名字、吟诗、作文，还自创了评鉴饮茶用水的方法。乾隆曾六次南巡至杭州，遍访各地名泉佳茗，对茶叶采制、烹煮都有独到的心得体验。乾隆曾用自己的方法亲自鉴定各地名泉的水品，通过特制的银斗量水质的轻重来分上下，他认为水质轻的品质最好，并得出结论，北京海淀西面的玉泉水为第一，因此乾隆每次出行，必带玉泉水随行。

清代茶学家蒲松龄

蒲松龄每到天暖和的时候，就在他老家蒲家庄村头的柳泉边摆上茶壶摊，供路人饮用品茗。他的茶并非让人白喝，路人要喝茶就必须讲一段自己的所见所闻，或者是自己老家的奇闻逸事。《聊斋志异》怎么来的？可以说是蒲松龄用茶水换来的。当然，茶客路人所讲的只是一些素材，最后成书还得靠蒲松龄的妙笔生花。

实际上，《聊斋志异》不是蒲松龄的唯一杰作，蒲松龄对中国茶和养生学的研究也十分到位，他是那个时代北方地区为数不多的茶学家。蒲松龄写过一本《药崇全书》，讲的就是茶药的养生与保健。

Part 2

好器好茶：
茶器介绍和茶叶选购

历代文献都有"以春茶为贵"的说法，在选购的时候，要学会判定春茶，鉴别优质茶叶和劣质茶。好茶配好器，才能发挥出茶叶的清香。

家庭泡茶的器皿准备

　　茶具的定义古今并非相同。古代茶具，泛指制茶、饮茶使用的各种工具，包括采茶、制茶、贮茶、饮茶等大类。现代所指与泡茶有关的专门器具，古时叫茶器，直到宋代以后，茶具与茶器才逐渐合一。目前，茶具主要指饮茶器具。

　　家庭泡茶时的茶具可分为四大类。

◎**泡茶器具**
凡在茶事过程中与茶叶、茶汤直接接触的容器和器具，如茶壶、茶则、茶匙等。

◎**品茶用具**
盛放茶汤并方便品饮的用具，如茶海（公道杯）、品茗杯等。

◎**备水器**
提供泡茶用水（贮水、煮水）器具，与清水接触的用具，如煮水器等。

◎**辅助用具**
方便煮水、备茶、泡饮过程及清洁用的器具，如茶荷、茶针、茶挟、茶漏、茶盘、茶池、茶船、茶巾、汤滤等。

【茶壶】

茶壶为主要的泡茶容器，用来实现茶叶与水的融合，茶汤再由壶嘴倾倒而出。按质地分，茶壶一般以陶壶为主，还有瓷壶、银壶、石壶等。

【茶则】

茶则为盛茶入壶的用具，可以作为度量茶叶的利器，以保证注入适量茶叶。一般为竹制，用来绝"恶"味，以求茶的洁净、仙灵。

【茶匙】

因其形状像汤匙，所以称茶匙，用于挖取泡过的茶壶内茶叶。茶叶冲泡过后，往往会塞满茶壶，加上一般茶壶的口都不大，用手挖出茶叶既不方便也不卫生，故可使用茶匙。

【茶海】

茶海又称茶盅或公道杯，其大致功用有两种：①盛放泡好的茶汤，再分别倒入品茗杯中，使各杯茶汤浓度相若；②可以用来沉淀茶渣。

【茶盘】

茶盘也叫茶船，是放置茶具、端捧茗杯、承接冲泡过程中溢出茶汤的托盘。有单层、双层两类，以双层可蓄水的茶盘为适用。

【品茗杯】

品茗杯俗称茶杯，是用于品尝茶汤的杯子。可因茶叶的品种不同，而选用不同的杯子。

【茶荷】

茶荷的功用与茶则类似，主要用来将茶叶由茶罐移至茶壶。茶荷主要为竹制和瓷制，既实用又可当艺术品。

【煮水器】

泡茶的煮水器在古代多用风炉和陶壶，目前较常用的有电热水炉，此外也有使用电炉和陶壶的情况。

【茶针】

茶针的功用是疏通茶壶的内网（蜂巢），以保持水流畅通。

【茶漏】

茶漏用于置茶时放在壶口上，以导茶入壶，防止茶叶掉落壶外。

【茶挟】

茶挟又称茶筷，其功用与茶匙类似，可用于将茶渣从壶中挟出，也常有人用来挟着茶杯，加以洗杯，既防烫又卫生。

【水盂】

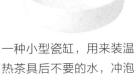

一种小型瓷缸，用来装温热茶具后不要的水，冲泡完的茶叶、茶梗，俗称"废水缸"，其容量小于茶池。

【茶巾】

茶巾以棉麻等纤维制成，主要作为清洁用具来擦拭茶具上的水渍、茶渍，吸干或拭去茶壶、茶杯等茶具侧面、底部的残水。

【汤滤】

汤滤就像滤网，是用于过滤茶汤用的器物，多由金属、陶瓷、竹木或葫芦瓢制成。使用时常架设在公道杯或茶杯杯口，发挥过滤茶渣的作用；不用时则安置在滤网架上。

茶具常识知多少

[茶具的起源与发展]

茶具的起源

中国最早关于茶的记录是在周朝，当时并没有茶具的记载。茶具是茶文化不可分割的重要组成部分，汉代王褒的《僮约》中，就有"烹茶尽具，已盖藏"之说，这是我国最早提到"茶具"的史料。此后历代文学作品及文献多提到茶具、茶器、茗器。

到了唐代，皮日休的《茶具十咏》中列出茶坞、茶人、茶笋、茶籝、茶舍、茶灶、茶焙、茶鼎、茶瓯以及煮茶等10种茶具，茶圣陆羽在其著作《茶经》的"四之器"中先后共涉及多达24种不同的煮茶、碾茶、饮茶、贮茶器具。中国的茶具种类繁多，制作精湛，从最初的陶制到之后的釉陶、陶瓷、青瓷、彩瓷、紫砂、漆器、竹木、玻璃、金属，无论是茶具材质还是制作工艺，都经历了由粗渐精的发展过程。

茶具发展之唐、宋、元、明、清

唐代茶具的特点

唐代的茶饮及茶文化已发展成熟，人们以饼茶水煮作饮。湖南长沙窑遗址出土的一批唐朝茶碗，是我国迄今所能确定的最早的茶碗。

茶业兴盛带动了制瓷业的发展，当时享有盛名的瓷器有越窑、鼎州窑、婺州窑、岳州窑、寿州窑、洪州窑和邢州窑，其中产量和质量最好的当数越窑产品。越窑是我国著名的青瓷窑，其青瓷茶碗深受茶圣陆羽和众多诗人的喜爱，陆羽评其"类玉""类冰"。当时茶具主要有碗、瓯、执壶、杯、釜、罐、盏、盏托、茶碾等。瓯是中唐时期风靡一时的越窑茶具新品种，是一种体积较小的茶盏。

宋代茶具的特点

承唐人遗风，宋代茶饮更加普及，品饮和茶具的发展已进入鼎盛时期，茶成了人们日常生活中的必需品。

宋代的茶为茶饼，饮时须碾为粉末。饮茶的茶具盛行茶盏，使用盏托也更为普遍。其形似小碗，敞口，细足厚壁，适用于斗茶技艺，其中著名的有龙泉窑青釉碗、定窑黑白瓷碗、耀州窑内瓷碗。由于宋代瓷窑的竞争、技术的提高，使得茶具种类增加，出产的茶盏、茶壶、茶杯等品种繁多，式样各异，色彩雅丽，风格大不相同。全国著名的窑口共有五处，即官窑、哥窑、定窑、汝窑和钧窑。

元代茶具的特点

元代时期，茶饼逐渐被散茶取代。此时绿茶的制作只经适当揉捻，不用捣碎碾磨，保存了茶的色、香、味。茶具也有了脱胎换骨之势，从宋人的崇金贵银、夸豪斗富的误区进入了一种崇尚自然、返璞归真的茶具艺术境界，对茶具去粗存精、删繁就简，为陶瓷茶具成为品饮场中的主导潮流开辟了历史性的通道。尤其是白瓷茶具不凡的艺术成就，把茶饮文化及茶具艺术的发展推向了全新的历史阶段，直到今天，元朝的白瓷茶具依然有着势不可当的魅力。

明代茶具的特点

明代饮用的茶是与现代炒青绿茶相似的芽茶，"茶以青翠为胜，陶以蓝白为佳，黄黑红昏，俱不入品"，人们在饮绿茶时，喜欢用洁白如玉的白瓷茶盏来衬托，以显清新雅致。

自明代中期开始，人们不再注重茶具与茶汤颜色的对比，转而追求茶具的造型、图案、纹饰等所体现的"雅趣"。明代制瓷业在原有青白瓷的基础上，先后创造了各种彩瓷，钧红、祭红和郎窑红等名贵色釉，使造型小巧、胎质细腻、色彩艳丽的茶具成了珍贵至极的艺术品。名噪天下的景德镇瓷器甚至为中国博得了"瓷器王国"的美誉。明朝人的饮茶习惯与前代不同，在饮茶过程中多了一项内容，就是洗茶。因此，茶洗工具也成了茶具的一个组成部分。茶盏在明代也出现了重大的改进，就是在盏上加盖。加盖的作用一是为了保温，二是出于清洁卫生。自此以后，一盏、一托、一盖的三合一茶盏就成了人们饮茶不可缺少的茶具，这种茶具被称为盖碗。

清代茶具的特点

清代的饮茶习惯基本上继承明代人的传统风格，淡雅仍然是这一时期的主格调。

紫砂茶具始于宋代，盛于明清。"四名家"及"三妙手"的成就过程终于达到巅峰。茶具以淡雅为宗旨，以"宛然古人"为最高原则的紫砂茶具形成了泾渭分明的三大风格——讲究壶内在朴素气质的传统文人审美风格、施以华美绘画或釉彩的市民情趣风格以及镶金包银专供贸易的外销风格。一贯领先的瓷具也不甘寂寞，制作手法、施釉技术不断翻新，到清代已形成了陶瓷争艳、比肩前进的局面。而文人对茶具艺术的参与，则直接促进了其艺术含量的提高，使这一时期的作品，成了传世精品。

分区使用茶具

分区使用茶具泡茶，操作起来比较方便，一般而言，茶具可以分成下列四大类：

主泡器	主要的泡茶用具，如壶、盅、杯、盘等。
辅泡器	辅助泡茶的用具，如茶荷、茶巾、茶匙、茶拂等。
备水器	提供泡茶用水的器具，如煮水器、热水瓶等。
储茶器	存放茶叶的罐子。泡茶时将主泡器放置在自己的正前方，辅泡器放在右手边，备水器放在左手边，储茶器一般是用后收拾于茶车的内柜或茶桌旁的侧柜内。

　　将备水器设置在左手边是希望以右手拿茶壶，以左手拿水壶，双手分工合作。若嫌左手力量不够而将水壶等也放在右手边，那右手会很忙，都用右手单边操作，也显得不平衡。如果是惯用左手的人，可将物品的方向全部对调过来。

　　如果使用泡茶专用的桌子，除操作台面外，还备有收纳茶罐、备用茶具等物品的内柜。如果使用一般桌子泡茶，最好准备一张侧柜，将茶罐、备用茶具等物品收拾起来，避免这些物品全摆上桌面，显得零乱。甚至还可将煮水器、热水瓶、水盂等备水器也设置于侧柜内，让桌面显得更清爽。

　　备水器是提供泡茶用水的器具，如果使用电壶等煮水器，那热水瓶只是用以补充煮水器的热水，煮水器摆在方便拿取的地方，热水瓶则收藏于茶车的内柜或茶桌的侧柜内。如果直接使用热水瓶泡茶，那就不必使用煮水器，这时热水瓶就要摆在拿取方便的地方。

　　辅助泡茶的用具通常包括茶荷、茶匙、茶拂、计时器与茶巾，这些配件如果个别摆置容易显得零乱，可以准备一件如"茶巾盘"之类的盘状物将之收纳起来。

　　此外，摆放茶具要有美感，无论是主泡器本身，还是主泡器与辅泡器、备水器、储茶器的相关位置，都要视为一幅画、一件雕塑作品或是一出戏在舞台上演出的情形加以布置与规划，务必使之看起来和谐又美观。

茶具必须具备的功能

容量

　　茶壶所需容量要视杯子大小与杯子数量而定。天气热，又是活动量大的场合，杯子要大；天气冷，又是整天坐在会议室里，杯子要小。

　　壶的大小最好能让一壶茶一次全部倒干，若壶大杯小或杯少，冲水时不要冲满，只加到需要的水量即可。如果另备一把茶盅，茶泡妥后将茶汤全倒入盅内，这时只要考虑茶盅是否可以一次让壶内的茶汤倒光即可。

断水

　　倒过茶，不会有残水沿着壶嘴外壁往下滑，这就是所谓的能断水，也就是这把壶或这把盅不会流口水，用这样的壶或盅泡茶时，茶水才不会到处滴落。

好提

　　所谓好提就是容易掌握壶或盅的重心，原则上，壶把或盅把愈靠近壶或盅的重心愈好提。如何提壶，如何持盅，可多方尝试，并对着镜子观看，找出该壶该盅最适当、最美观的拿法。至于单手操作还是双手操作并无规则可循，小壶小盅单手可以操作就单手操作，超过300毫升的中大型壶或盅大概需要双手拿才稳当，也就是一手持壶，一手按住盖纽。

滤渣

　　壶与盅要有良好的滤渣功能，起码要能将茶的粗渣滤掉，而且避免茶渣将出水口堵住倒不出水来。最好是能将细渣也滤掉，倒出的茶汤干干净净看着很舒服，为达到这个目的，可以在壶身或盅口加装高密度的不锈钢滤网。

茶具的动态与静态

茶具的静态是指泡茶席上的茶具都已清洗干净，陈放在操作台上，呈备用的状态。茶具的动态则是将静态的茶具摆放成即将泡茶的样子。两者之间主要的差别如下：

① 静态的茶具或许有一条布类的东西覆盖着，动态时则将之掀开。

② 静态时的煮水器只是装入少量的安全性用水，动态时则加满所需的泡茶用水，而且视需要开始加热。如果使用热水瓶泡茶，静态时是空热水瓶，动态时是装上了所需温度的泡茶用水。存放补充用水的热水瓶亦是如此，静态时是空置，动态时是装入热水或冷水的。

③ 静态时的主泡器与辅泡器是摆成利于"陈放"的方式，动态时是摆成利于"使用"的方式。其中最明显的差别是杯子，静态时多呈覆盖的样子，动态时才将之掀开。

④ 静态时的茶叶罐可能是空的，动态时则装入所要冲泡的茶叶。

⑤ 静态时的茶巾是与辅泡器放在一起，呈"陈放"的样子，动态时的茶巾则将之摆放在茶壶与茶盅的下方。

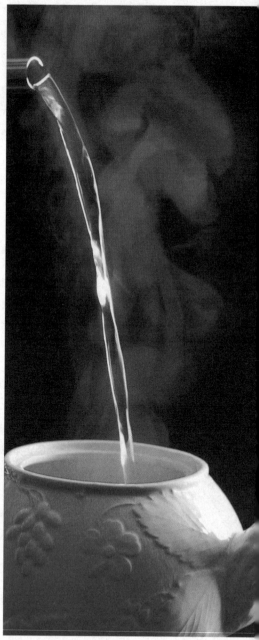

茶具与茶叶的搭配

茶具材料多种多样，造型千姿百态，纹饰百花齐放。茶具的选用主要根据各地的饮茶风俗习惯和饮茶者对茶具的审美情趣，以及品饮的茶类和环境而定。一般来说，现在通行的各类茶具中以瓷器茶具、陶器茶具最好，玻璃茶具次之，搪瓷茶具再次之。

茶具与茶叶的搭配包含两层意义，一层是壶具质地与茶汤的关系，另一层意义是茶具的颜色、质感与所泡茶叶的协调性。如果冲泡龙井、碧螺春等绿茶，使用一组深颜色的紫砂壶，给人的感觉是很不协调的；如果换成一组青瓷，那就可以把绿茶的翠绿、清凉衬托得更好。相反的，冲泡陈年普洱用一组精致的薄胎纯白瓷也会令人有穿错衣服的感觉，而且茶汤在纯白的杯子里会显得太暗，一副不好喝的样子；但如果换成一组手拉成形的暗铁红陶器，杯子又是盏形宽口，那普洱茶就更有味道了。

以下为您说明不同种类的茶叶该如何与茶具搭配：

绿茶

透明玻璃杯，应无色、无花、无盖；或用白瓷、青瓷、青花瓷无盖杯。因为玻璃材料密度高，硬度亦高，具有很高的透光性，可以观赏茶叶在茶杯中的姿态，增添饮茶的情趣。

乌龙茶

紫砂壶杯具，或以白瓷壶杯具、盖碗、盖杯为佳。

黄茶

奶白或黄釉瓷及黄橙色壶杯具、盖碗、盖杯。

花茶

透明茶壶或青瓷、青花瓷等盖碗、盖杯。

红茶

以白瓷质地为佳，因为红茶冲泡后，白瓷杯衬托其红艳的汤色，有很高的观赏价值。

白茶

白瓷、黄泥炻器壶杯及内壁有色黑瓷。

茶具的选配

[据茶叶品种选配茶具]

"器为茶之父"，可见要想泡好茶，就要根据不同的茶叶用不同的茶具。

一般来说，泡花茶时，为保香可选用有盖的杯、碗或壶；饮乌龙茶，重在闻香啜味，宜用紫砂茶具冲泡；饮用红碎茶或工夫茶，可用瓷壶或紫砂壶冲泡，然后倒入白瓷杯中饮用；冲泡西湖龙井、洞庭碧螺春、黄山毛峰、庐山云雾茶等细嫩的绿茶，以保持茶叶自身的嫩绿为贵，可用玻璃杯直接冲泡，也可用白瓷杯冲泡，杯子宜小不宜大，其中玻璃材料密度高，硬度好，具有很高的透光性，还可以看到杯中轻雾缥缈，茶汤澄清碧绿，芽叶亭亭玉立，上下浮动；此外，冲泡红茶、绿茶、乌龙茶、白茶、黄茶，使用盖碗也是可取的。

从工艺花茶的特性出发，可以选择适宜绿茶、花茶沏泡的玻璃茶具，如西式高脚杯。选用这种杯子取其径大、壁深与收底的特征，使花茶在杯内有良好的稳定性，并适合冲泡后花朵展开距离较长的工艺花茶。选用透明度极高、晶莹剔透的优质大口径短壁玻璃杯，其造型上矮胖一些，适宜冲泡后花朵横向展开的工艺花茶。

[据饮茶场合选配茶具]

茶具的选配一般有"特别配置""全配""常配""简配"四个层次：

参与国际性茶艺交流、全国性茶艺比赛、茶艺表演时，茶具的选配要求是最高的，称为"特别配置"。这种配置讲究茶具的精美、齐全、高品位，必备的茶具件数多、分工细，求完备不求简洁，求高雅不粗俗，文化品位极高。

某些场合的茶具配置以齐全、满足各种茶的泡饮需要为目标，只是在器件的精美、质地要求上较"特别配置"略微低些，通常称为"全配"。如昆明九道茶是云南昆明书香门第接待宾客的饮茶习俗，所用茶具包括一壶、一盘、一罐和四个小杯。

台湾沏泡工夫茶一般选配紫砂小壶、品茗杯、闻香杯组合、茶池、茶海、茶荷、开水壶、水方、茶则、茶叶罐、茶盘和茶巾，这属于"常配"。

如果在家里招待客人或自己饮用，用"简配"就可以。

常用茶壶的选购与保养

茶壶的一般选购标准

选择茶壶，好坏标准有四字诀，曰："小、浅、齐、老。"茶壶有二人罐、三人罐、四人罐等的分别，以孟臣、铁画轩、秋圃、尊圃、小山、袁熙生等制造的最受珍视。壶的式样很多，有小如桔子、大似蜜柑者，也有瓜形、柿形、菱形、鼓形、梅花形、六角形、栗子形等等，一般多用鼓形的，取其端正浑厚故也。

壶的色泽也有很多种，朱砂、古铁、栗色、紫泥、石黄、天青等等，还有一种壶身银砂闪烁、朱粒累累，俗谓之抽皮砂者，最为珍贵。但不管款式、色泽如何，最重要的是"宜小不宜大，宜浅不宜深"，因为大就不"工夫"了。所以用大茶壶、中茶壶、茶鼓、茶筛、茶档等冲泡的茶，哪怕是用100元一两的茶叶，也不能算是工夫茶。至于深浅则关系气味，浅能酿味，能留香，不蓄水，这样茶叶才不易变涩。

除大小、深浅外，茶壶最讲究的是"三山齐"，这是品评壶的好坏的最重要标准。办法是：把茶壶去盖后覆置在桌子上（最好是很平的玻璃上），如果壶滴嘴、壶口、壶提柄三件都平，就是"三山齐"了。这里关系到壶的水平和质量问题，所以最为讲究。"老"主要是看壶里所积成的"茶渣"多寡。当然，"老"字的讲究还有很多，例如什么朝代出品，古老历史如何，什么名匠所制成，经过什么名家所品评过等等。但那已经不是用一般茶壶的问题，而是属于玩古董的问题了。以下是选壶的几个要点：

01 美感

茶壶毕竟是自己使用的，所以在选择茶壶的造型及外观方面，只要依个人喜好、个人感受选择便可，最重要是自己看得舒服满意便是了。

02 出水

壶的出水效果与"流"的设计息息相关，倾壶倒水而壶里滴水不存则为佳。至于出水态势，则可刚可柔，但出水无劲不顺却是缺点。出水水束的"集束段"则以长者为佳。

03 壶味

在选购新壶时，应嗅一嗅壶中味，有些新壶也许会略带瓦味，这倒还可选用，但若带火烧味或其他杂味，如油味或人工着色味则不足取了。

04 质地

泡茶用的壶，一般是以砂为主，因为砂器具吸水性且不透光，外型较瓷器浑厚亲和，在上面提款也别具韵味，所以大致上砂壶比瓷壶受欢迎。至于茶壶的质地，主要是以胎骨坚、色泽润为佳。

05 重心

一把壶提起来是否顺手，与壶把的力点是否位于或接近于壶身受水时的重心有关系。测定方法是注水入壶约3/4，然后水平提起再慢慢倾壶倒水，若觉顺手则佳。亦可将干壶轻放水面，如能受水半升，谓之"水平"。

06 精密

壶的精密度是指壶盖与壶身的紧密程度，密合度愈高愈好，否则茗香散漫。

07 适用

壶音频率较高的茶壶，宜配泡重香气的茶；壶音稍低者宜配泡重滋味的茶。

茶壶的保养方法

茶壶的保养，俗称养壶。由于很多人都习惯使用紫砂壶，而紫砂壶的保养又十分讲究，在茶壶保养方面具有代表性，故在此着重介绍。

养壶的方法有很多，首要的一条就是要小心使用，保持壶的完整。除此之外，需要做到以下事项：

新壶的保养：新壶使用前，用洁净无异味的锅盛上清水，再抓一把茶叶，连同紫砂壶放入锅中煮，沸后，继续用文火煮上半个小时至1个小时。要注意锅中茶汤容量不得低于壶面，以防茶壶烧裂。或者等茶汤煮沸后，将新壶放在茶汤中浸泡2个小时，然后取出茶壶，让其在干燥、通风而又无异味的地方自然阴干。用这种方法养壶，不仅可除去壶中的土味，而且有利于壶的滋养。

平时喝茶，可以用干净毛巾擦拭新壶，不要将茶汤留在壶面，否则久而久之壶面上会堆满茶垢，擦拭以后会有浮光，这品相玩家比较忌讳。一把养好的壶，应该呈"黯然"之色，这种光泽应该是"内敛"的。

喝完茶后，新壶最好不要留茶叶，倾倒洗净。虽然紫砂壶确实有隔夜不馊的特点，但隔夜的茶，会有陈汤味。就从卫生来讲，紫砂壶终究不是"保险箱"，而且茶泡后放置10小时后再喝是对身体不好的。

旧壶的保养：旧壶在泡茶前，先用沸水烫一下；饮完茶后，将茶渣倒掉，并用热水涤去残汤，保持壶的清洁。另外，对新壶或旧壶来说，都应经常清洁壶面，并常用手或柔软的布料擦拭，这样有利于焕发紫砂泥质的滋润光滑，使手感变得更好。而且长此以往，会使品茶者和壶之间产生一种自然的情感，平添品茗的无限情趣。

中国茶的选购和鉴别

如何选购茶叶

茶叶是生活中的必需品，怎么选择上好的茶叶、选择哪种茶叶显得尤其重要。

检查茶叶的干燥度

以手轻握茶叶微感刺手、轻捏会碎的茶叶，表示茶叶干燥程度良好，茶叶含水量在5%以下。

观察叶片整齐度

茶叶叶片形状、色泽整齐均匀的较好，茶梗、黄片、茶角、茶末和杂质含量比例高的茶叶，一般会影响茶汤品质，多是次级品。

试探茶叶的弹性

以手指捏叶底，一般以弹性强者为佳，表示茶菁幼嫩，制造得宜；而触感生硬者为老茶菁或陈茶。

检验发酵程度

红茶是全发酵茶，叶底应呈鲜艳红色为佳；乌龙茶属半发酵茶，绿茶镶红边以各叶边缘有红边、叶片中部淡绿为上；清香型乌龙茶及包种茶为轻度发酵茶，叶在边缘锯齿稍深位置呈红边、其他部分呈淡绿色为正常。

看茶叶外观色泽

各种茶叶成品都有其标准的色泽。一般来说，以带有油光宝色或有白毫的乌龙及部分绿茶为佳，包种茶以呈现有灰白点之青蛙皮颜色为贵。茶叶的外形条索则随茶叶种类而异，如龙井呈剑片状，文山包种茶为条形自然卷曲，冻顶茶呈半球形紧结，铁观音茶则为球形，香片与红茶呈细条或细碎形。

闻茶叶香气

绿茶清香，包种茶带花香，乌龙茶带熟果香，红茶携焦糖香，花茶则应有熏花之花香和茶香混合之强烈香气。

尝茶滋味

以少苦涩、带有甘滑醇味，能让口腔有充足的香味或喉韵者为好茶。苦涩味重、陈旧味或火味重者，则非佳品。

观茶汤色

一般绿茶为蜜绿色，红茶为鲜红色，白毫乌龙呈琥珀色，冻顶乌龙呈金黄色，包种茶则呈蜜黄色。

看泡后茶叶叶底

冲泡后很快展开的茶叶，多是粗老之茶，条索不紧结，泡水薄，茶汤多平淡无味，且不耐泡。冲泡后叶面不展开或经多次冲泡仍只有小程度展开的茶叶，不是焙火失败就是已放置一段时间的陈茶。

[分辨茶叶质量的好坏]

茶叶的鉴别标准主要有四个方面，即嫩度、条索、色泽和净度。

嫩度

茶叶品质的基本因素就是嫩度，一般来说嫩度好的茶叶，外形也很符合茶叶的要求，锋苗好，白毫比较明显。嫩度差的茶叶，即使做工很好，茶条上也没有锋苗和白毫。

条索

条索就是指各类茶的外形规格，例如炒青条形、珠茶圆形、龙井扁形、红碎茶颗粒形等等。长条形茶，从松紧、弯直、壮瘦、圆扁、轻重来看；圆形茶从颗粒的松紧、匀正、轻重、空实来看；扁形茶，要看平整和光滑的程度。

色泽

从茶叶的色泽可以看出茶叶的嫩度和加工技术。一般来说，好的茶叶色泽一致、光泽明亮、油润鲜活，如果出现色泽不一、有深有浅、暗淡无光的情况，那么茶叶质量必然不佳。

净度

净度就是看茶叶中的杂物含量，例如茶片、茶梗、茶末、茶籽以及在制作过程中混入的竹屑、木片、石灰、泥沙等杂物，好的茶叶应当是不含任何杂质的。

[分辨陈茶与新茶]

看色泽

茶叶在储藏的过程中，构成茶叶色泽的一些物质会在光、气、热的作用下，发生缓慢分解或氧化，失去原有的色泽。如新绿茶色泽青翠碧绿，汤色黄绿明亮；陈茶则叶绿素分解、氧化，色泽变得枯灰无光，汤色黄褐不清。

捏干湿

取一两片茶叶用大拇指和食指稍微用劲一捏，能捏成粉末的是足干的新茶。

闻茶香

构成茶香的醇类、酯类、醛类等物质会不断挥发和缓慢氧化，时间越久，茶香越淡，会使新茶的清香馥郁变成陈茶的低闷浑浊。

品茶味

茶叶中的酚类化合物、氨基酸、维生素等构成滋味的物质会逐步分解、挥发、缩合，使滋味醇厚鲜爽的新茶变成淡而不爽的陈茶。

[识别春茶、夏茶与秋茶]

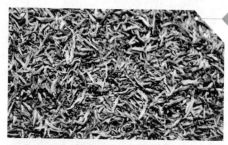

春茶

历代文献都有"以春茶为贵"的说法，由于春季温度适中，雨量充沛，加上茶树经头年秋冬季的休养，使得春茶芽叶硕壮饱满，色泽润绿，条索结实，身骨重实，所泡的茶浓醇爽口，香气高长，叶质柔软，无杂质。

夏茶

夏季炎热，茶树新梢芽叶迅速生长，使得能溶解于水的浸出物含量相对减少，因此夏茶的茶汤滋味没有春茶鲜爽，香气不如春茶浓烈，反而增加了带苦涩味的花青素、咖啡喊、茶多酚的含量。从外观上看，夏茶叶肉薄且多紫芽，还夹杂着少许青绿色的叶子。

秋茶

秋天温度适中，且茶树经过春夏两季生长、采摘，新梢内物质相对减少。从外观上看，秋茶多丝筋，身骨轻飘。所泡成的茶汤淡，味平和、微甜，叶质柔软，单片较多，叶张大小不一，茎嫩，含有少许铜色叶片。

[识别劣变茶]

1. 有很重的日晒气则为劣变茶，若有轻微的日晒气则为次品茶。

2. 干茶叶散发出很重的焦味，冲泡后仍然有焦味而且焦味持久难消则为劣变茶。

3. 茶叶干嗅时有很重的霉味，茶汤的霉味更加明显则为劣变茶，不能饮用。

4. 热嗅、冷嗅和品尝茶叶时都有一股严重的酸馊味则为劣变茶，不能饮用。

5. 冲泡出的茶汤嗅时烟味很重，品尝时也带有烟味则为劣变茶。

[鉴别高山茶与平地茶]

高山茶和平地茶的生态环境有很大的差别，除了茶叶的形态不同，茶叶的质地也有很大差别。

高山茶的外形肥壮紧实，色泽翠绿，茸毛较多，节间长，鲜嫩度良好，成茶有特殊的花香味，条索紧实肥硕，茶骨较重，茶汤味道浓稠，冲泡时间长；平地茶一般叶子短小，叶底硬薄，茶叶表面平展，呈黄绿色没有光泽，成茶香味不浓郁，条索瘦长，茶骨相对于高山茶较轻，茶汤滋味较淡。

茶叶的保存

茶叶的保存方法

陶瓷坛储存法

陶瓷坛储存法就是用陶瓷坛储存茶叶，用以保持茶叶的鲜嫩，防止变质。

茶叶在放入陶瓷坛之前要用牛皮纸分别包好，分置在坛的四周，在坛中间摆放一个石灰袋，再在上面放茶叶包，等茶叶装满后，再用棉花盖紧。石灰可以吸收湿气，能使茶叶保持干燥不受潮，储存的效果很好，茶叶的保质时间可以延长。陶瓷坛储存方法特别适合一些名贵茶叶，尤其是龙井、大方这些上等茶。

玻璃瓶储存法

玻璃瓶储存法是将茶叶存放在玻璃瓶中，以保持茶叶的鲜嫩，防止茶叶变质。这种方法很常见，一般家庭中经常采用这种方法，既简单又实用。

玻璃瓶要选择深色、清洁、干燥的。玻璃瓶准备好后，将干茶叶装入瓶子，至七八成满即可，然后用一团干净无味的纸团塞紧瓶口，再将瓶口拧紧。如果能用蜡或者玻璃膏封住瓶口，储存效果会更好。

低温储存法

低温储存法是指将茶叶放置在低温环境中，用以保持茶叶的鲜嫩，防止变质。

低温储存法，一般都是将茶叶罐或者茶叶袋放在冰箱的冷藏室中，温度调为5℃左右为最适宜的温度。在这个温度下，茶叶可以保持很好的新鲜度，一般都可以保存一年以上。

铁罐储存法

铁罐在质地上没有什么区别，造型却很丰富。方的、圆的、高的、矮的、多彩的、单色的，而且在茶叶罐上还有丰富的绘画，大多都是跟茶相关的绘画。

在用铁罐储存前，首先要检查一下罐身与罐盖的密封度，如果漏气则不可以使用。如果铁罐没有问题，可以将干燥的茶叶装入，并将铁罐密封严实。铁罐储存法方便实用，适合平时家庭使用，但是却不适宜长期储存。

木炭密封储存法

木炭密封储存法是利用木炭的吸潮性来储存茶叶的方法，这个方法也是比较常用的，总体来说效果还是很不错的。

先要将木炭处理一下，再将木炭放入火盆中烧起来，然后用铁锅立即覆盖上，将火熄灭，之后将木炭晾干后，用干净的白布把木炭包起来；将茶叶分包装好，放入瓦缸或小口铁箱中，然后将包裹好的木炭放入。

热水瓶储存法

热水瓶储存法是一种很实用的茶叶储存法，一般家庭用的热水瓶就可以，但是保暖性能一定要好。

在储存之前要检查一下热水瓶的保暖性能，如果热水瓶不保暖则不能使用。选择好热水瓶后，将干燥的茶叶装入瓶内，切记一定要装充足，尽量减少瓶内的空间。装好茶叶后，将瓶口用软木塞盖紧，然后在塞子的边缘涂上白蜡封口，再用胶布裹上，主要目的是防止漏气。

食品袋储存法

食品袋储存法是指用食品塑料袋储存茶叶的方法。

先准备一些洁净没有异味的白纸、牛皮纸和没有空隙的塑料袋。用白纸将茶叶包好，再包上一张牛皮纸，接着装入塑料食品袋中，然后用手轻轻挤压，将袋中的空气排出，用细绳子将袋口捆紧，然后再将另一只塑料食品袋套在第一只袋外面，用和第一个袋子同样的方法将空气挤出，再用细绳子把袋口扎紧。然后将茶包放入干燥无味、密闭性好的铁筒中。

茶叶保存的禁忌事项

忌 受潮

茶叶在储存时一定要注意干燥，不要使茶叶受潮。茶叶中的水分是茶叶内的各种成分生化反应必需的媒介，茶叶的含水量增加，茶叶的变化速度也会加快，色泽会随之逐渐变黄，茶叶滋味和鲜爽度也会跟着减弱。如果茶叶的含水量达到10%，茶叶就会加快霉变速度。

茶叶在保存时，一定要保持环境的相对湿度要低，这是茶叶保持干燥的一个条件。如果保存环境潮湿不堪，那么即使在包装时茶叶的含水量达标，也会使茶叶变质。在储存前，可以先检查一下干燥度，抓一点茶叶用手指轻轻搓捻，如果茶叶能立刻变成粉末，那么就表示比较干燥可以储存。

忌 接触异味

茶叶在保管时，一定要注意不能接触异味，茶叶如果接触异味，不仅会影响茶叶的味道，也会加速茶叶的变质。茶叶在包装时，就要保证严格按照卫生标准执行，确保在采摘、加工、储存的过程中没有异味污染，如果在前期有异味污染，那么后期保存无论多么注意，茶叶依然会变质很快。

忌 高温保存

茶叶在保存时，一定要保持合适的低温环境，才能使茶叶的香味持久不变，如温度过高会使茶叶变质。

温度是茶叶保存中一个很重要的因素，茶叶内含成分的化学变化随着温度的升高而变化。经过实验证明，随着温度的升高，茶叶内含化学物质变化速度加快，茶叶的品质也会随之变化，茶叶变质的速度也就会变快，对茶叶的保存很不利。

忌 阳光照射

在保存茶叶时，一定要注意避光保存，因为阳光使茶叶中的叶绿素物质氧化，从而使茶叶的绿色减退而变成棕黄色。阳光直射茶叶还会使茶叶中的有些芳香物质氧化，会使茶叶产生"日晒味"，茶叶的香味自然也会受到影响，严重的还会导致茶叶变质。

在保存茶叶时，要选择阴凉避光的地方，重要的是不要将茶叶氧化，氧化的茶叶只能使茶叶变质更快，保质期缩短。

忌 长时间暴露

茶叶若长时间暴露在外面，空气中的氧气会促进茶叶中的化学成分如茶多酚、脂类、维生素C等物质氧化，会使茶叶加速变质。茶叶在包装保管的容器中氧气含量应控制在0.1%，也就是说要基本上没有氧气，这样就能很好地保持茶叶的新鲜状态。此外，暴露在外的茶叶也更易于接触到空气中的水分，从而不再干燥、吸湿还潮，降低茶叶所原有的质量。

中国茶的"色香味"

所谓"茶色"

　　不同的茶类有不同的色泽要求，它还包括成茶的色泽和茶汤色泽。这种色泽是由茶叶中所含的各种化合物所决定的，例如，绿茶的色泽基本要求是翠绿，但也有黄绿或灰绿色；对茶汤的色泽要求是黄绿明亮。绿茶干茶的这种绿色主要决定于茶叶中的叶绿素和某些黄酮类化合物。叶绿素分别为叶绿素a和叶绿素b，叶绿素a是一种深绿色的化合物，叶绿素b是一种黄绿色的化合物，这两种叶绿素成分的不同比例就构成了干茶不同的绿色。

绿茶的茶色

　　叶绿素是非水溶性化合物，因此茶汤中的绿色主要不是叶绿素的原因，而是一些溶于水的黄酮类化合物造成的。正因为如此，绿茶的茶汤一般呈黄绿色。在各种绿茶中蒸青茶显得最绿，这种翠绿的茶汤令人爱不释手，这是因为蒸青茶的工艺中是先用高温的蒸汽将茶叶的叶绿素固定下来，使得这种绿色得以保存。绿茶在保存过程中如果受了潮，叶绿素被水解，绿色就会变得不绿，绿茶加工过程中有时因为鲜叶中含水分较多，如果不能很快散失，炒出来的茶叶也往往色泽呈灰绿色。

红茶的茶色

　　红茶干茶的色泽常成黑褐色，而茶汤则呈红褐色。决定红茶色泽的主要化合物是茶多酚类化合物，其中的儿茶素类在红茶加工过程中氧化聚合形成的有色产物统称红茶色素。红茶色素一般包括茶黄素、茶红素和茶褐素三大类。茶黄素呈橙黄色，是决定茶汤明亮度的主要成分；茶红素呈红色，是形成红茶汤色红艳的主要成分；茶褐素呈暗褐色，是造成红茶汤色发暗的主要成分。茶黄素和茶红素的不同比例组成就构成了红茶不同色泽的明亮程度。茶褐素含量高就会使红茶汤色暗钝，使得红茶品质下降。

乌龙茶的茶色

乌龙茶干茶通常为青褐色，茶汤黄亮，这是因为乌龙茶属于半发酵茶，其中茶多酚的氧化程度较轻，因此氧化聚合产物也相应较少。乌龙茶有不同发酵程度，如包种茶，其成茶色泽和汤色偏向于绿茶，而发酵较重的白毫乌龙茶，氧化产物较多，因此成茶色泽的汤色上也偏向于红茶。

[所谓"茶香"]

茶叶的香气取决于其中所含有的各种香气化合物。目前在茶叶中已鉴定出500多种挥发性香气化合物，这些不同香气化合物的不同比例和组合就构成了各种茶叶的特殊香味。虽然它们的含量不多，只占鲜叶干重的0.03%~0.05%，干茶重约0.005%~0.01%（绿茶）和0.01%~0.03%（红茶），但对决定茶叶品质具有十分重要的作用。一杯幽雅清香的绿茶，一杯浓郁醇香的红茶或一杯飘逸着花香的乌龙茶既可以提神解渴，又是一种享受。茶叶中的香气成分有一些是在鲜叶中就已经存在的，但大量的还是在加工过程中形成的。鲜叶中的香气成分中以醇类化合物最多。

绿茶的茶香

在绿茶中已鉴定出有230多种香气化合物，其中醇类和吡嗪化合物最多，前者是在鲜叶中存在的，而后者是在茶叶加工过程中形成的。炒青绿茶中高沸点香气成分如香叶醇、苯甲醇等占有较大比重，同时吡嗪类、吡咯类物质含量也很高，而蒸青茶叶中鲜爽型的芳樟醇及其氧化物含量较高，以及含有青草气味的低沸点化合物，如青叶醇含量比炒青绿茶要高。因此表现出香气醇和持久。

不同的茶类具有不同的特征性香气，如龙井茶中吡嗪类化合物和大量的羧酸和内酯类物质含量高，因此香气幽雅；碧螺春茶叶中戊烯醇含量很高，具有明显的清香；黄山毛峰茶中香叶醇含量很高，因此具有果香特征。

红茶的茶香

红茶中的香气成分较为复杂，目前已鉴定出有400多种香气化合物，如中国祁红以玫瑰花香和浓厚的木香为其特征，因为它含有较高量的香叶醇、苯甲醇和2-苯乙醇，而斯里兰卡的高地茶具有清爽的铃兰花香和甜润浓厚的茉莉花香，这是因为它含有高浓度的芳樟醇、茉莉内酯、茉莉酮酸甲酯等化合物。

如果将工夫红茶和CTC红茶相比，那么工夫红茶中萜烯醇及其氧化物、4-甲基水杨酸酯等具花香的化合物含量较高，而CTC红茶中这些成分含量较低，但反-2-己烯醇含量较高，因此表现为前者香气馥郁、滋味醇和，而CTC红茶则具有一定程度的青草味。

乌龙茶的茶香

乌龙茶的香气则以花香突出为特征。福建生产的铁观音、水仙、色种和台湾文山、北埔生产的乌龙茶在香气组成上有明显差别。前者橙花叔醇、沉香醇、茉莉内酯和吲哚含量较高，而后者萜烯醇、水杨酸甲酯、苯乙醇等化合物含量较高。

黑茶的茶香

黑茶是微生物发酵的渥堆紧压茶，这类茶具有典型的陈香味，萜烯醇类（如芳樟醇及其氧化物，α-萜品醇、橙花叔醇）含量高。

花茶的茶香

花茶的香气既有茶香，也有花香。茶叶是一种疏松的多孔体，可以吸收茉莉花的香气。通过大量的化学分析，人们已经可以从香气组成和香味特征中找到一些规律，如顺-3-已烯醇及其酯类化合物和清香有关，α-苯乙醇、香叶醇和清爽的铃兰花香有关联，β-紫罗酮类、顺-茉莉酮与玫瑰花香有关，茉莉内酯、橙花叔醇类与果香有关，吲哚和青苦沉闷的气味有关。

所谓"茶味"

茶叶中有甜、酸、苦、鲜、涩各种滋味物质。多种氨基酸是鲜味的主要成分，大部分氨基酸鲜中带甜，有的鲜中带酸。茶叶中涩的主要物质是多酚类化合物。茶叶中的甜味物质主要有可溶性糖和部分氨基酸。苦味物质主要有咖啡碱、花青素和茶叶皂素。酸味物质主要是多种有机酸。

绿茶的茶味

绿茶中滋味最重要的标准是浓醇清鲜，浓醇取决于茶多酚和氨基酸的适当比例，而清鲜主要取决于氨基酸的含量。一般春茶中的氨基酸明显高于夏、秋茶。因此春茶制成的绿茶与夏、秋茶相比，前者往往具有明显的清鲜味，而后者往往具有强烈苦涩味，就是因为春茶中氨基酸含量高，茶多酚含量相对较低，而夏、秋茶中氨基酸含量低，而茶多酚含量高。

红茶的茶味

红茶滋味的标准是"浓、强、鲜"，红茶中的儿茶素类化合物、茶黄素是影响红茶滋味最重要的化合物。"浓"主要是水浸出物含量，而"强""鲜"主要取决于咖啡碱、茶黄素和氨基酸的适合比例。红茶中的茶黄素和咖啡碱相结合，加上氨基酸，便产生了滋味浓强而鲜爽的红茶。

Part 3

茶艺茶道：泡茶方法和饮茶文化

博大精深的中国茶文化，论其精髓，无不体现在经典的茶艺及茶道上。

从选、沏、赏到闻、饮、品皆有讲究，细斟慢酌，感受茶韵浓浓。

泡茶要素和程序

泡茶四要素

泡一杯好茶并非易事，涉及茶、水、茶具、时间、环境等因素，只有掌握好这些因素，才能泡出好茶。综合起来，泡好一壶茶主要有四大要素：第一是茶水比例，第二是冲泡水温，第三是冲泡时间，第四是冲泡次数。

茶水比例

茶叶用量应根据不同的茶具、不同的茶叶等级而有所区别，一般而言，水多茶少，滋味淡薄；茶多水少，茶汤苦涩不爽。因此，细嫩的茶叶用量要多；较粗的茶叶，用量可少些，即所谓"细茶粗吃""精茶细吃"。

冲泡水温

冲泡水温是指将水烧开后，再让其冷却到所需的温度。如果是无菌的生水，只要烧到所需的水温就可以。一般来说，泡茶水温的高低，与茶中可溶于水的浸出物的浸出速度相关。水温越高浸出速度越快，在相同的冲泡时间内，茶汤的滋味也就越浓。反之，水温越低浸出速度越慢，茶汤的滋味也相对淡一些。

冲泡时间

茶叶冲泡的时间差异很大，这主要是与茶叶种类、泡茶水温、用茶数量和饮茶习惯等有关，不可以一概而论。为了获取一杯鲜爽甘醇的茶汤，对大宗红茶、绿茶而言，头泡茶以冲泡3分钟左右饮用为好。

冲泡次数

一般茶冲泡第一次时，茶中的可溶性物质能浸出50%~55%；冲泡第二次时，能浸出30%左右；冲泡第三次时，能浸出约10%；冲泡第四次时，只能浸出2%~3%，几乎是白开水了。所以，通常以冲泡三次为宜。

一般的泡茶程序

　　泡茶用水都得煮开，以自然降温的方式来达到控温的效果。不同的茶类有不同的冲泡方法，即使是同一种茶类也可能有不同的冲泡方法。但不管是哪一类茶，其泡茶程序都大致相同，具体冲泡次序如下：

温具

　　用热水冲淋茶壶，包括壶嘴、壶盖，同时烫淋茶杯。随即将茶壶、茶杯沥干。主要是为了提高茶具温度，使茶叶冲泡后温度相对稳定。

置茶

　　按茶壶或茶杯的大小，置一定数量的茶叶入壶。

冲泡

　　置茶后，按照茶与水的比例，将开水冲入壶中。冲水时，除乌龙茶冲水需溢出壶口、壶嘴外，通常以冲水八分满为宜。

奉茶

　　奉茶时，主人需面带笑容，最好用茶盘托着送给客人。如果直接用茶杯奉茶，放置客人处，手指并拢伸出，以示敬意。

赏茶

　　如果是高级名茶，那么茶叶一经冲泡后，则不可急于饮茶，应先观色察形，接着端杯闻香，再啜汤赏味。

家庭泡茶饮茶须知

一壶茶放多少茶叶

小壶茶的置茶依茶叶外形松紧而定：非常蓬松的茶，如青茶、瓜片、粗大型的碧螺春等，放七八分满；较紧结的茶，如揉成球状的乌龙茶、条形肥大且带绒毛的白毫银针、纤细蓬松的绿茶等，放1/4壶；非常密实的茶，如剑片状的龙井、煎茶，针状的工夫红茶、玉露、眉茶，球状的珠茶，碎角状的细碎茶叶，切碎熏花的香片等，放1/5壶。

如何计算浸泡的时间

浸泡的时间是随"置茶量"而定，茶叶放得多，浸泡的时间要短；茶叶放得少，时间就要拉长。可以冲泡的次数也跟着变化，浸泡的时间短，可以多泡几次；浸泡的时间长，可以冲泡的次数一定减少。

依上述"置茶量"，第一泡大约浸泡一分钟可以得出适当的浓度，第二道以后要看茶舒展状况与品质特性增减时间，以下是几项考虑的因素：

① 揉捻成卷曲状的茶，第二道、第三道才完全舒展开来，所以第二道浸泡时间往往需要缩短，第三道以后才逐渐增加浸泡的时间。

② 揉捻轻、发酵少的茶可溶物释出速度较快，所以第三道以后浓度释放已趋缓慢，必须加长时间。

③ 重萎凋、轻发酵的白茶类，如白毫银针、白牡丹，可溶物释出缓慢，浸泡时间应更长。细碎茶叶可溶物释出很快，前面数道时间宜短，往后各道的时间可适量拉长。

④ 重焙火茶可溶物释出的速度较同类型茶之轻焙火者快，故前面数道时间宜短，往后愈多道则冲泡时间愈长。

用什么温度的水泡茶

冲泡不同类型的茶需要不同的水温：

低温
（70℃~80℃） 用以冲泡龙井、碧螺春、煎茶等带嫩芽的绿茶与霍山黄芽、君山银针等黄茶。

中温
（80℃~90℃） 用以冲泡白毫乌龙等带嫩芽的乌龙茶，瓜片等采开面叶的绿茶，以及虽带嫩芽但重萎凋的白茶（如白毫银针、白牡丹）。

高温
（90℃~100℃） 用以冲泡采开面叶为主的乌龙茶，如包种、冻顶、铁观音、水仙、武夷岩茶等，以及后发酵的普洱茶、全发酵的红茶。

水质直接影响茶汤

矿物质含量 矿物质含量太多，一般称为硬度高，泡出的茶颜色偏暗、香气不显、口感清爽度低，不适宜泡茶。矿物质含量低者，一般称为软茶水，容易表现茶的本质，是适宜泡茶的用水。

消毒药剂含量 若水中含有消毒药剂，如"氯"，饮用前可使用活性炭将其滤掉。慢火煮开一段时间，或高温不加盖放置一段时间也可以降低其含量。明显的消毒剂会直接干扰茶汤的味道与品质。

空气含量 水中空气含量高者，有利茶香挥发，而且口感上的活性强。一般说"活水"益于泡茶，主要是因活水的空气含量高，又说水不可煮老，也因为煮久了，空气含量会降低。

杂质与含菌量 这两项愈少愈好，一般高密度滤水设备都可以将之隔离，含菌部分还可以利用高温的方法将之消灭。

何谓茶汤的适当浓度

所谓适当浓度就是将该种茶的特性表现得最好的浓度。泡茶时若可溶物释出太少，我们称为太淡；若可溶物释出太多，我们称为太浓，喝来味道太重，或苦涩味太过突显。

适当的浓度是否有一定的标准？100人之中，八九成人认为适当的浓度就是标准的浓度，国际鉴定茶的标准杯泡法就是以此原则设计而成，也就是以3克的茶量，冲泡150毫升的开水（即茶为水的2%），浸泡5~6分钟得出的茶汤浓度。

茶汤有一定的标准浓度，但个人对茶汤浓度的喜爱有某些程度的差异，我们建议爱茶人尽量往标准浓度修正，因为只喝太浓的茶汤或太淡的茶汤，可能会错失其中一些细微的味道。

冲泡茶叶的方法与顺序

家庭泡茶的方法

煮茶法

即直接将茶放在茶壶中煮，在我国唐代以前最为普遍。此法多用于茶饼，通常先将茶饼碾碎，然后煮水，在全沸之前，将茶叶加入，等到第二次煮沸时，将煮出的沫舀出，待到第三次沸腾时，和二沸的水融合即可。

点茶法

将茶放置在碗中，将水煮沸，在微沸时就冲到碗中，用"茶筅"打击碗中的茶叶，使水乳交融、茶汤浓稠。

毛茶法

在茶叶中加入干果，然后直接用开水点泡，饮茶时，干果可以食用。

泡茶法

此法使用得最为普遍，方法简单易行。对于不同的茶，冲泡方法也各不相同。

家庭泡茶的顺序

　　家庭喝茶的冲泡顺序和一般的传统茶艺冲泡顺序大致相同，这种方法简单易行，十分适合大众饮用。以下为您具体说明家庭泡茶的顺序：

烫壶
将烧开的沸水倒入壶中直到溢满为止。

倒水
将壶中的水倒入放置茶壶的茶船中。

置茶
将茶漏斗放置在茶壶口处，用茶匙将茶拨入茶壶中。这是茶艺中比较讲究的一种方式。

注水
将烧开的水注入茶壶中，直到泡沫溢出茶壶口即可。

这是一个很关键、很艺术的步骤，然后将茶壶中的茶倒入茶盅中，使茶汤均匀。

倒茶

分茶
将均匀的茶汤倒入茶杯中，一般为七分满即可。

去渣
用茶匙将壶中的茶渣清理干净。

家庭饮茶的特点与环境

家庭饮茶的特点

休闲性

这是家庭饮茶的首要特点。人们的生活节奏越来越快，工作压力也越来越大，在工作之余，家人坐在一起品茗聊天，放松身心，这也是人们缓解压力、愉悦身心的一种好方法。

家庭饮茶，可以给人们带来物质和精神上的双重享受，在享受茶叶香味的同时，也能享受茶艺、茶具带来的趣味，陶冶情操。

保健性

茶叶具有养生保健作用，茶叶中的营养成分很丰富，还具有药效功能，具有提神健脑、生津止渴、降脂瘦身、清心明目、消炎解毒、延年益寿等功效，是人们日常生活中养生保健常用的饮品。

交际性

"以茶会友"，是从古至今的一种交际方式，喜欢茶艺的人，总是用茶来招待朋友、结交朋友，和兴趣相投的朋友在一起交流饮茶心得，共享新茶，在交流的同时，也增进友谊。

家庭饮茶的环境

如今，很多家庭都有饮茶的习惯，因此，很多人也都开始关注家庭饮茶的环境。家庭饮茶环境的总体要求是安静、清新、舒适、干净，以下为您介绍几种适合家庭饮茶的环境。

书房

书房是读书、学习的场所，本身就具有安静、清新的特点，自古茶和书籍有着密不可分的关系，在书房中更能体现饮茶的意境。

庭院

如果在庭院中种植一些花草，摆上茶几、椅子，和大自然融为一体，饮茶意境立刻就显现出来了。

客厅

可以在客厅的一角辟出一个小空间，布置一些中式家具或是小型沙发等，饮茶的氛围立刻就营造出来了，午后和家人一起饮茶聊天是件很惬意的事。

不同方式冲泡中国茶的技巧

大茶壶泡茶法

大茶壶，我们指的是体积稍大的陶制或瓷制茶壶，可用来冲泡大宗红茶、大宗绿茶、大宗乌龙茶等。

这里以大宗乌龙茶为例，冲泡程序展示如下：

【备具】

紫砂壶、品茗杯、公道杯、茶盘、茶荷、茶巾、茶道组

【冲泡】

把紫砂壶放在茶盘上，注入沸水来温热茶壶。

把茶壶的沸水倒入公道杯，温热公道杯，把公道杯里的水倒入各品茗杯中，温热品茗杯，而后弃水不用。

把茶叶放入茶壶中，使茶叶均匀散落在壶底，投茶量一般为茶壶的1/2左右。

注入沸水至溢满的程度，高冲水，使茶叶均匀地浸在水中。

把茶汤倒入公道杯中。往茶壶中添水，盖上盖，把茶汤淋到茶壶上。

将茶汤倒入公道杯中，再把公道杯中的茶汤倒入各品茗杯中品饮。

这里以西湖龙井为例，冲泡程序展示如下：

【备具】

玻璃杯、茶荷、茶匙、茶巾、茶船、煮水器

【冲泡】

采用回旋斟水法，用煮水器里的热水烫洗玻璃杯。

左手托杯底，右手拿杯，逆时针逐渐回旋一周，将温杯的水倒入茶船中。

用茶匙把茶荷中的茶拨入玻璃杯中。

将水旋转倒入杯中，约占杯身容量的1/4，轻轻旋转杯身，促使茶芽舒展。

用"凤凰三点头"的方法冲水，即在冲水时利用手腕的力量，使水壶有节奏地三起三落，充分击打茶叶，激发茶性。

品茶时先闻其香，后观其色，再细品啜，感觉甘醇润喉，齿颊留香，回味无穷。

玻璃杯泡茶法

玻璃杯晶莹透明，用于泡茶可以充分观赏茶的形态。高档名优绿茶，因外形秀丽、色泽翠绿，一般用玻璃杯冲泡。玻璃杯也可用于冲泡白茶、黄茶等。

盖碗泡茶法

连盖带托的盖碗，可用来冲泡高、中档花茶。品饮花茶，重在欣赏香气，盖碗具有较好的保持香气的作用。盖碗也可用来冲泡绿茶，但不加盖，以免闷黄芽叶。此外，盖碗也可用于黄茶、白茶及红茶的冲泡。

这里以茉莉花茶为例，冲泡程序展示如下：

【备具】

盖碗、公道杯、汤滤、品茗杯、茶盘、茶荷、茶匙、茶巾

【冲泡】

1

把沸水倒入盖碗，再将水倒入公道杯及各品茗杯，以此来温热各个茶具。

2

把茶叶放进盖碗，投茶量为盖碗容量的1/4左右。

3

往盖碗中冲水，盖上盖碗的盖子，闷茶2~3分钟。

4

将温热品茗杯的水倒入茶盘中。

5

将泡好的茶汤从盖碗中倒出，倒入公道杯中，使茶汤混合均匀。

6

将公道杯中的茶汤倒入各品茗杯中品饮。

这里以祁门红茶为例, 冲泡程序展示如下:

【备具】

小瓷壶、品茗杯、公道杯、茶船、茶匙、茶荷、茶巾

【冲泡】

1

先向小瓷壶内注入开水, 进行温壶, 将温壶的水倒入公道杯中。

2

将公道杯中的水倒入品茗杯中进行温杯。

3

用茶匙将祁门红茶拨入茶壶中。

4

直接冲水直到满而不泄, 泡约2~3分钟。

5

用温杯的水淋壶, 使壶内温度尽量达到一致, 并可起到养壶的作用。

6

将茶壶中泡好的茶汤倒入公道杯中, 尽量倒尽壶中的茶汤, 将公道杯中的茶汤倒入各品茗杯中品饮。

家庭冲泡茶叶的技巧

家庭泡绿茶

1. 洗净茶具
茶具可以是瓷杯子，也可以是透明玻璃杯子，透明的杯子更加便于欣赏绿茶的外形和质量。

2. 赏茶
在品茶前，要先观察茶的色泽和形状，感受名茶的优美外形和工艺特色。

3. 投茶
投茶有上投法、中投法和下投法三种，根据不同的茶选用不同的投法。

> 龙井、碧螺春等适合上投法，黄山毛峰、庐山云雾等适合中投法，六安瓜片、太平猴魁等适合下投法。

4. 泡茶
一般用80℃~90℃的水冲泡茶。

5. 品茶
在品茶时，适合小口慢慢吞咽，让茶汤在口中和舌头充分接触，要鼻舌并用，品出茶香。

> 茶饮至1/3时，需续水，饮至"三泡茶"时，味道渐淡，可重新换茶叶。

家庭泡红茶

1. 洗净茶具
将泡茶用的水壶、杯子等茶具用水清洗干净。

2. 投茶
如用杯子，放入3克左右的红茶即可；如用茶壶，则参照1∶50的茶和水的比例。

> 红茶和绿茶一样，一般在冲泡2~3次后，就要重新投茶叶；如果是红碎茶，则只适合冲泡1次。

3. 冲泡
需用沸水，冲水约至八分满，冲泡3分钟左右即可。

4. 闻香观色
泡好后，先闻一下它的香气，然后观察茶汤的颜色。

5. 品饮
待茶汤冷热适口时，慢慢小口饮用，用心品味。

6. 调饮
在红茶汤中加入调料一同饮用，常见调料有糖、牛奶、柠檬片、蜂蜜等。

家庭泡乌龙茶

1.准备茶具

准备好茶壶、茶杯、茶船等泡茶工具，并清洗干净。

2.投茶

投茶量要按照茶和水1:30的比例，投在茶壶中。

3.冲泡

将沸水冲入茶壶中，到壶满即可，用壶盖将泡沫刮去，冲水时要用高冲，可以使茶叶迅速流动，茶味出得快；将盖子盖上，用开水浇茶壶。

以沸水冲刷壶盖，既可提高壶的温度，又可起到清洗茶壶的作用。

4.斟茶

茶在泡过大约2分钟后，均匀地将茶低斟在各茶杯中。斟过之后，将壶中剩余的茶水在各杯中点斟。

"一杯苦，二杯甜，三杯味无穷"，这是乌龙茶品饮时独有的味道。

5.品饮

小口慢饮，可以品味其"香、清、甘、活"的特点。

家庭泡黑茶

1.选择茶具

一般来说，泡普洱茶要用腹大的陶壶或紫砂壶，由于普洱茶浓度高，这样可以避免茶泡得过浓。

泡普洱砖茶时，如果撬开置放约2周后再冲泡，味道会更美。

2.投茶

在冲泡时，茶叶分量约占壶身的1/5。

3.冲泡

开水冲入后随即倒出来，湿润浸泡即可；第二泡时，冲入滚烫的开水，浸泡15秒即倒出茶汤来品尝；为中和茶性，可将第二、第三泡的茶汤混着喝。第四次以后，每增加一泡浸泡时间增加15秒钟，以此类推。

普洱茶的浓度高，具有耐泡的特性，一般可以续冲10次以上。

4.品饮

普洱茶是一种以味道带动香气的茶，香气藏在味道里，感觉较沉。

家庭泡黄茶

1. 准备茶具

用瓷杯子和玻璃杯子都可以，玻璃杯子最好，可以欣赏茶叶冲泡时的形态变化。

2. 赏茶

观察茶叶的形状和色泽。

3. 投茶

将3克左右的黄茶投入准备好的杯子中。

4. 泡茶

泡茶的开水要在70℃，在投好茶的杯子中先快后慢地注入开水，大约到1/2处即可，待茶叶完全浸透，再注入八分的水即可。待茶叶迅速下沉时，加上盖子，约5分钟后，将盖子去掉。

5. 品饮

在品饮时，要慢慢啜饮，才能品味其茶香。

清洗干净后要将杯子中的水珠擦干，这样就可以避免茶叶因为吸水而降低竖立率。

泡茶时，茶叶在经过数次浮动后，最后个个竖立，称为"三起三落"，这是黄茶独有的特色。

家庭泡白茶

1. 准备茶具

在选择茶具时，最好用直筒形的透明玻璃杯。

2. 赏茶

在冲泡之前，要先欣赏一下茶叶的形状和颜色，白茶的颜色为白色。

3. 投茶

白茶的投茶量大约2克即可。

4. 冲泡

一般用70℃的开水，先在杯子中注入少量的水，大约淹没茶叶即可，待茶叶浸润大约10秒后，用高冲法注入开水。

5. 品饮

待茶泡大约3分钟后即可饮用，要慢慢、细细品味才能体会其中的茶香。

因为白茶没有经过揉捻，所以茶汁很难浸出，滋味比较淡，茶汤也比较清，茶香相较其他茶叶没有那么浓烈。

家庭泡花茶

1. 准备茶具
品饮花茶一般用带盖的瓷杯或盖碗。

2. 赏茶
欣赏花茶的外形，花茶中有干花，外形值得一赏。

3. 投茶
将3克左右花茶投入茶杯中。

4. 冲泡
高档的花茶，最好用玻璃杯子，用85℃左右的水冲泡；中低档花茶，适宜用瓷杯，100℃的沸水。

5. 品饮
在茶泡制3分钟后即可饮用。在饮用前，先闻香，将盖子揭开，花茶的芳香立刻溢出，香气怡人，神清气爽。品饮时将茶汤在口中停留片刻，以充分品尝、感受其香味。

花茶将茶香与花香巧妙地结合在一起，无论是视觉还是嗅觉都会给人以美的享受。

家庭泡袋装茶

1. 准备茶具
袋装茶对茶具要求不高，只要是一般的瓷杯或是玻璃杯即可。

袋装茶的泡法简单易行，一般情况下，一包袋装茶适合冲泡一次，第二次的茶味就会变得极淡，茶香也没有了。

2. 预热茶杯
在杯子中注入少量开水，摇晃杯子，待杯子变得温热，将开水倒掉。

3. 注水
在预热过的杯子中加入七八分的开水。水量要根据个人的口味来定，喜欢浓茶可以减少水量，喜欢淡茶可以多加些水。

4. 投茶
取一袋茶，用手提着线，将茶袋顺着杯子一边缓缓滑入杯子中，盖上盖子闷大约5分钟。

5. 品饮
时间到后，将盖子拿开，抽出茶包即可饮用。

泡茶用水的选择

【 古代择水标准 】

水要甘甜洁净	水要鲜活清爽	适当的贮水方法

古人认为泡茶的水首要就是洁净，只有洁净的水才能泡出没有异味的茶，而甘甜的水质会让茶香更加出色。宋代蔡襄在《茶录》中说道："水泉不甘，能损茶味。"赵佶的《大观茶论》中说过："水以清轻甘洁为美。"

古人认为水质鲜活清爽会使茶味发挥更佳，死水泡茶，即使再好的茶叶也会失去茶滋味。明代张源在《茶录》中指出："山顶泉清而轻，山下泉清而重，石中泉清而甘，砂中泉清而洌。流于黄石为佳，泻出青石无用。真源无味，真水无香。"

古代的水一般都要储存备用，如果在储存中出现差错，会使水质变味，影响茶汤滋味。明代许次纾在《茶疏》中指出："水性忌木，松杉为甚，木桶贮水，其害滋甚，洁瓶为佳耳。"

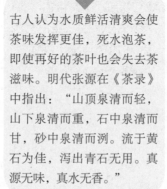

【 古人论水 】

中国古代的茶典中，有很多关于泡茶用水的论著，这些茶典中不仅有水质好坏和茶的关系的论述，还有对水品作分类的著作。

比较著名的是茶圣唐代陆羽的著作《茶经》中的"五之煮"、唐代张又新的《煎茶水记》、宋代欧阳修的《大明水记》、宋代叶清臣的《述煮茶小品》、明代徐献忠的《水品》、田艺蘅的《煮泉小品》以及清代汤蠹仙的《泉谱》等。

古代文人墨客靠品尝排出了煮茶之水的座次。陆羽将煮茶的水分为三等：泉水为上等，江水为中等，井水为下等；其中又将泉水分为九等。陆羽提到的天下第一泉共有七处，分别是济南的趵突泉、镇江的中泠泉、北京的玉泉、庐山的谷帘泉、峨眉山的玉液泉、安宁的碧玉泉、衡山的水帘洞泉。天下第九泉乃淮水源，地处鄂豫交界桐柏山北麓，河南桐柏县（唐代属山南东道唐州）境内。陆羽在唐玄宗后期，在荆楚大地沿江淮、汉水流域进行访茶品泉期间，曾前往桐柏县品鉴过淮水源头之水，并评为"天下第九佳水"。

现代水质标准

现代科学越来越发达，人们的生活层次也在不断提高，对水质的要求也提出了新的指标。现代科学对水质提出了以下四个指标：

感官指标　水的色度不能超过15度，而且不能有其他异色；浑浊度不能超过5度，水中不能有肉眼可见的杂物，不能有臭味、异味。

化学指标　微量元素的要求为：铁不能超过0.3毫克/升，锰不能超过0.1毫克/升，铜不能超过1.0毫克/升，锌不能超过1.0毫克/升，氧化钙不能超过250毫克/升，挥发酚类不能超过0.002毫克/升，阴离子合成洗涤剂不能超过0.3毫克/升。

毒理学指标　水中的氟化物不能超过1.0毫克/升，适宜浓度为0.5~1.0毫克/升，氰化物不能超过0.05毫克/升，砷不能超过0.04毫克/升，镉不能超过0.01毫克/升，铬不能超过0.5毫克/升，铅不能超过0.1毫克/升。

细菌指标　每1毫升水中的细菌含量不能超过100个；每1升水中的大肠菌群不能超过3个。

现代硬水、软水之分

水的软、硬取决于水中钙、镁矿物质的含量，硬水是指含有较多钙、镁化合物的水。硬水分为暂时硬水和永久硬水，暂时硬水在煮沸之后就会变为软水，而永久硬水经过煮沸也不会变为软水。

硬水是相对于软水而言的，生活中一般不使用硬水。饮用硬水不会对健康造成直接危害，但是长期饮用会造成肝胆或肾结石。如果用硬水泡茶，茶汤的表面会有一层明显的"锈油"，茶的滋味会大打折扣，茶色也会变得暗淡无光。

软水就是指不含或含有很少可溶性钙、镁化合物的水，天然软水包括江水、河水、湖水等。

日常生活中，人们通过将暂时硬水加热煮沸，使水中的碳酸氢钙或碳酸氢镁析出不溶于水的碳酸盐沉淀，从而获得软水作为家庭洗澡、洗衣服的专门用水。生活中使用的水一般都是软水，软水可以加强洗涤效果，令其泡沫丰富；可以有效清洁皮肤、抑制真菌、促进细胞组织再生。但由于所含的矿物质过少，不适合人体长期饮用。

[天然水]

天然水，就是指构成自然界地球表面各种形态的水相，包括江河、海洋、冰川、湖泊、沼泽、泉水、井水等地表水以及土壤、岩石层内的地下水等。

这些水中既有淡水也有咸水，其中淡水大约占天然水的2.7%。天然水的化学成分很复杂，含有很多可溶性物质、胶体物质、悬浮物，例如盐类、有机物、可溶性气体、硅胶、腐殖酸、黏土、水生生物等。

一般来说，没有被污染的天然水都是可以用来泡茶的，尤其以泉水、井水、雪水为佳。

[自来水]

自来水，是指将天然水通过自来水处理净化、消毒后生产出的符合国家饮用水标准的水，以供人们生活、生产使用。家庭中可以直接将自来水用于洗涤，但是饮用时一般都要煮沸。

自来水的来源主要是江河湖泊和地下水，水厂用取水泵将这些水吸取过来，将其沉淀、消毒、过滤等，使这些天然水达到国家饮用水标准，然后通过配水泵站输送到各个用户。凡达到我国卫生部制定的饮用水卫生标准的自来水，都适于泡茶。但有时自来水中用过量氧化物消毒，气味很重，用之泡茶，严重影响品质。

[纯净水]

纯净水的水质清纯，没有任何有机污染物、无机盐、添加剂和各类杂质，这样的水可以避免各类病菌入侵人体。纯净水一般采用离子交换法、反渗透法、精微过滤等方法来进行深度处理。纯净水将杂质去除之后，原水只有50%~75%可以用。

纯净水的优点是安全、溶解度强、与人体细胞亲和力强，能有效促进人体的新陈代谢。虽然纯净水在除杂的同时，也将对人体有益的微量元素分离出去了，但是对人体的微量元素吸收并无太大妨碍。总体来说，纯净水是一种很安全的饮用水。

[净化水]

净化水就是将自来水管网中的红虫、铁锈、悬浮物等杂物除掉的水。净化水可以降低水的浑浊度、余氧和有机杂质，并可以将细菌、大肠杆菌等微生物截留。

净化水的原理和处理工艺一般包括粗滤、活性炭吸附和薄膜过滤三级系统。在净水过程中，要注意经常清洗净水器中的粗滤装置，常常更换活性炭，否则，时间久了，净水器内胆中就会有污染物堆积，滋生细菌，不仅起不到净化水的作用，反而会进一步污染水。

[活性水]

活性水，也称为脱气水，就是指通过特定工艺使水中的气体减掉一半，使其具有超强的生物活性的水。活性水的表面张力、密度、黏性、导电性等物理性质都发生了变化，因此它很容易就能穿过细胞膜进入细胞，渗入量是普通水的好几倍。

活性水可以利用加热、超声波脱气、离心去气等方法制作而成。活性水包括磁化水、矿化水、高氧水、离子水、自然回归水、生态水等。

[矿泉水]

矿泉水含有一定量的矿物盐、微量元素或二氧化碳气体。相对于纯净水来说，矿泉水含有多种微量元素，对人体健康有利。

从国家标准看，矿泉水按照特征可分为偏硅酸矿泉水、锶矿泉水、锌矿泉水、锂矿泉水、硒矿泉水、溴矿泉水、碘矿泉水、碳酸矿泉水以及盐类矿泉水九大类；按照矿化度可分为低矿化度、中矿化度、高矿化度三种；按照酸碱性可分为强酸性水、酸性水、弱酸性水、中性水、弱碱性水、碱性水以及强碱性水七大类。

Part 4

丰富多样的品茶文化

　　品评茶饮，是一种较为优雅和闲适的艺术享受。忙碌之余不妨泡上一壶浓茶，于雅静之处，自斟自饮，既能消除疲劳、涤烦益思、振奋精神，又可使神思遐想、心生意趣，达到修养身心的效果。

多喝茶，能保健

茶叶中的主要营养成分

生物碱

生物碱主要有咖啡因、茶碱和可可碱三种。其中，咖啡因含量较高，是一种中枢神经兴奋剂，可以提神，且在人体正常饮用剂量下，不会有致病、致癌和突变的危险。

酚类衍生物质

酚类衍生物质为可溶性化合物，它主要由儿茶素类、黄酮类化合物、花青素和酚酸组成，其中又以儿茶素类化合物含量最高。它的功效很多，如防止血管硬化、动脉粥样硬化以及降血脂、消炎抑菌、防辐射、抗癌、抗突变等。

维生素类物质

茶叶的维生素C含量很高，能增强抵抗力，促进伤口愈合，防治坏血病；维生素E可以阻止人体脂质的过氧化，具有抗衰老功效；维生素K可以促进肝脏合成凝血素。要想从茶中摄取足够的维生素，其实相当简单，只要每天饮用5杯茶就可以了。

氨基酸

以茶氨酸的含量最高。氨基酸是人体必需的营养成分，如谷氨酸能降低血氨、治疗肝昏迷，蛋氨酸能调节脂肪代谢等。

矿物质

茶叶中含有多种矿物质，且多数对人体健康有益。其中，微量元素氟的含量极高，可有效预防蛀牙。

茶叶的保健效果

保护牙齿

茶叶中含有氟，氟离子与牙齿的钙质有很大的亲和力，能变成一种较难溶于酸的"氟磷灰石"，提高牙齿的防酸能力。

提神健脑

茶叶中的咖啡碱能促使人体中枢神经兴奋，增强大脑皮质的兴奋过程，起到提神益思、清心的效果。

预防流感

茶叶中的儿茶素具有抑制流感病毒活性的作用，坚持用茶水漱口可有效地预防流感。春秋季节是流感易发作的时期，流感病毒主要附着在鼻子和嗓子中突起的黏膜细胞上，而且不断增殖，从而致人生病。经常用茶水漱口，儿茶素能够覆盖在突起的黏膜细胞上，防止流感病毒和黏膜结合并杀死病毒。

保护心脏

据研究表明，每天至少喝一杯茶可使心脏病发作的危险降低44%。喝茶之所以有如此功效，可能是因为茶叶中含有大量类黄酮和维生素等可使血细胞不易凝结成块的天然物质。

防治动脉粥样硬化

研究认为，饮茶防治动脉粥样硬化与茶多酚、维生素、氨基酸等成分有关，尤其是茶多酚类对脂肪代谢起到了重要的作用。茶中的多酚类物质能防止血液和肝脏中的胆甾醇及烯醇类和中性脂肪的积累，能够防止动脉和肝脏硬化。另外茶色素也具有很好的防治动脉粥样硬化的效果。因为茶色素具有对抗纤维蛋白原对血的凝固作用，一定数量的茶色素能使纤维蛋白原失去凝血功能。

此外，茶叶中的甾醇能调节脂肪代谢，从而降低血液中的胆甾醇，进而防治动脉粥样硬化。茶叶中的维生素C、维生素B$_1$、叶酸、泛酸、肌醇等，都有防治动脉粥样硬化的作用。

品茶时的几点须知

[空腹时不宜喝茶]

　　我国自古就有"不饮空心茶"之说。茶叶大多属于寒性，空腹喝茶，会使脾胃感觉凉，产生肠胃痉挛，而且茶叶中的咖啡碱会刺激心脏，如果空腹喝茶，对心脏的刺激作用更大，因此心脏病患者尤其不能空腹喝茶。

　　喝茶是为了吸收茶叶中的营养元素，如果因为空腹喝茶而使身体机能造成损伤，就失去了喝茶的意义，因此不要空腹喝茶。

[过烫的茶不宜喝]

　　古人云："烫茶伤五内。"这说明，烫茶对人的健康有害。

　　太烫的茶水对人的喉咙、食管和胃的刺激较强，如果长期喝烫茶，容易导致这些器官的组织增生，产生病变，甚至诱发食管癌等恶性疾病。所以，喜欢喝过烫的茶对健康有害，不能饮用过烫的茶水。

[喝茶不宜过量]

　　一般来说，健康的成年人，若平时有饮茶的习惯，一日饮茶6～10克，分两三次冲泡较适宜。吃油腻食物较多、烟酒量大的人，也可适当增加茶叶用量。

过量喝茶的坏处

1.喝茶过量，茶叶中的咖啡碱等在体内堆积过多，容易损害神经系统。	2.喝茶过量，茶叶中所含的利尿成分会对肾脏器官造成很大压力，影响肾功能。	3.喝茶过量，受茶叶中的兴奋物质影响，使人处于高度亢奋状态，影响睡眠。

[隔夜茶不能喝]

从营养的角度来看，隔夜茶因为时间过久，茶中的维生素C已丧失，茶多酚也已经氧化减少；从卫生的角度来看，茶汤暴露在空气中，易被微生物污染，且含有较多的有害物质，放久了易滋生腐败性微生物，使茶汤发馊变质。

尽管隔夜茶没有太大的害处，但一般情况下人们还是随泡随饮的好。

[新炒的茶不宜喝]

新茶指摘下不足一个月的茶，形、色、味上乘，品饮起来确实是一种享受。但新茶不宜常饮，因新茶存放时间短，多酚类、醇类、醛类含量较多，常饮容易导致腹痛、腹胀等。且新茶中含有活性较强的鞣酸、咖啡因等，人饮后容易引起神经系统高度兴奋，产生四肢无力、冷汗淋漓和失眠等"茶醉"现象，因此不宜常饮。

[女性在五个时期喝茶要谨慎]

虽然饮茶有多种保健作用，但对女性而言，并非任何情况下饮茶对身体都有好处。处在这五个时期的女性不宜饮茶：

行经期	女性经期大量失血，应在经期或经期后补充些含铁丰富的食品。而茶叶中含有30%以上的鞣酸，它在肠道中较易同食物中的铁结合，产生沉淀，阻碍肠黏膜对铁的吸收和利用，起不到补血的作用。
怀孕期	茶叶中的咖啡碱，会加剧孕妇的心跳速度，增加孕妇的心、肾负担，增加排尿，从而诱发妊娠中毒，不利于胎儿的健康发育。
临产期	临产期饮茶，茶中的咖啡因会引起孕妇心悸、失眠，导致体质下降，严重时导致分娩产妇精疲力竭、阵缩无力，造成难产。
哺乳期	茶中的鞣酸会被胃黏膜吸收，而后进入血液循环，从而产生收敛作用，抑制产妇乳腺的分泌。
更年期	更年期妇女头晕、乏力，还会睡眠不定或失眠、月经功能紊乱。常饮茶，会加重这些症状，不利于妇女顺利度过更年期，有害身心健康。

品茶环境及娱乐

[品茶环境]

品茗之"品"，其释义可作"品尝"。《周礼·天官·膳夫》曰："膳夫受祭，品尝食，王乃食。"郑玄注："品者，每食皆尝之。""品"不仅指对茶叶的品评、鉴别茶叶品质优劣等次，也指在细啜慢饮的过程中，达到美的享受。

明代徐渭在《徐文长秘集》中说："茶宜精舍，云林，竹灶，幽人雅士，寒霄兀坐，松月下，花鸟间，清白石，绿鲜苍苔，素手汲泉，红妆扫雪，船头吹火，竹里飘烟。"由此可见，古人很重视品茗的环境。

品茗的环境一般由建筑物、园林、摆设、茶具等因素组成，这些因素的有机组成才能形成良好的品茗环境。

家庭饮茶

家庭饮茶，难择建筑物，但在有限的空间里，可以寻找适宜的位置。一般来说，最好选择向阳靠窗处，配以茶几、沙发或台椅。窗台上摆设盆花，上方置藤蔓植物。

若无盆花，在茶几上放上应时鲜花也是很相称的。花能协调环境，由于花卉有着美丽的色彩、奇妙的形状、优美的姿态和可爱的品格，因此能使人赏心悦目，加上花香四溢，更使人心旷神怡。而碧叶绿荫，能消除眼神经的疲劳，放松中枢神经，使人轻松愉快。

家庭饮茶，使用茶具因人而异。独自小酌，可用陶瓷茶具。如邀三朋四友，或有客人来访，则要依来宾而制宜。年长者，可用紫砂茶具；年轻人，可用玻璃茶具或白瓷茶具；来宾是女士，则可用青瓷甚至薄胎瓷茶具。

总之，家庭饮茶要求安静、清新、舒适、干净，尽可能利用一切有利条件，如阳台、门庭小花园甚至墙角等，只要布置得当，窗明几净。

公共场合饮茶

公共饮茶场所，因其层次、格调不一，要求也不一样。大众饮茶场所，建筑物不必过于讲究，竹楼、瓦房、木屋、草房等入乡随俗。不论建筑如何，要求采光好，使茶客能感到明快爽朗。室内摆设可以简朴，桌椅板凳整齐清洁即可。

高档茶馆则讲究一些。上海城隍庙"湖心亭"百年老茶馆，上下两层，楼顶有28只角，屋脊牙檐、梁栋门窗雕有栩栩如生的人物、飞禽走兽及花鸟草木，还有砖刻和绘画。馆内大厅有红木八仙桌、茶几方凳、大理石圆台，天花板上挂有古色古香的宫灯，墙上嵌有壁灯，四周大窗配以淡黄色帘布，桌上放着古朴雅致的富有民族特色的宜兴茶具。茶楼周围一泓碧水、九曲长桥，旖旎风光尽收眼底。

北京新建的"老舍茶馆"更是气派不凡，茶室内设一戏台，名演员弹弹唱唱，别具一格。在一些现代化宾馆内的茶室中，则充满了高贵的现代色彩，呈现的是华灯高挂、猩红地毯、沙发茶几、白瓷茶具、空调控温、丝竹声声、五光十色的环境，使人置身于现代化气息之中。

还有，中国园林世界闻名，山水风景更是不可胜数。利用园林或自然山水搭设茶室，让人们小憩，意趣盎然。譬如"上有天堂，下有苏杭"的杭州美景处处有，而每一处胜景，总配有茶室，或占湖，或占山，或在幽境之中，掩没在绿海之内。如柳浪闻莺茶室，亭廊相接，柳荫夹道，芳草相伴；花港观鱼茶室，一面临湖，湖中游鱼如梭，花繁树茂，胜似仙境；绝妙的是平湖秋月茶室，夜饮于此，举头望明月，月落西子湖，湖面银光闪闪，疑是人间天上；六和塔茶室则背靠五云山，面对钱塘江，大桥如练，风帆点点，玉带车水马龙，江山尽收眼底；设在山顶的宝石山茶室，倚山而立，翠竹环绕，风动婆娑起舞；处于山洞内的水乐洞茶室，妙趣横生，泉从石出，金石咚咚，凉风阵阵，暑意尽散。

各类茶室在如此美好的环境中，怎能不叫茶客叫绝？怎能不叫茶客更恋品茗？难怪古人曰："平生于物原无取，消受山中茶一杯。"

家庭饮茶处或公共茶室，挂上名人字画，还能增加古雅典朴或现代化气息，增加品茗情趣。时下，有些茶艺表演还会点香，阵阵清香，扑鼻而来，渺渺烟雾，隐隐现现，造就了独特的品茗环境。

茶宴与斗茶

茶宴乃是以茶代酒作宴，是款待宾客之举。斗茶，又称茗战，实为赛茶，互比茶叶品第。在饮茶发展史上，二者紧密相联，因果相关。

据考证，茶宴的出现，最早可追溯到三国时代（220—280年），西晋陈寿所著《三国志》中的《吴志·韦曜传》中记载，吴国（222—280年）孙皓任乌程侯时，每次宴请，宾客至少饮酒七升，而不会饮酒的韦曜，则"密赐茶荈以当酒"。

到了唐代，饮茶之风开始盛行，在东西两都——西安、洛阳，以及湖北、四川一带，几乎家家户户都饮茶，不少地方，茶已达到了"比屋之饮"的程度。加之，茶能提神、明目、消食、却邪，使其地位日益提高，茶宴成了当时社会的一种风尚。在茶宴上，人们不仅可以领略品茗滋味，而且还可欣赏环境和茶具之美，是物质和精神的双重享受。

直至宋代，茶宴多见于上层社会与禅林僧侣之间。在上层社会中，如果说文人墨客茶宴重于"情"，选择在风景秀丽、环境宜人、装饰文雅的场所进行，那么，官场茶宴通常在金碧辉煌的皇宫中举行，宫廷茶宴权作皇帝对群臣的一种恩施。所以，宫廷茶宴的气氛肃穆庄重，礼节比较严格。茶需用明前贡茗，水要用清泉玉液，器要用名贵瓷皿。

近年来，各产茶地区还多次举行别开生面的探新茶宴。这种茶宴，一般在新茶伊始时进行，由专家、名流、领导参加，仿照古代茶宴仪式，进行点茶、观茶、闻茶、品茶、论茶，共同探讨发展茶叶经济的方略。

其实，当今流行于湘西、鄂西的擂茶，桂北的油茶，广东的早茶，西藏的酥油茶，直至社交场合的茶点待客，都是古代茶宴的延伸和发展。

而茶宴的盛行、贡茶的出现，又促进了品茗艺术的发展，于是斗茶也就应运而生。

古代斗茶，往往相约三五知己，或在精致雅洁的室内，或在花木扶疏的庭院，献出各自所藏精制茶品，大家轮流品尝，决出名次，以定胜负。当时的名茶产地及寺院都有斗茶之举。特别是到了南宋，斗茶之风已普及到民间。可见，斗茶是茶宴发展的结果，但斗茶的兴起又进一步充实了茶宴的内容。

不过，斗茶在当代无非就是一种品茗比赛。近年来，全国及各产茶地区召开的名茶评比会、斗茶会，其实就是古代斗茶的延续。一般角逐时，各地将做工精细、品质最佳的茶叶带到会场，组成一个由各方公认的评茶大师组成的评委会，将各地选送的茶叶秘密编号，评委会成员依次先观外形、色泽，再逐一开汤审评，闻香品味，然后用手揉摸叶底，估评老嫩。

总之，品茗比赛要对色、香、味、形四个茶叶品质构成因子当场逐一示牌打分，最后按高分到低分揭晓，排列名次。

也有品茗比赛采用专家评定和群众评议相结合的方式进行。评分双方各按50%计算，然后按总分多少对号入座。所以，斗茶也可以说是茶叶品质的一种评比方式，它与以精神享受为目的的茶宴内涵是有区别的。不过，如今的斗茶对发掘名茶、提高茶叶品质而言，无疑是一种有益的举动。

多种多样的饮茶文化

江南爱清饮，钟意品绿茶

清饮，即饮用单纯的茶汤，这是古时汉民族流传下来的饮茶的一种方式。古代人们饮茶时，最初会加入许多佐料加以煎煮，如食糖、柠檬、薄荷、芝麻、葱、姜等。到了后来，才发展出用沸水冲泡茶叶，然后加以清饮品味的方式，为历代清闲的上层阶级所推崇，尤其在江南一带长盛不衰。而在许多少数民族地区，仍保留着煮茶而食的习惯。

清饮有喝茶和品茶之分。喝茶无情趣，品茶有意境。凡品茶者，细啜缓咽，注重精神享受。人们常说"品龙井、啜乌龙、吃盖碗茶、泡九道茶和喝大碗茶"，均为清饮。

清饮绿茶，多用玻璃杯。泡饮前，先看茶叶色泽，或碧绿，或深绿，或多毫；再闻香气，有奶油香、板栗香或锅炒香；最后观形，条索状、针状、扁状等。观赏茶在水中的缓慢伸展、游动、变幻过程，叫"茶舞"。品绿茶以三杯为度，再续泡，茶汤淡薄无味。

成都盛行盖碗茶

盖碗，是由成都最先创制的一种特产茶饮，是一种上有盖、下有托、中有碗的茶具，又称"三才碗"，盖为天，托为地，碗为人。

旧时，川人饮用盖碗茶很有讲究。品茶之时，以托盘托起茶碗，用盖子轻刮半覆，吸吮而啜饮。若把茶盖置于桌面，则表示茶杯已空，茶博士即会将水续满；若临时离开，只需将茶盖扣置于竹椅之上，即不会有人侵占座位。茶博士斟茶也很有技巧，水柱临空而降，泻入茶碗，翻腾有声，须臾之间，戛然而止，茶水恰与碗口平齐，无一滴溢出，简直是一种艺术享受。

饮用盖碗茶时，一手提碗，一手握盖，用碗盖顺碗口由里向外刮几下，一来可以刮去茶汤面上的漂浮物，二来可以使茶叶和添加物的汁水相融；然后以盖半覆，吸呗而饮。

茶事趣闻

茶船子，又叫茶舟，即承受茶碗的茶托，相传是唐代西川节度使崔宁之女所发明。原来的茶杯没有衬底，常会烫到手指，她就巧思发明了木盘子来承托茶杯。为了防止喝茶时杯易倾倒，她用蜡将木盘中央环上一圈，使杯子便于固定。后来，茶船改用漆环来代替蜡环。这种特有的饮茶方式诞生之后，就逐步向四周地区发展，后世遍及于南方。

昆明常饮九道茶

在云南昆明一带，非常流行一种称为"九道茶"的茶俗，因饮茶时有九道程序，故名"九道茶"。泡九道茶一般以普洱茶最为常见，多用于书香门第接待宾客，又称迎客茶，温文尔雅是饮九道茶的基本礼仪。

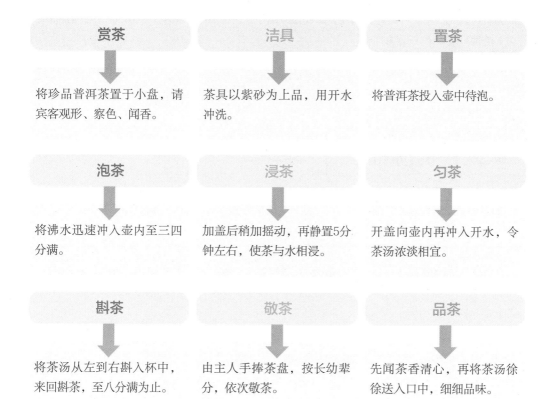

赏茶
将珍品普洱茶置于小盘，请宾客观形、察色、闻香。

洁具
茶具以紫砂为上品，用开水冲洗。

置茶
将普洱茶投入壶中待泡。

泡茶
将沸水迅速冲入壶内至三四分满。

浸茶
加盖后稍加摇动，再静置5分钟左右，使茶与水相浸。

匀茶
开盖向壶内再冲入开水，令茶汤浓淡相宜。

斟茶
将茶汤从左到右斟入杯中，来回斟茶，至八分满为止。

敬茶
由主人手捧茶盘，按长幼辈分，依次敬茶。

品茶
先闻茶香清心，再将茶汤徐徐送入口中，细细品味。

湖州爱喝熏豆茶

熏豆茶又称烘豆茶，是江浙一带尤以湖州南浔为主的汉族传统饮茶习俗。当地待客之时，向来以此茶相迎。目前，仍有部分地区保持着这一习俗。

熏豆茶是由少量嫩绿茶叶和大量的"茶里果"调配而成。茶里果通常由熏青豆、炒芝麻、炒紫苏、橙皮、丁香萝卜干丝五种原料制成。根据各自的喜好，还可加入扁尖笋干、香豆腐干、咸桂花、腌姜片等佐料。冲泡时，先将细茶放入茶盅，用95℃开水冲泡，再加放三四十粒熏青豆；也可将茶叶和熏青豆同时放进茶盅，再冲泡开水。茶汤绿中呈黄，嫩茶的清香和熏青豆的鲜味混为一体，提神暖胃，滋养身体。

茶事趣闻

喝熏豆茶，就要先制作熏青豆。熏青豆的烘制是在每年农历秋分过后。选上好的嫩毛豆，必须是秋季的晚黄豆，鲜嫩饱满，粒大色青。先剥出豆粒，再放入开水中煮熟，在半熟时加盐、味精，滤干后捞出，摊在铁丝网筛上，用炭火熏。

"熏"有两种作用，一是经过烘烤，可以杀菌，并使食品中水分大部分挥发，提高防腐能力；二是能产生一种特别的清香，即成为熏青豆。这样烘成的熏青豆，熟而不焦，酥而不硬，清香可口，余味无穷。

藏族钟情酥油茶

酥油茶是藏族同胞饮茶的主要方式和招待客人的重要礼节。据传，唐贞观十五年（公元642年）文成公主入藏与松赞干布完婚时，带去大批精美工艺日用品及酒、茶等土特产。文成公主创制了奶酪和酥油，并以酥油茶赏赐群臣，从此渐成风俗。

酥油茶主要的用料是酥油（又称黄油），茶用砖茶。制作时，将砖茶用水煮好，加入酥油，放到一个细长的木桶中，用一根搅棒用力搅打，使其成为乳浊液。或将酥油和茶放到一个皮袋中，扎紧袋口，用木棒用力敲打。

藏民喝酥油茶还经常与吃连在一起，一是与肉类搭配，有全羊、手抓肉、杂碎肉、清汤肉、烤肉等；另一类与藏粑和蕨麻包等面食搭配，放炒面、酥油入碗，边拌边吃。

蒙古族喜饮奶茶

蒙古牧民非常喜爱喝茶，旧时一块砖茶可换一头羊或一头牛，草原上有"以茶代羊"馈赠朋友的风俗。牧民们日常饮用的茶有三种：酥油茶、奶茶、面茶。

蒙古奶茶，蒙古语称为"乌古台措"。这种奶茶是在煮好的红茶中加入鲜奶制成。蒙古族人不但自己爱喝奶茶，而且还用奶茶招待宾客。到蒙古族牧民家中做客时，要遵循当地的习俗。主客的座位按照男左女右排列，贵客和长辈要按主人的安排在主位上就座；然后，主人用茶碗斟上奶茶，放入少许炒米，恭敬地捧起，先向贵客和长辈各敬一碗，客人则须用右手接碗，否则视为不敬。若客人不想再喝茶，可用碗边轻轻地碰一下勺子或壶嘴即可。

维吾尔族独特的香茶

居住于新疆天山以南的维吾尔族，主食面粉烤制的馕饼，又香又脆，常与香茶伴食。他们认为，香茶有养胃提神的作用，是一种营养价值极高的饮料。

制作香茶时，先将茯砖茶敲碎成小块状；同时在长颈壶内加水至七八分满，加热至沸腾时，抓一把碎块砖茶投入壶中，再次沸腾约5分钟，将准备好的姜、桂皮、胡椒、芘等细末香料放进茶水中，轻轻搅拌3~5分钟即成。为防止倒茶时茶渣、香料混入茶汤，长颈壶上套有一个过滤网。

南疆维族喝香茶，与早、中、晚三餐同时进行，通常是一边吃馕，一边喝茶，这种饮茶方式，不仅把它当成饮料，更把它当成一种配食的汤水。

傣族的烤茶别具风味

傣族人，主要聚居于云南的南部和西南部地区，烤茶是当地别具风味的一种茶饮。

傣族喝的烤茶，又称为竹筒香茶。将采摘细嫩的芽尖初加工成毛茶，放在生长期为一年左右的嫩香竹筒中，分层陆续装实。然后将装满茶的竹筒放在火边烘烤，使筒内茶叶受热均匀，每隔4~5分钟翻滚竹筒一次；待竹筒色泽由绿转黄时，即可停止烘烤；用刀劈开竹筒，便可取得清香扑鼻、形似长筒的竹筒香茶。

侗族油茶好处多

侗族人主要居住在湘、黔、桂毗邻地区，爱喝一种类似菜肴的油茶，据说可充饥强身、祛邪去湿、开胃生津、预防感冒。

1 备料
先准备配料，通常有花生米、黄豆、芝麻、糯粑等。

2 煮茶
将准备好的食料炒熟后放入茶碗中备用，然后将经油炒、水煮而成的茶汤捞出茶渣，趁热倒入茶碗中，即可食用。

若侗族地区有人请你喝油茶，不能推辞不就，否则是对主人的不尊敬。喝茶时，主人会给你一根筷子，若你不想再喝，便将这根筷子架到碗上，不然，主人就会陪你一直喝下去。

回族好饮罐罐茶

居住于宁夏南部和甘肃东部六盘山一带的回族人，除了有与汉族相同的"盖碗茶""八宝茶"饮俗以外，还有与苗族、彝族、羌族相似的喝罐罐茶的习俗。

在当地，每户农家的堂屋地上，都挖有一只火塘（坑），上置一把水壶，或烧木柴，或点炭火，将罐子放半罐水，待水煮沸时放入茶叶，在茶汁充分浸出时，再向罐内加水至八分满，直至茶叶又一次煮沸时，才算将罐罐茶煮好了，即可倾茶汤入杯开饮。罐罐茶，以清茶为主，有先将茶油炒后再煮的，也有在茶中加花椒、核桃仁、食盐之类的。

傈僳族的雷响茶赫赫有名

傈僳族，主要聚居在云南怒江一带，雷响茶是酥油茶的一种，喝雷响茶是傈僳族的风尚，也是当地人招待来客的重要礼节。

先用一个大瓦罐将水烧开，再把饼茶放在小瓦罐里烤香。

→

将大瓦罐里的沸水冲入小瓦罐中熬煮，5分钟后滤出茶叶渣。

→

将茶汁倒入酥油筒内，再加入酥油以及炒熟碾碎的核桃仁、花生米、盐巴（或糖）、鸡蛋等。

响声过后，使劲用木杵上下抽打，使酥油成为雾状，均匀融于茶汁中，打好后即可倒出；宜趁热饮用，才不减香味与浓度。

←

将一块上面有孔且在火中烧红的鹅卵石放入酥油筒内，以提高桶内的茶温并融化酥油；此时，筒内茶汁轰轰作响，犹如雷鸣一般。

土家族就爱喝擂茶

土家族，主要居住于湘、鄂、川、黔一带的武陵山区。在当地，至今还保留着一种古老的吃茶习惯——喝擂茶。

擂茶，又名三生汤，因为旧时制法是把新鲜茶叶、生姜和生米仁三种原料混合、研碎、加水，烹煮成汤。如今的擂茶，除了茶叶外，还配以炒熟的花生、芝麻、米花；调料有生姜、食盐、胡椒粉等，把这些原料放在特制的陶制擂钵内，然后用硬木擂棍用力旋转，使各种原料混合，再取出，一一倾入碗中，用沸水冲泡，用调匙轻轻搅动几下，即调成擂茶。

布朗族偏爱酸茶

布朗族人吃酸茶非常普遍，一般是早、晚各吃一次。燃起火塘，焖上一锅饭，烧上一些辣椒，全家老少围坐在一起，边吃饭边从竹筒中取出酸茶，慢慢咀嚼，细细品味，乃人生一大快事。

制作酸茶很简单。一般在五六月份，布朗人采回新鲜嫩茶叶，蒸或煮熟，放在通风、干燥处7~10天，令其自然发酵，然后再装入粗长的竹筒，压实、封口，再埋入房前屋后地下干燥处，以土盖实，一个多月后即可取出食用。吃酸茶时，取出茶叶拌上辣椒、撒上盐巴，茶叶放在口中细嚼咽下。茶叶酸涩、清香，喉舌清凉回甜，有助于消化和解渴，还有提神、健身和消除疲劳等功效，是美食与保健食品，成为布朗人互相馈赠的佳品。

裕固族有趣的摆头茶

居住于我国西北部巴丹吉林沙漠南沿的裕固族人，有饮用摆头茶的习惯。这种茶又称为酥油炒面茶，既不同于藏族的酥油茶，也不同于蒙古族的奶茶。

制作摆头茶时，先用铁锅把茶水烧开，倒入捣碎的茯砖茶，熬煮到非常浓稠后再调入牛奶、食盐，用勺子反复搅匀后，倒入备好配料的茶碗即成。

茶事趣闻

由于这种茶要在非常烫口时饮用，人们在从左到右不停转动茶碗的同时，还要用嘴有节奏地往碗里吹气，开始是吹几口喝一口，后来是吹一口喝一口，因为一吹一摆头，所以名为摆头茶。

摆头茶所用的茶叶多为湖南茯砖茶。

基诺族由来已久的凉拌茶

饮凉拌茶是基诺族常见的饮茶方式，具有千年以上的历史。

基诺人以现采的茶树鲜嫩新梢为主料，用手揉碎嫩梢，放入干净的碗内，然后再配以揉碎的黄果叶、切碎的辣椒、适量食盐等佐料，最后加上少许泉水，用筷子搅拌，凉拌茶就做好了。不同的人还可以根据自己的口味添加酸笋、酸蚂蚁、白生等佐料。将凉拌茶作为糯米饭佐餐，清香甘甜，余味悠长，满口甘醇，甜润回肠，不但增加了人们的食欲，还有振奋精神、夏食消毒、冬食驱寒等作用。

佤族流传已久的苦茶

中国佤族主要分布在云南省的沧源佤族自治县、西盟佤族自治县及双江、耿马、澜沧、孟连等县，喝苦茶是他们保留至今的古老茶俗。

冲泡苦茶时，先用茶壶将水煮开，同时将适量茶叶放在一块整洁的薄铁板上，移到烧水的火塘边烘烤。在烘烤茶叶的时候，还要轻轻抖动铁板，以使茶叶受热均匀。等到铁板上茶叶发出清香、叶片转黄时，将茶叶倾入开水壶中，进行煮。茶水沸腾3~5分钟后，再将茶置入茶盅，随时可饮用。由于茶叶经过烤煮，喝起来焦中带香、苦中带涩，苦茶因此得名。

彝族赫赫有名的腌茶

居住在云南山区的部分彝族人，至今仍保持着一种以茶作菜的食茶方法。腌茶一般在雨季进行，所用的茶叶是不经加工的鲜叶。先将从茶树上采回的鲜叶用清水洗净，沥去鲜叶表面附着的水后待用。

腌茶时，先用竹笾将鲜叶摊晾，失去少许水分，而后稍加搓揉，再加上辣椒、适量食盐拌匀，放入罐或竹筒内，用木棒层层舂紧，将罐（筒）口盖紧或用竹叶塞紧。静置3个月后，待茶叶色泽转黄，茶即腌好。也有把新鲜茶叶层层压紧置于灰泥缸中，以重盖压紧，3个月之后，即成腌茶。

纳西族爱"龙虎斗"

生活在云南玉龙雪山下丽江一带的纳西族人，也是一个好饮茶的民族，他们制作的"龙虎斗"尤其独具民族特色。"香飘十里外，味酽一杯中"是对其香气的赞美。

制茶	饮茶	茶效
1.将茶叶放在土陶罐中烘烤，不断地簸动陶罐使茶叶受热均匀。 2.闻到芬芳的茶香且茶叶变黄后，向土陶罐中注入开水，熬出浓浓茶汁即可。	将熬好的茶汁冲入盛了小半盅白酒的茶盅中（只许将茶水倒入白酒中，切勿颠倒顺序），发出"啪啪"的响声，这就是纳西族人认为的吉祥之音，响声越大越好。之后再将茶盅给客人饮用。	"龙虎斗"能提神、除倦、预防风寒。纳西人把"龙虎斗"作为治感冒、解表散寒的良药，趁热喝下，出一身汗，病就好了，效果远胜于治感冒药物。

哈尼族原始的土锅茶

哈尼族，主要聚居在云南红河和澜沧江之间的山地。其民族历史悠久，与彝族、纳西族、拉祜族等同源于古代的羌人。

哈尼族的土锅茶，其渊源据说是远古茶树的树叶意外落入煮水的土锅而致，哈尼语称"绘兰老泼"，"老泼"即是茶的意思，是一种古老而简便的饮茶方法。一般有客人上门时，主妇先用大土锅将山泉水烧开，随即在沸水中加入适量茶叶，待锅中茶水再次煮沸3~5分钟后，将茶水倾入竹制的茶盅内，敬奉给客人。这种茶水汤色绿黄，清香润喉，回味无穷。

白族常饮三道茶

无论是逢年过节、生辰寿诞，还是男婚女嫁、拜师学艺等喜庆日子里，白族人都喜欢以"一苦、二甜、三回味"三道茶招待亲朋好友。这三道茶，每道茶的制作方法、所用原料及蕴含意义都是不一样的。

第一道茶为"清苦之茶"，意思是做人做事要先吃苦。

将茶叶放入烤热的砂罐中，茶叶色泽由绿转黄且发出焦香时，注入烧沸的开水，随即取浓茶汤饮用。由于这道茶经烘烤、煮沸而成，看上去色如琥珀，闻起来焦香扑鼻，喝下去滋味苦涩，因此称"苦茶"。苦茶通常只有半杯，客人接过主人的茶盅，应一饮而尽。

第二道茶为"甜茶"，意思是"人生在世，做什么事，只有吃得了苦，才会有甜香来"。

客人喝完第一道茶后，主人重新用小砂罐置茶、烤茶、煮茶，与第一道茶有所不同的是，这次茶盅中放入少许红糖，因此沏好的茶才香中带甜，非常可口。

第三道茶为"回味茶"，意思是人们凡事要多"回味"，尤其记得"先苦后甜"的哲理。

第三道茶与前两次的煮茶方法相同，只是茶中新加了适量蜂蜜、少许炒米花、若干粒花椒、一撮核桃仁。客人喝这第三道茶时，要边晃动茶盅，使茶汤和佐料均匀混合；口中边"呼呼"作响，趁热饮下。这道茶喝起来甜、酸、苦、辣各味俱全，回味无穷，象征着人生百态。

Part 5

中国十大名茶品鉴

　　中国茶叶的历史悠久，在这其中涌现出了无数优秀茶品，使得中国茶在国际上享有很高声誉。中国十大名茶是由 1959 年全国"十大名茶"评比会所评选。

西湖龙井

茶叶产地: 浙江杭州西湖的狮峰、龙井、五云山、虎跑、梅家坞等地

茶叶介绍

西湖龙井是我国十大名茶之一。西湖龙井因产于浙江省杭州市西湖山区的龙井茶区而得名。龙井茶区分布于"春夏秋冬皆好景,雨雪晴阴各显奇"的杭州西湖风景区,龙井既是地名,又是泉名和茶名,而龙井茶又有"形美、色绿、香郁、味甘"四绝之誉,因此又有"三名巧合,四绝俱佳"之誉。

杭州西湖湖畔的崇山峻岭中常年云雾缭绕,气候温和,雨量充沛,加上土壤结构疏松、土质肥沃,非常适合龙井茶的种植。龙井茶炒制时分"青锅""烩锅"两个工序,炒制手法很复杂,一般有抖、带、甩、挺、拓、扣、抓、压、磨、挤十大手法。

茶叶特色

外形	光滑平直
色泽	色翠略黄
汤色	碧绿明亮
香气	清香幽雅
滋味	香郁味醇
叶底	成朵匀齐

茶叶小故事

西湖龙井传说：据传闻，在古时龙井旁住着一位老妇人，周围有18棵野山茶树，家门口的路是南山农民去西湖的必经之路，行人走到这里总想稍事休息，于是老太太就在门口放一张桌子，几条板凳，同时就用野山茶叶沏上一壶茶，让行人歇脚，日子一久，远近闻名。有一年冬天，快过年时分，雪下得很大，茶树也将冻死，采办年货的行人络绎不绝，依旧在老太太家门口歇脚，其中有一长者见老太太愁容不展，就问："老太太年货采办了没有？"老太太长吁短叹地说："别说年货无钱采办，就是这些茶树也快冻死，明年春天施茶也就不成了。"长者指着边上一个破石臼说："宝贝就在这里，有何为，不如将此石臼卖于我好吗？"老太太说："这石臼越旧越好，如今洗了就不值钱了，你要只顾取去。"长者掏出10两银子将石臼搬去，老太太本不肯收钱，无奈长者转身已不知去向，老太太只得将钱收下。过了年，第二年春天，18棵茶树嫩牙新发，长得比往年好，并且洗臼泼水的地方又长出无数棵茶树，老太太又欢天喜地的施起茶来。这就是龙井茶叶的来历。

史料记载：龙井茶历史悠久，最早可追溯到我国唐代。在清代，相传乾隆皇帝巡视杭州时，曾在龙井茶区的天竺寺作诗一首，诗名为《观采茶作歌》。

西湖龙井茶向以"狮（峰）、龙（井）、云（栖）、虎（跑）、梅（家坞）"排列品第，以西湖龙井茶为最。龙井茶外形挺直削尖、扁平俊秀、光滑匀齐；色泽绿中显黄。冲泡后，香气清高持久，香馥若兰；汤色杏绿，清澈明亮；叶底嫩绿，匀齐成朵，芽芽直立，栩栩如生。品饮茶汤，沁人心脾，齿间流芳，回味无穷。

著名的茶圣陆羽，在所撰写的世界上第一部茶叶专著《茶经》中，就有杭州天竺、灵隐二寺产茶的记载。北宋时期，西湖群山生产的"宝云茶""香林茶""白云茶"都已成为贡茶。元代，龙井茶的品质得到进一步提升。明代，《钱塘县志》载"茶出龙井者，作豆花香，色清味甘，与他山异"，龙井茶名声远播。清代，乾隆皇帝下江南时，四次到龙井茶区视察、品尝龙井茶，赞不绝口，并将胡公庙前的18棵茶树封为"御茶"。从此，龙井茶更加身价大振，名扬天下。

如何判断龙井茶品质

判断龙井茶品质的好坏，除其卫生指标需进行理化检验外，其他项目全依赖于感官审评。其中外形审评包括色泽、形态、嫩度（等级）、新鲜度等，是审评的重点。

龙井茶的级别标准：以往，西湖龙井茶分为特级和一级至十级共 11 个级，其中特级又分为特一、特二和特三，其余每个级再分为 5 个等，每个级的"级中"设置级别标准样。随后稍作简化，改为特级和一至八级，共分 43 个等。到 1995 年，进一步简化了西湖龙井茶的级别，只设极品、特级和一级、二级。

龙井茶的品质特点

春茶中的特级西湖龙井、浙江龙井外形扁平光滑，苗锋尖削，芽长于叶，色泽嫩绿，体表无茸毛；汤色嫩绿（黄）明亮；清香或嫩栗香，但有部分茶带高火香；滋味清爽或浓醇；叶底嫩绿，尚完整。其余各级龙井茶随着级别的下降，外形色泽由嫩绿→青绿→墨绿，茶身由小到大，茶条由光滑至粗糙；香味由嫩爽转向浓粗，四级茶开始有粗味；叶底由嫩芽转向对夹叶，色泽由嫩黄→青绿→黄褐。

夏秋龙井茶，色泽暗绿或深绿，茶身较大，体表无茸毛，汤色黄亮，有清香但较粗糙，滋味浓略涩，叶底黄亮，总体品质比同级春茶差得多。机制龙井茶，现在有全用多功能机炒制的，也有用机器和手工辅助相结合炒制的。机制龙井茶外形大多呈棍棒状的扁形，欠完整，色泽暗绿，在同等条件下总体品质比手工炒制差。

 # 茶叶功效

1. 提神健脑： 龙井茶中的咖啡因能使人的中枢神经系统兴奋起来。

2. 排毒瘦身： 龙井茶中的茶多酚和维生素 C 可以有效降低人体胆固醇和血脂，而且咖啡因、叶酸和芳香类物质等多种化合物可以很好地调节人体脂肪代谢，因此可以有效地排毒瘦身。

3. 防癌抗癌： 龙井茶中的茶多酚、儿茶素等成分具有非常好的杀菌作用，能抑制血管老化，可以降低癌症的发生率。

贮藏

西湖龙井极易受潮变质，所以采用密封、干燥、低温冷藏最佳。常用的保存方法是将龙井包成 500 克一包，放入缸中（缸的底层铺有块状石灰）加盖密封收藏。为使得龙井茶的香气更加清香馥郁，滋味更加甘鲜醇和，需避免阳光直射，低温保存。

泡茶步骤

【茶具】 玻璃杯、公道杯、过滤网、茶荷、茶匙、茶巾、品茗杯各一。

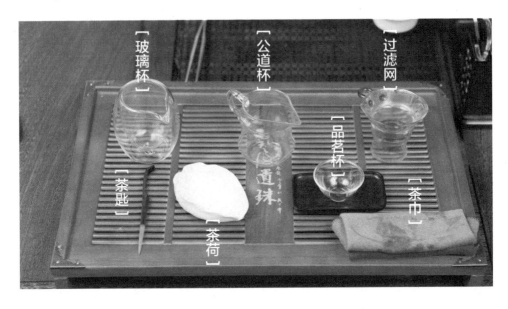

【冲泡】

1 烫杯

采用回旋斟水法，用热水烫洗玻璃杯。

2 净杯

左手托杯底，右手拿杯，逆时针回旋一周。

3 温公道杯

将水倒入公道杯中，稍冲泡片刻。

4 温品茗杯

将水倒入品茗杯中稍洗杯，再将水倒掉。

5 投茶

用茶匙把茶荷中的茶叶拨入玻璃杯中。

6 润茶

水倒入杯中七分满，使茶芽舒展后将水倒掉。

7 冲水

在冲水时利用手腕力量使水壶三起三落，充分击打茶叶，激发茶性。

8 出汤

将茶汤倒入放有过滤网的公道杯中。

9 分茶

取下过滤网，将公道杯中的茶分入品茗杯中。

10 敬茶

向客人介绍西湖龙井汤鲜绿、味鲜醇、香鲜爽，令人赏心悦目的特色。

🍵冲泡提示

① 特级龙井可以不洗茶。

② 西湖龙井不宜用沸水冲泡，否则会将茶叶烫熟，从而影响茶叶色泽、口味等。

③ 西湖龙井最好用玻璃杯冲泡，这样就能看清茶在水中翻落沉浮的过程。

洞庭碧螺春

| 茶叶产地： 江苏省苏州市洞庭山

茶叶介绍

洞庭碧螺春以形美、色艳、香浓、味醇闻名中外，具有"一茶之下，万茶之上"的美誉，盛名仅次于西湖龙井。对于碧螺春之茶名由来，有两种说法，一种是康熙帝游览太湖时，品尝后觉香味俱佳，因此取其色泽碧绿，卷曲似螺，春时采制，又得自洞庭碧螺峰等特点，钦赐其美名。另一种则是由一个动人的民间传说而来，说的是为纪念美丽善良的碧螺姑娘，而将其亲手种下的奇异茶树命名为碧螺春。

碧螺春一般分为 7 个等级，芽叶随级数越大，茸毛越少。只有细嫩的芽叶，巧夺天工的手艺，才能形成碧螺春色、香、味俱全的独特风格。

茶叶特色

外形 /	卷曲成螺
色泽 /	翠绿油润
汤色 /	碧绿清澈
香气 /	清香淡雅
滋味 /	鲜醇甘厚
叶底 /	嫩绿明亮

茶叶小故事

碧螺春始于何时，名称由来，说法颇多。据清代《野史大观》（卷一）载："洞庭东山碧螺峰石壁，产野茶数株，人称曰'吓煞人香'。康熙己卯……抚臣朱荦购此茶以进……以其名不雅驯，题之曰碧螺春。"

洞庭碧螺春传说：碧螺春茶名之由来，还有一个动人的民间传说。从前，在太湖的西洞庭山上住着一位勤劳、善良的孤女，名叫碧螺。碧螺生得美丽、聪慧，喜欢唱歌，且有一副圆润清亮的嗓子，她的歌声，如行云流水般的优美清脆，山乡里的人都喜欢听她唱歌。而与隔水相望的东洞庭山上，有一位青年渔民，名为阿祥。阿祥为人勇敢、正直，又乐于助人，在吴县洞庭东、西山一带方圆数十里的人们都很敬佩他。而碧螺姑娘那悠扬婉转的歌声，常常飘入正在太湖上打鱼的阿祥耳中，阿祥被碧螺的优美歌声所打动，于是默默地产生了倾慕之情，却无缘相见。

在某年的早春里有一天，太湖里突然跃出一条恶龙，盘踞湖山，强使人们在西洞庭山上为其立庙，且要每年选一少女为其做"太湖夫人"。太湖人民不应其强暴所求，恶龙乃扬言要荡平西山，劫走碧螺。阿祥闻讯怒火中烧，义愤填膺，为保卫洞庭乡邻与碧螺的安全，维护太湖的平静生活，阿祥趁更深夜静之时潜游至西洞庭，手执利器与恶龙交战，连续大战七个昼夜，阿祥与恶龙俱负重伤，倒卧在洞庭之滨。乡邻们赶到湖畔，斩除了恶龙；将已身负重伤，倒在血泊中的降龙英雄——阿祥救回了村里，碧螺为了报答救命之恩，要求把阿祥抬到自己家里，亲自护理，为他疗伤。阿祥因伤势太重，已处于昏迷垂危之中。

一日，碧螺为寻觅草药，来到阿祥与恶龙交战的流血处，发现生出了一株小茶树，枝叶繁茂。为纪念阿祥大战恶龙的功绩，碧螺便将这株小茶树移植于洞庭山上并加以精心护理。在清明刚过，那株茶树便吐出了鲜嫩的芽叶，而阿祥的身体却日渐衰弱，汤药不进。碧螺在万分焦虑之中，陡然想到山上那株以阿祥的鲜血育成的茶树，于是她跑上山去，以口衔茶芽，泡成了翠绿清香的茶汤，双手捧给阿祥饮尝，阿祥饮后，精神顿爽。碧螺从阿祥那刚毅而苍白的脸上第一次看到了笑容，她的心里充满了喜悦和欣慰。当阿祥问及是从哪里采来的"仙茗"时，碧螺将实情告诉了阿祥。阿祥和碧螺的心里憧憬着未来美好的生活。于是碧螺每天清晨上山，将那饱含晶莹露珠的新茶芽以口衔回，揉搓焙干，泡成香茶，以饮阿祥。阿祥的身体渐渐复原了；可是碧螺却因天天衔茶，以至情相报阿祥，渐渐失去了原气，终于憔悴而死。

阿祥万没想到，自己得救了，却失去了美丽善良的碧螺，悲痛欲绝，遂与众乡邻将碧螺葬于洞庭山上的茶树之下，为告慰碧螺的芳魂，于是就把这株奇异的茶树称之为碧螺茶。后人每逢春时采自碧螺茶树上的芽叶而制成的茶叶，其条索纤秀弯曲似螺，色泽嫩绿隐翠，清香幽雅，汤色清澈碧绿；洞庭太湖虽历经沧桑，但那以阿祥的斑斑碧血和碧螺的一片丹心孕育而生的碧螺春茶，却仍是独具幽香妙韵永惠人间。

如何分辨真假碧螺春

有专家提醒，颜色是植物生长的自然规律，颜色越绿并不意味着茶叶品质越好，大家在分辨真假碧螺春时，应注意以下事项：

外形

条索纤细、卷曲、呈螺形，茸毛遍布全身，色泽银绿隐翠，毫风毕露，茶芽幼嫩、完整，无叶柄、无"裤子脚"、无黄叶和老片。

内在

有特殊浓烈的芳香，即具有花果香味。泡开后滋味鲜醇、回味甘厚，汤色嫩绿整齐，幼芽初展，芽大叶小。在鉴别真伪时，可用真品进行对照，凡不具备上述特点者即可确认为伪冒品。

颜色

没有加色素的碧螺春色泽比较柔和鲜艳，加色素的碧螺春看上去颜色发黑、发绿、发青、发暗；碧螺春用开水冲泡后，没有加色素的颜色看上去比较柔亮、鲜艳，加色素的看上去比较黄暗，像陈茶的颜色一样。另外，正常的碧螺春茶叶上有白色的小绒毛，如果是着色的茶叶，它的绒毛也是绿色。

总之应以条索纤细，卷曲成螺，满身披毫，银白隐翠，清香淡雅，鲜醇甘厚，回味绵长，汤色碧绿清澈，叶底嫩绿明亮香者为佳。

 **茶**叶功效

1.利尿作用：碧螺春茶中的咖啡碱和茶碱具有利尿作用，可用于治疗水肿、水潴留。利用红茶糖水的解毒、利尿作用能治疗急性黄疸型肝炎。

2.减肥作用：碧螺春茶中的茶碱、肌醇、叶酸、泛酸和芳香类物质等多种化合物能调节脂肪代谢，茶多酚和维生素 C 能降低胆固醇和血脂，所以饮茶能减肥。

3.清热解毒：碧螺春含有脂多糖的游离分子、氨基酸、维生素等，有清热解毒的作用。

 **贮**藏

传统碧螺春的贮藏方法是用纸包住茶叶，再与袋装块状石灰间隔放于缸中，进行密封处理。现在更多采用三层塑料保鲜袋，将碧螺春分层扎紧，隔绝空气，或用铝箔袋密封后放入10℃的冰箱里冷藏长达 1 年，其色、香、味犹如新茶。

泡茶步骤

【茶具】盖碗、玻璃杯、过滤网、茶荷、茶匙、茶巾、品茗杯各一。

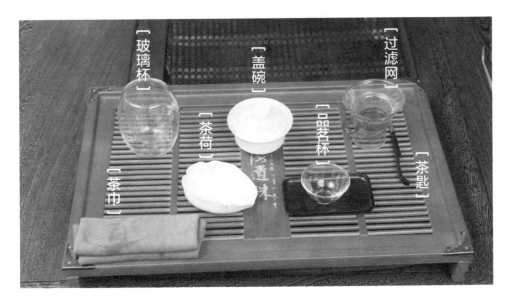

【冲泡】

1 温盖碗
将开水倒入盖碗中，用以清洁，并提高盖碗温度。

2 倒水
将温烫过盖碗的水温烫玻璃杯。

3 凉水
将 100℃ 左右的沸水再次倒入盖碗中，至七分满，稍凉至 80℃。

4 投茶
用茶匙将碧螺春投入盖碗中。

5 洗茶
往盖碗中倒入温水，清去茶毛，再将水倒掉。

6 弃水
将盖碗中的水倒掉，不用。

7 冲水
沿着盖碗四周，冲入开水，至七分满。

8 静置

将盖碗的盖子盖上，静置三分钟。

9 出汤

将盖碗中的茶汤倒入放好过滤网的玻璃杯中。

10 分茶

将玻璃杯中的茶汤分入已洗好的品茗杯中。

12 品饮

饮一口茶汤，入口芳香宜人，回味甘甜。

11 鉴赏

端起品茗杯，观赏茶汤色淡清澈，银毫闪烁。

🍃冲泡提示

冲泡碧螺春时宜用 80℃ ~85℃的水温。

黄山毛峰

茶叶产地： 安徽省黄山市歙县黄山汤口、富溪一带

茶叶介绍

由于"白毫披身，芽尖似峰"，黄山毛峰故其名曰"毛峰"。传说中，如果用黄山上的泉水烧热来冲泡黄山毛峰，热气会绕碗边转一圈，转到碗中心就直线升腾，约有一尺高，然后在空中转一圆圈，化成一朵白莲花。那白莲花又慢慢上升化成一团云雾，最后散成一缕缕热气飘荡开来。这便是白莲奇观的故事。

1955 年，黄山毛峰以其独特的"香高、味醇、汤清、色润"，被誉为茶中精品，于是被评为"中国十大名茶"之一；1986 年，黄山毛峰被外交部选为外事活动礼品茶，成为国际友人和国内游客馈赠亲友的佳品。

茶叶特色

外形	/	状似雀舌
色泽	/	绿中泛黄
汤色	/	清碧微黄
香气	/	馥郁如兰
滋味	/	浓郁醇和
叶底	/	嫩匀成朵

茶叶小故事

黄山毛峰的传说：明朝天启年间，江南黟县新任县官熊开元带书童来黄山春游，迷了路，遇到一位腰挎竹篓的老和尚，便借宿于寺院中。长老泡茶敬客时，知县细看这茶叶色微黄，形似雀舌，身披白毫，开水冲泡下去，只见热气绕碗边转了一圈，转到碗中心就直线升腾，约有一尺高，然后在空中转一圆圈，化成一朵白莲花。那白莲花又慢慢上升化成一团云雾，最后散成一缕缕热气飘荡开来，清香满室。知县问后方知此茶名叫黄山毛峰，临别时长老赠送此茶一包和黄山泉水一葫芦，并嘱一定要用此泉水冲泡才能出现白莲奇景。熊知县回县衙后正遇同窗旧友太平知县来访，便将冲泡黄山毛峰表演了一番。太平知县甚是惊喜，后来到京城禀奏皇上，想献仙茶邀功请赏。皇帝传令进宫表演，然而不见白莲奇景出现，皇上大怒，太平知县只得据实说道乃黟县知县熊开元所献。皇帝立即传令熊开元进宫受审，熊开元进宫后方知未用黄山泉水冲泡之故，讲明缘由后请求回黄山取水。熊知县来到黄山拜见长老，长老将山泉交付予他。在皇帝面前再次冲泡玉杯中的黄山毛峰，果然出现了白莲奇观，皇帝看得眉开眼笑，便对熊知县说道："朕念你献茶有功，升你为江南巡抚，三日后就上任去吧。"熊知县心中感慨万千，暗忖道"黄山名茶尚且品质清高，何况为人呢？"于是脱下官服玉带，来到黄山云谷寺出家做了和尚，法名正志。如今在苍松入云、修竹夹道的云谷寺下的路旁，有一壁庵大师墓塔遗址，相传就是正志和尚的坟墓。

史料记载：歙州是隋文帝开皇年间设置的，经唐朝，到宋徽宗宣和三年改名为徽州，元为徽州路，明初原名兴安府，后改徽州府至清末。黄山，隶属歙州，后属徽州。据《中国名茶志》引用《徽州府志》载："黄山产茶始于宋之嘉佑，兴于明之隆庆。"又载："明朝名茶：黄山云雾产于徽州黄山。"

黄山毛峰是清光绪年间谢裕大茶庄所创制。该茶庄创始人谢静和，歙县漕溪人，以茶为业，种采制都很精通。标名"黄山毛峰"，运往关东，博得饮者的酷爱。

新中国成立以后，黄山毛峰被人们以名山产名茶，顾名思义定产于黄山风景区茶园，并作推断为"黄山云雾茶"的后身。

 茶叶功效

1. 抗菌、抑菌作用： 黄山毛峰茶中的茶多酚和鞣酸作用于细菌，能凝固细菌的蛋白质，将细菌杀死，可用于治疗肠道疾病，如霍乱、伤寒、痢疾、肠炎等。

2. 减肥作用： 黄山毛峰茶中的茶碱、肌醇、叶酸、泛酸和芳香类物质等多种化合物能调节脂肪代谢，茶多酚和维生素 C 能降低胆固醇和血脂，所以饮茶能减肥。

3. 防龋齿作用： 黄山毛峰茶中含有氟，能变成较难溶于酸的"氟磷灰石"，从而提高了牙齿防酸抗龋能力。

贮藏

需将黄山毛峰放在密封、干燥、低温、避光的地方，以避免茶叶中的活性成分氧化加剧。家庭贮藏黄山毛峰时多采用塑料袋进行密封，再将塑料袋放入密封性较好的茶叶罐中，于阴凉、干爽处保存，这样也能较长时间保持住茶叶的香气和品质。

泡茶步骤

【茶具】 盖碗、公道杯、茶荷、茶匙、过滤网、茶巾各一，品茗杯三个。

【冲泡】

1 温盖碗
将开水倒入盖碗中，用以清洁，并提高盖碗温度。

2 温公道杯
将温烫过盖碗的水倒入公道杯中，以清洁公道杯。

3 温品茗杯
将公道杯中的水倒入品茗杯中温烫，再将水倒掉。

4 投茶
用茶匙将黄山毛峰投入盖碗中。

5 冲水
沿着盖碗杯沿的一边冲入开水，冲至三分满。

6 摇香

拿起盖碗，轻轻摇动，将香气充分散发。

7 再次冲水

沿着盖碗杯沿的一边冲入开水，冲至七分满。

8 出汤

过滤网放上公道杯，将茶汤倒入公道杯中。

9 分茶

取下滤网，将公道杯中的茶汤分入品茗杯中。

10 品饮

饮一口茶汤，入口甘醇。

冲泡提示

① 浓淡适宜，茶与水的重量比为 1：80。

② 应用 80℃ ~90℃ 的温水冲泡，使茶水绿翠明亮，香气纯正、滋味甘醇。

③ 一壶的冲泡次数不宜过多，一般 3~4 次为好。

庐山云雾

| 茶叶产地：江西庐山

茶叶介绍

庐山云雾茶是庐山的地方特产之一，由于长年受庐山流泉飞瀑的浸润，形成了独特的"味醇、色秀、香馨、液清"的醇香品质，更因其六绝"条索清壮、青翠多毫、汤色明亮、叶好匀齐、香郁持久、醇厚味甘"而著称于世，被评为绿茶中的精品，更有诗赞曰："庐山云雾茶，味浓性泼辣，若得长时饮，延年益寿法。"

庐山云雾茶始产于汉代，最早是一种野生茶，后东林寺名僧慧远将其改造为家生茶，曾有"闻林茶"之称，现已有 1000 多年的栽种历史，宋代列为"贡茶"，是中国十大名茶之一。

茶叶特色

外形 /	紧凑秀丽
色泽 /	光润青翠
汤色 /	清澈明亮
香气 /	鲜爽持久
滋味 /	醇厚甘甜
叶底 /	嫩绿匀齐

茶叶小故事

　　庐山云雾茶传说：从前，庐山五老峰下有一个宿云庵，老和尚憨宗移种野茶为业，在山脚下开了一大片茶园，茶丛长得极为茂盛。有一年四月，忽然冰冻三尺，这儿茶叶几乎全被冻死。浔阳官府派衙役多人，到宿云庵找和尚憨宗，拿着朱票，硬是要买茶叶。这样天寒地冻，园里哪有茶叶呢？把憨宗逼得喘不过气来。憨宗向衙役百般哀求无效，连夜逃走。九江名士廖雨，为和尚憨宗打抱不平，在九江街头到处张贴冤状，题《买茶谣》，对横暴不讲理的官府控诉。官府却不理睬。

　　和尚逃走后，这些衙役更是肆无忌惮。为在惊蛰摘取茶叶，清明节前送京，日夜击鼓擂锣，喊山出茶，每天深夜，把四周老百姓都喊起来，赶上山，令其摘茶。竟把憨宗和尚一园茶叶，连初萌未展的茶芽都一扫而空。

　　憨宗和尚满腔苦衷，感动了上天。在憨宗悲伤的哭声中，从鹰嘴崖、迁莺石和高耸入云的五老峰巅，忽然飞来红嘴蓝雀、黄莺、杜鹃、画眉等珍禽异鸟，唱着婉转的歌，不断从云中飞来。它们不断撷取憨宗和尚园圃中隔年散落的一点点茶籽，只只鸟儿把它从冰冻的泥土中啄食出来，衔在嘴里，"唰"地飞到云雾中，将茶籽散落在五老峰的岩隙中，很快长起一片翠绿的茶树。憨宗看得这高山之巅，云雾弥漫中失而复得的好茶园，心里真是乐开了花。

　　他是多么感谢这些美丽的鸟儿啊。不久，采茶的季节到了。由于五老峰，大汉阳峰奇峰入云，憨宗实在无法爬上高峰云端采撷，只好望着云端清香的野茶兴叹。正在这时，忽然百鸟朝林，还是那些红嘴蓝雀、黄莺、杜鹃画眉又从云中飞过来了，驯服地飞落在他身边，憨宗把这些美丽的小鸟喂得饱饱的，让它们颈上各套一个口袋，飞向五老峰、大汉阳峰的云雾中采茶。憨宗猛抬头仰望高峰云端，只见仙女翩舞，歌声嘹亮，在云雾中忙着采茶。之后，这些山中百鸟，将采得的鲜茶叶经憨宗老和尚的精心揉捻，炒制成茶叶。这种茶叶是庐山百鸟在云雾中播种，又是它们辛苦地从高山云雾中同仙女一起采撷下来的，所以称为"云雾茶"。

　　史料记载：据《庐山志》记载，东汉时，佛教传入我国后，佛教徒便结舍于庐山。当时全山梵宫僧院多到300多座，僧侣云集。他们攀崖登峰，种茶采茗。东晋时，庐山成为佛教的一个很重要中心，高僧慧远率领徒众在山上居住30多年，山中也栽有茶树。后来，明太祖朱元璋曾囤兵庐山天池峰附近。朱元璋登基后，庐山的名望更为显赫。庐山云雾正是从明代开始生产的，很快闻名全国。明代万历年间的李日华《紫桃轩杂缀》即云："匡庐绝顶，产茶在云雾蒸蔚中，极有胜韵。"1971年，庐山云雾茶被列入中国绿茶类的特种名茶。1985年获全国优质产品银牌奖，1989年获首届中国食品博览会金牌奖。

 **茶**叶功效

1. 抗菌杀菌：庐山云雾茶中的儿茶素对引起人体致病的部分细菌有抑制效果，有助于保护消化道，能够防止消化道肿瘤发生。

2. 保护口腔健康：庐山云雾茶漱口可预防牙龈出血和杀灭口腔细菌，所含有的氟和儿茶素还可抑制生龋菌生长，减少牙菌斑及预防牙周炎的发生。

3. 瘦身减肥：庐山云雾茶中含有茶碱以及咖啡碱，可以经由许多作用活化蛋白质激酶及三酰甘油解脂酶，减少脂肪细胞堆积，因此达到减肥功效。

 **贮**藏

选择铁罐、米缸、陶瓷罐等，铺上生石灰或硅胶，将茶叶干燥后用纸包住，扎紧细绳后一层层地放入，最后密封即可。待生石灰吸潮风化则更换，一般每隔 1~2 个月更换 1 次，若用硅胶，则待硅胶吸水变色后，烘干后再继续放入使用。

泡茶步骤

【茶具】紫砂壶、玻璃杯、过滤网、茶荷、茶匙、品茗杯各一。

【冲泡】

1 烫壶
将开水倒入准备好的紫砂壶中，用以清洁，并提高紫砂壶温度。

2 温玻璃杯
将温烫过紫砂壶的水倒入玻璃杯中，稍微冲泡片刻。

3 温品茗杯
将温烫过玻璃杯的水倒入品茗杯中稍洗杯，再将水倒掉。

4 弃水
将温烫过品茗杯的水倒掉。

5 投茶
用茶匙将庐山云雾投入紫砂壶中。

6 冲水
往紫砂壶中注入 80℃ 温水，至八分满。

7 静置

将盖子盖上，静置 2 分钟，使茶叶舒展。

8 出汤

将紫砂壶中的茶汤倒入玻璃杯中。

9 分茶

将玻璃杯中茶汤分入品茗杯中。

10 赏茶

端起品茗杯，观赏茶汤。

冲泡提示

① 泡茶前烫杯。沏茶时，最好先倒半杯开水烫杯。

② 茶叶和水的比例约是 1 ：50。

③ 冲泡庐山云雾的水温约 80℃即可，可适时续水。

六安瓜片

茶叶产地： 安徽省六安市

叶介绍

六安瓜片，又称片茶，为绿茶特有茶类，是通过独特的传统加工工艺制成的形似瓜子的片形茶叶。六安瓜片不仅外形别致，制作工序独特，采摘也非常精细，是茶中不可多得的精品，更是我国绿茶中唯一去梗、去芽的片茶。因其外形完整，光滑顺直，酷似葵花子，又因产自六安一带，故称"六安瓜片"。

六安瓜片历史悠久，文化内涵丰厚，早在唐代，陆羽《茶经》中便有"庐州六安（茶）"之称。六安瓜片在明代成为贡茶，《六安州志》记载："茶之精品，明朝始入贡。"

茶叶特色

外形 /	光滑顺直
色泽 /	色泽如银
汤色 /	绿明清澈
香气 /	香气浓郁
滋味 /	甘甜鲜爽
叶底 /	黄绿明亮

茶叶小故事

在民国时期麻埠附近的祝家财主，与袁世凯是亲戚，祝家常以土产孝敬。袁饮茶成癖，茶叶自是不可缺少的礼物。但其时当地所产的大茶、菊花茶、毛尖等，均不能使袁满意。1905 年前后，祝家为取悦于袁，不惜工本，在后冲雇用当地有经验的茶工，专拣春茶的第1~2 片嫩叶，用小帚精心炒制，炭火烘焙，所制新茶形质俱丽，获得袁的赞赏。此时，瓜片脱颖而出，色、香、味、形别具一格，故日益博得饮品者的喜嗜，逐渐发展成为全国名茶。

史料记载： 六安瓜片产于旧六安县、金寨县、霍山县的毗邻山区和低山丘陵，分内山瓜片和外山瓜片两个产区。内山瓜片品质以齐头山蝙蝠洞最佳，据《六安州志》载："齐头绝顶常为云雾所封，其上产茶甚壮，而味独冲淡……"清道光《寿州志》曾云："唐、宋史志，皆云寿州产茶，盖以其时盛唐、霍山隶寿州、隶安丰军也。今土人云：寿州向亦产茶，名云雾者最佳，可以消融积滞，涤除沉疴……"（盛唐县即旧六安县，云雾即齐山云雾）

齐山云雾主产于今齐头山、响洪甸、鲜花岭 一带，而以齐头山的黄石冲、里冲、青檀沟、蝙蝠洞所产为极品。六安茶始于秦汉，长于唐宋，盛于明清。早在唐代，陆羽的《茶经》就有"庐州六安（茶）"之称；据《罗田县志》和《文献通考》载：宋太祖乾德三年（965 年）官府曾在麻埠、开顺设立茶站。明嘉靖三十六年（1557）武夷茶罢贡后"齐山云雾"成为贡茶，直到清咸丰年间（1851~1861）贡茶制度终结，是历史上十余处贡茶中最长的。

关于齐山云雾比较有名的记载是慈禧生下了载淳著封为懿妃时，每月供给"齐山云雾"瓜片茶叶十四两。另《金瓶梅》《红楼梦》均有六安茶记述，《红楼梦》中有80 余处提及。

如何判断六安瓜片干茶品质

品鉴六安瓜片的干茶一般可以采用以下几点来区分好与坏。

1.通过观望应具备铁青（深度青色）透翠，老嫩、色泽一致，可见烘制到位。

2.通过嗅闻应具备茶的清香透鼻的香气，尤其是有如烧板栗那种香味或幽香的为上乘；有青草味的说明炒制功夫欠缺。

3.通过细嚼应具备头苦尾甜、苦中透甜味觉，略用清水漱口后有一种清爽甜润的感觉。

4.通过察看应具备片卷顺直、长短相近、粗细匀称的条形，可见形状大小一致、炒功到位。

 **茶**叶功效

1. 抗菌： 六安瓜片中的儿茶素对细菌有抑制作用，同时又不会影响肠道内有益细菌，因此具有抗菌的功效。

2. 防龋齿、清口臭： 六安瓜片含有氟，其中儿茶素可以抑制生龋菌作用，减少牙菌斑及牙周炎的发生。茶所含的单宁酸，具有杀菌作用，能阻止食物渣屑繁殖细菌，故可以有效防止口臭。

3. 防癌： 六安瓜片是所有绿茶中营养价值最高的茶叶，对某些癌症有抑制作用，可以阻断人体内致癌物质的形成。

贮藏

贮藏六安瓜片时，可先用铝箔袋包好后放入密封罐，必要时也可放入干燥剂，加强防潮，然后将六安瓜片放置在干燥、避光的地方，不要靠近带强烈异味的物品，且不能被积压，最好置于冰箱的冷藏室里冷藏保存。

泡茶步骤

【**茶具**】盖碗、公道杯、过滤网、茶荷、茶匙、品茗杯各一。

【冲泡】

1 温盖碗

将80℃温水倒入盖碗内，以提高盖碗的温度。

2 温公道杯

将温烫过盖碗的水倒入公道杯中，稍冲泡片刻。

3 温品茗杯

将温烫过公道杯的水倒入品茗杯中稍洗杯。

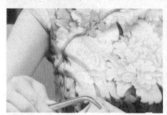

4 弃水

将品茗杯中的水倒掉，不用。

5 投茶

用茶匙将六安瓜片从茶荷中投入盖碗中。

6 冲水

将 80℃ 的温水沿盖碗杯沿的一边倒入，覆盖茶叶，至七分满。

7 静置

盖上盖碗的盖子，静置 2 分钟稍闷泡，使茶叶舒展。

8 出汤

取过滤网放在公道杯上，将茶汤倒入公道杯中。

9 分茶

将公道杯中的茶汤分入品茗杯中。

10 鉴赏

将品茗杯端起来，细细品赏，看茶汤。

🍃冲泡提示

① 水温控制在 80℃~90℃ 为宜。

② 润茶时间控制在 30 秒左右。

信阳毛尖

茶叶产地： 河南省信阳市

茶叶介绍

信阳毛尖，亦称"豫毛峰"，是河南省著名特产之一，被列为中国十大名茶之一。信阳毛尖早在唐代就已成为朝廷贡茶，在清代则跻身为全国名茶之列，素以"细、圆、光、直、多白毫、香高、味浓、汤色绿"的独特风格而饮誉中外。北宋时期的大文学家苏东坡曾赞叹道："淮南茶，信阳第一。西南山农家中茶者甚多，本山茶色味香俱美，品不在浙闽下。"

到了近现代，信阳毛尖更是享誉世界，屡次在名茶评比中获奖。时至今日，信阳毛尖更成为有着丰富内涵和体现国家茶文化精髓的使者。

茶叶特色

外形 /	细秀匀直
色泽 /	翠绿光润
汤色 /	黄绿明亮
香气 /	清香持久
滋味 /	鲜浓醇香
叶底 /	细嫩匀整

茶叶小故事

信阳毛尖传说：相传在很久很久以前，信阳本没有茶，乡亲们在官府和老财的欺压下，吃不饱，穿不暖，许多人得了一种叫"疲劳痧"的怪病，瘟病越来越凶，不少地方都死绝了村户。一个叫春姑的闺女看在眼里，急在心上，为了能给乡亲们治病，她四处奔走寻找能人。一天，一位采药老人告诉姑娘，往西南方向翻过九十九座大山，蹚过九十九条大江，便能找到一种消除疾病的宝树。春姑按照老人的要求爬过九十九座大山，蹚过九十九条大江，在路上走了九九八十一天，累得精疲力尽，并且也染上了可怕的瘟病，倒在一条小溪边。

这时，泉水中飘来一片树叶，春姑含在嘴里，马上神清目爽，浑身是劲，她顺着泉水向上寻找，果然找到了生长救命树叶的大树，摘下一颗金灿灿的种子。看管茶树的神农氏老人告诉姑娘，摘下的种子必须在10天之内种进泥土，否则会前功尽弃。想到10天之内赶不回去，也就不能抢救乡亲们，春姑难过得哭了，神农氏老人见此情景，拿出神鞭抽了两下，春姑便变成了一只尖尖嘴巴、大大眼睛、浑身长满嫩黄色羽毛的画眉鸟。小画眉很快飞回了家乡，将树籽种下，见到嫩绿的树苗从泥土中探出头来，画眉高兴地笑了起来。这时，她的心血和力气已经耗尽，在茶树旁化成了一块似鸟非鸟的石头。不久茶树长大，山上也飞出了一群群的小画眉，它们用尖尖的嘴巴啄下一片片茶叶，放进得了瘟病人的嘴里，病人便马上好了，从此以后，种植茶树的人越来越多，也就有了茶园和茶山。

史料记载：信阳的名茶，在唐代就有记载，唐代陆羽《茶经》和唐代李肇《国史补》中把义阳茶列为当时的名茶。宋朝，在《宁史·食货志》和宋徽宗赵佶《大观茶论》中把信阳茶列为名茶。元朝，据元代马端临《文献通考》载"光州产东首、浅山、薄侧"等名茶。

明朝，对名茶方面的记载很少。清朝，茶叶生产得到迅速恢复。清朝中期是河南省茶叶生产又一个迅速发展时期，制茶技术逐渐精湛，制茶质量越来越讲究，在清末出现了细茶信阳毛尖。

民国时期，茶叶生产继清朝之后，又得到大力发展，名茶生产技术日渐完善。信阳茶区又先后成立了五大茶社，加上清朝的三大茶社统称为"八大茶社"。由于"八大茶社"注重制作技术上的引进、消化与吸收，信阳毛尖加工技术得到完善，1913年产出了品质很好的本山毛尖茶，命名为"信阳毛尖"。

中华人民共和国成立后，信阳茶叶生产得到更大的发展，信阳毛尖茶生产技术得到推广，生产区域不断扩大。到1993年，信阳的师河区（原信阳市）、平桥区（原信阳县）、罗山县、潢川县、固始县、光山县、商城县、新县、息县七县二区都有信阳毛尖茶生产。

 ## 茶叶功效

1. 强身健体： 信阳毛尖含有氨基酸、生物碱、茶多酚、有机酸、芳香物质、维生素以及水溶性矿物质，具有生津解渴、清心明目、提神醒脑、去腻消食、抑制动脉粥样硬化、防癌和护御放射性元素等功能。

2. 促进脂类物质转化吸收： 由于茶叶中具有嘌呤碱、腺嘌呤等生物碱，可与磷酸、戊糖等物质形成核甘酸，对脂类物质的代谢起着重要作用，尤其对含氮化合物具有极妙的分解、转化作用，使其分解转化成可溶性吸收物质，从而达到消脂作用。

贮藏

信阳毛尖宜在 0℃ ~6℃ 的环境下保存，可放置在冰箱冷藏库里，用不锈铁质罐装好后密封起来，外裹两层塑料薄膜。干燥茶叶容易吸附异味，因此存放的环境宜干燥，避免高温、光照，时时保持清洁、卫生，并远离化肥、农药、油脂以及霉变物质。

 ## 泡茶步骤

【茶具】 茶壶、公道杯、过滤网、茶荷、茶匙、品茗杯各一。

【冲泡】

1 烫壶
将开水倒入茶壶中，去除壶内异味，有助于挥发茶香。

2 温公道杯
用温烫过茶壶的水浸润公道杯。

3 温品茗杯
将水浸润品茗杯，以提高品茗杯的温度。

4 弃水
将品茗杯中的水倒掉，不用。

5 投茶
用茶匙将信阳毛尖从茶荷中投入茶壶中。

6 冲水

将 90℃ 的水自高向下注入茶壶，
至七分满，并加盖，稍闷泡。

7 出汤

过滤网放公道杯上，将茶汤倒入
公道杯中。

🍃冲泡提示

① 劣质的信阳毛尖汤色深
绿或发黄、混浊发暗，不耐
冲泡，没有茶香味。
② 冲泡后可等半分钟后，
在茶汤显出颜色后方品饮，
滋味更佳。

8 分茶

将公道杯中的茶汤分入品茗杯中。

9 品饮

将品茗杯中的茶分三口品尝，入口滋味鲜醇。

武夷岩茶

| 茶叶产地：福建省武夷山

茶叶介绍

　　武夷岩茶产自武夷山，因其茶树生长在岩缝中，因而得名"武夷岩茶"。武夷岩茶属于半发酵茶，融合了绿茶和红茶的制法，是中国乌龙茶中的极品。武夷岩茶的制作可追溯至汉代，到清朝达到鼎盛。

　　武夷岩茶的制作方法汲取了绿茶和红茶制作工艺的精华，再经过晾青、做青、杀青、揉捻、烘干、毛茶、归堆、定级、筛号茶取料、拣剔、筛号茶拼配、干燥、摊晾、匀堆等十几道工序制作而成。武夷岩茶是武夷山历代茶农智慧的结晶。在 2006 年，武夷岩茶的制作工艺被列为首批"国家级非物质文化遗产"。

茶叶特色

外形	/	条索紧结
色泽	/	绿褐鲜润
汤色	/	橙黄明亮
香气	/	香高持久
滋味	/	醇厚甘鲜
叶底	/	沉重匀整

茶叶小故事

　　武夷岩茶产于福建省武夷山区。走进武夷山，看见茶树似花木、茶园如盆景，树冠各异，叶形不同，而岩茶与山水辉映，成为武夷山中一景，吸引前来品茶观景的游客。在清末民初，岩茶兴盛，茶人便从原生性的茶中，选出各具特色的名枞，冠以芳号，形成了一种独特的茶文化。

　　唐代学者徐夤所描述的"武夷春暖月初园，采摘新芽献地仙"的情景；宋代文学家范仲淹刻画的"胜若登仙不可攀，输同降将无穷耻"是武夷斗茶的激动场面；元代画家赵孟頫认真地为《武夷御茶园》写记，又以工笔绘下《斗茶图》；明代曲作家陈铎，则大声高唱："武夷和雨采春丛，嫩叶蒙茸，佳茗千古重。"连那位"一日不可无茶"的乾隆皇帝，也发出了"就中武夷品最佳，气味清和兼骨鲠"之感叹。

　　如今，武夷之旅与岩茶更是形影不离，相得益彰。观茶园，品佳茗、赏茶艺。山中的几百号茶馆茶店，任由游客品茗消闲。有大师言，"武夷山水一壶茶"。岩茶是武夷之韵。

TEA 中国茶品鉴图典

茶叶功效

1. 抗衰老： 饮用武夷岩茶可以使血中维生素 C 含量持较高水平，尿中维生素 C 排出量减少，起到抗衰老的作用。饮用武夷岩茶可从多方面增强人体抗衰老能力。

2. 提神益思，消除疲劳： 武夷岩茶所含的咖啡因较多，咖啡因能促使人体中枢神经兴奋，增强大脑皮质的兴奋过程，起到提神益思、清心的效果。

3. 预防疾病： 茶中的儿茶素能降低血液中的胆固醇，抑制血小板凝集，可以降低动脉硬化发生率。

贮藏

武夷岩茶最好以每包 100 克左右的量，用锡箔袋或有锡箔层的牛皮纸包好，挤紧压实后，放入木质、铁质、锡质容器内，再放到避光、防潮、避风、无异味的地点储藏。大约 1 年后将茶取出观察，查看是否受潮、发霉、变质。

泡茶步骤

【茶具】 盖碗、公道杯、茶荷、茶匙、过滤网各一，品茗杯三个。

【冲泡】

1 温盖碗
将开水倒入盖碗中，用以清洁，并提高盖碗温度。

2 温公道杯
将温烫过盖碗的水倒入公道杯中，以清洁公道杯。

3 温品茗杯
将公道杯里的水逐一倒入品茗杯中温烫，再将水倒掉。

5 洗茶
冲入开水，洗去茶中尘埃。

6 弃水
将洗茶的水倒出，不用。

4 投茶
用茶匙将武夷岩茶从茶荷中拨入盖碗中。

7 冲水

往盖碗中倒入沸水，使茶叶舒展。

8 出汤

在公道杯上放一个滤网，将泡好的茶汤倒入公道杯中。

9 分茶

将公道杯中的茶汤分入品茗杯中。

10 品饮

茶汤入口后，滋味醇厚甘鲜，冲泡 7 ~ 8 次后，仍然有原茶的真味。

🍵 冲泡提示

① 忌喝新茶：因为新茶中含有未经氧化的多酚类、醛类及醇类等，对人的胃肠黏膜有较强的刺激作用，所以忌喝新茶。

② 品茶时可以把茶叶咀嚼后咽下去，对人体有益。

安溪铁观音

| 茶叶产地：福建省安溪市

茶叶介绍

安溪铁观音，又称红心观音、红样观音，闻名海内外，被视为乌龙茶中的极品，且跻身于中国十大名茶之列，以其香高韵长、醇厚甘鲜而驰名中外，并享誉世界，尤其是在日本市场，两度掀起"乌龙茶热"。

安溪铁观音可用具有"音韵"来概括。"音韵"是来自铁观音特殊的香气和滋味。有人说，品饮铁观音中的极品——观音王，有超凡入圣之感，仿佛羽化成仙。"烹来勺水浅杯斟，不仅余香舌本寻。七碗漫夸能畅饮，可曾品过铁观音？"铁观音名出其韵，贵在其韵，领略"音韵"乃爱茶之人一大乐事，只能意会，难以言传。

茶叶特色

外形	/	肥壮圆结
色泽	/	色泽砂绿
汤色	/	金黄浓艳
香气	/	香高持久
滋味	/	醇厚甘鲜
叶底	/	沉重匀整

茶叶小故事

　　安溪铁观音传说："魏说"——观音托梦。相传，1720年前后，安溪尧阳松岩村（又名松林头村）有个老茶农魏荫（1703~1775年），勤于种茶，又笃信佛教，敬奉观音。每天早晚一定在观音佛前敬奉一杯清茶，几十年如一日，从未间断，有一天晚上，他睡熟了，朦胧中梦见自己扛着锄头走出家门，他来到一条溪涧旁边，在石缝中忽然发现一株茶树，枝壮叶茂，芳香诱人，跟自己所见过的茶树不同……

　　第二天早晨，他顺着昨夜梦中的道路寻找，果然在观音仑打石坑（地方名）的石隙间，找到梦中的茶树。仔细观看，只见茶叶椭圆，叶肉肥厚，嫩芽紫红，青翠欲滴：魏荫十分高兴，将这株茶树挖回种在家中一口铁鼎里，悉心培育。因这茶是观音托梦得到的，取名"铁观音"。

　　"王说"——乾隆赐名。相传，安溪西坪南岩仕人王士让（清朝雍正十年副贡、乾隆六年曾出任湖广黄州府靳州通判）曾经在南山之麓修筑书房，取名"南轩"。清朝乾隆元年（1736年）的春天，王与诸友会文于"南轩"。每当夕阳西坠时，就徘徊在南轩之旁。有一天，他偶然发现层石荒园间有株茶树与众不同，就移植在南轩的茶圃，朝夕管理，悉心培育，年年繁殖，茶树枝叶茂盛，圆叶红心，采制成品，乌润肥壮，泡饮之后，香馥味醇，沁人肺腑。乾隆六年，王士让奉召入京，谒见礼部侍郎方苞，并把这种茶叶送给方苞，方侍郎品其味非凡，便转送内廷，皇上饮后大加赞誉，垂问尧阳茶史，因此茶乌润结实，沉重似铁，味香形美，犹如"观音"，赐名"铁观音"。

 **茶**叶功效

1. 解毒消食、去油腻： 茶叶中有一种叫黄酮的混合物，具杀菌解毒作用。

2. 美容减肥、抗衰老： 医学研究表明，铁观音含有儿茶素多种营养成分，具有较强的抗化活性，可有效消除细胞中的活性氧分子，从而使人体抗衰老，免受疾病的侵害。

3. 防癌增智： 安溪铁观音的含硒量很高，在六大茶类中位居前列。因为硒能刺激免疫蛋白及抗体抵御患病，因此安溪铁观音也有抑制癌细胞发生和发展的作用。

贮藏

安溪铁观音要低温、密封或真空贮藏，还要降低茶叶的含水量，这样可以在短时间内保证安溪铁观音的色、香、味。低温保存是将茶叶保存空间的温度保持在 5℃以下，使用冷藏库或冷冻库保存茶叶，少量保存时可使用电冰箱。

泡茶步骤

【**茶具**】盖碗、公道杯、茶荷、茶匙、过滤网各一，品茗杯三个。

【冲泡】

1 温盖碗

将开水倒入盖碗中，用以清洁，并提高盖碗温度。

2 温公道杯

将温烫过盖碗的水倒入公道杯中，稍冲泡片刻。

3 温品茗杯

将温烫过公道杯的水倒入品茗杯。

4 投茶

用茶匙将安溪铁观音从茶荷中投入盖碗中。

5 洗茶

倒入适量温水浸润茶叶，以使紧结的茶球泡松。

6 弃水

将润过茶叶的水倒出盖碗，不用。

7 冲水

打开盖子，往盖碗中冲入沸水至七分满，以冲泡茶叶。

8 出汤

将盖碗中的茶汤倒入放有过滤网的公道杯中。

10 品饮

将品茗杯端起，观赏茶汤，并细细品尝。

9 分茶

取下过滤网，将公道杯中的茶汤分入品茗杯中。

🍵冲泡提示

①空腹不饮，否则会感到饥肠辘辘，头晕欲吐。

②睡前不宜饮用，否则难以入睡。

③冷茶不饮，冷茶性寒，对胃不利。

祁门红茶

茶叶产地： 安徽省祁门县，石台、东至、黟县、贵池等县

茶叶介绍

工夫红茶是中国特有的红茶。祁门红茶是中国传统工夫红茶中的珍品。祁门红茶以外形苗秀，色有"宝光"和香气浓郁而著称，享有盛誉。祁门红茶于1875年创制，有百余年的生产历史，是中国传统出口商品，也被誉为"王子茶"，还被列为我国的国事礼茶，与印度的大吉岭红茶、斯里兰卡的乌瓦红茶并称为"世界三大高香茶"。

祁门红茶的品质超群，与其优越的自然生态环境条件是分不开的。祁门多山脉，峰峦叠嶂、山林密布、土质肥沃、气候温润，而茶园所在的位置有天然的屏障，有酸度适宜的土壤和丰富的水分，因此能培育出优质的祁门红茶。

茶叶特色

外形	条索紧细
色泽	乌黑油润
汤色	红艳透明
香气	清香持久
滋味	醇厚回甘
叶底	鲜红明亮

茶叶小故事

清朝光绪以前，祁门生产绿茶，品质好，制法似六安绿茶，称为"安绿"。光绪元年(1875年)，黔县人余干臣，从福建罢官回籍经商，在至德县(今东至县)尧渡街设立茶庄，仿照"闽红"制法试制红茶。1876年，余干臣从至德来到祁门，并在西路历口、闪里设立茶庄，扩大生产收购。继而在南路贵溪一带，也试制红茶并成功。由于茶价高、销路好，人们纷纷相应改制，逐渐形成了"祁门红茶"。

据1916年《农商公报》第二期记载："安徽改制红茶，权舆于祁建。而祁建有红茶，实肇始于胡元龙(又名胡仰儒)。胡元龙为祁门南乡之贵溪人，于前清咸丰年间，即在贵溪开辟荒山五千余亩，兴植茶树。光绪元、二年之间，因绿茶销售不旺，特考察制造红茶之法，首先筹集资金六万元，建设日顺茶厂，改制红茶，亲往各乡教导园户，至今40余年，孜孜不倦。"

1939年，祁门县最高年产达4.9万担，占当时全国红茶总产量的三分之一。至1949年，下降为9618担，1956年发展至3.3万担，1983年仅出口即达5.7万担，目前维持这一水平。

 # 茶叶功效

1. 消炎杀菌：祁门工夫红茶中儿茶素类能与单细胞的细菌结合，使蛋白质凝固沉淀，借此抑制和消灭病原菌。

2. 养胃护胃：红茶是经过发酵烘制而成的，不仅不会伤胃，反而能够养胃。经常饮用加糖、加牛奶的祁门工夫红茶，能消炎、保护胃黏膜，对治疗溃疡也有一定效果。

3. 抗癌：关于茶叶具有抗癌作用的说法很流行，研究发现祁门工夫红茶同绿茶一样，同样有很强的抗癌功效。

贮藏

选用干燥、无异味、密闭的陶瓷坛，用牛皮纸包好茶叶，分置于坛的四周，中间放石灰袋一个，上面再放茶叶包，装满坛后用棉花包盖紧。石灰隔 1~2 个月更换 1 次。这样可利用生石灰的吸湿性能，使茶叶不受潮，效果较好。

泡茶步骤

【茶具】玻璃茶壶、茶匙、茶荷、过滤网、茶巾、品茗杯各一。

【冲泡】

1 温壶
将开水倒入玻璃茶壶中，有助于提高壶的温度。

2 温品茗杯
将玻璃茶壶中的水倒入品茗杯中稍洗杯。

3 弃水
将品茗杯中的水倒掉，不用。

4 投茶
用茶匙将祁门工夫茶从茶荷中拨入玻璃茶壶中。

5 高冲

用悬壶高冲法将沸水冲入玻璃茶壶，使滋味更纯。

6 出汤

将过滤网取出，留在玻璃茶壶中的即是泡好的茶汤。

7 分茶

将玻璃茶壶中的茶汤分入品茗杯中。

8 品饮

将品茗杯中的茶汤细细品尝，入口。

冲泡提示

① 祁门工夫茶以 8 月份茶最鲜，味道最佳，可加糖饮用。

② 祁门工夫茶十分细紧挺秀，冲泡时不用洗茶，可直接冲泡饮用。

君山银针

茶叶产地： 湖南省岳阳市洞庭湖中的君山

茶叶介绍

君山银针是黄茶中最杰出的代表，色、香、味、形俱佳，是茶中珍品。君山银针在历史上曾被称为"黄翎毛""白毛尖"等，后因它茶芽挺直，布满白毫，形似银针，于是得名"君山银针"。

君山银针的制作工艺非常精湛，需经过杀青、摊晾、复包、足火等八道工序，历时三四天之久。优质的君山银针茶在制作时特别注意杀青、包黄与烘焙的过程。

茶叶特色

外形	/	芽头茁壮
色泽	/	金黄发亮
汤色	/	杏黄明净
香气	/	毫香鲜嫩
滋味	/	甘醇甜爽
叶底	/	肥厚匀亮

茶叶小故事

　　君山银针传说：君山银针原名白鹤茶。据传初唐时，有一位名叫白鹤真人的云游道士从海外仙山归来，随身带了八株神仙赐予的茶苗，将它种在君山岛上。后来，他修起了巍峨壮观的白鹤寺，又挖了一口白鹤井。白鹤真人取白鹤井水冲泡仙茶，只见杯中一股白气袅袅上升，水气中一只白鹤冲天而去，此茶由此得名"白鹤茶"。又因为此茶颜色金黄，形似黄雀的翎毛，所以别名"黄翎毛"。后来，此茶传到长安，深得天子宠爱，遂将白鹤茶与白鹤井水定为贡品。

　　有一年进贡时，船过长江，由于风浪颠簸把随船带来的白鹤井水给泼掉了。押船的州官吓得面如土色，急中生智，只好取江水鱼目混珠。运到长安后，皇帝泡茶，只见茶叶上下浮沉却不见白鹤冲天，心中纳闷，随口说道："白鹤居然死了"！岂料金口一开，即为玉言，从此白鹤井的井水就枯竭了，白鹤真人也不知所踪。但是白鹤茶却流传下来，即是今天的君山银针茶。

史料记载：君山银针始于唐代，清朝时被列为"贡茶"。据《巴陵县志》记载："君山产茶嫩绿似莲心。""君山贡茶自清始，每岁贡十八斤。""谷雨"前，知县 邀山僧采制一旗一枪，白毛茸然，君山银针俗称"白毛茶"。又据《湖南省新通志》记载："君山茶色味似龙井，叶微宽而绿过之。"古人形容此茶如"白银盘里一青螺"。清代，君山茶分为"尖茶""茸茶"两种。"尖茶"如茶剑，白毛茸然，纳为贡茶，素称"贡尖"。君山银针茶香气清高，味醇甘爽，汤黄澄高，芽壮多毫，条真匀齐，白毫如羽，芽身金黄发亮，着淡黄色茸毫，叶底肥厚匀亮，滋味甘醇甜爽，久置不变其味。冲泡后，芽竖悬汤中冲升水面，徐徐下沉，再升再沉，三起三落，蔚成趣观。

如何判断干茶品质

君山银针干茶是经过杀青、摊晾、初烘、初包、再摊晾、复烘、复包、焙干等八道工序，需78个小时方可制成。成品芽头茁壮，紧实而挺直，白毫显露，茶芽大小长短均匀，形如银针，内呈金黄色。

品鉴

君山银针冲泡后香气高爽，汤色橙黄，滋味甘醇。虽久置而其味不变。冲泡时可从明亮的杏黄色茶汤中看到根根银针直立向上，几番飞舞之后，团聚一起立于杯底。常饮可以起到预防食道癌、消炎杀菌的作用。

茶叶功效

1. 预防食道癌： 君山银针茶中富含茶多酚、氨基酸、可溶性糖、维生素等丰富的营养物质，营养价值高，对防治食道癌有明显功效。

2. 消炎杀菌： 君山银针鲜叶中天然物质保留有 85% 以上，这些物质对杀菌、消炎均有特殊效果。

3. 消脂减肥： 君山银针沤制中产生的消化酶，能有效促进脂肪代谢，减少脂肪的堆积，在一定程度上能起到消脂的作用，是减肥佳品。

贮藏

如果是家庭用的茶叶，可以将干燥的茶叶用软白纸包好，轻轻挤压排出空气，再用细软绳扎紧袋口，将另一只塑料袋反套在外面后挤出空气，放入干燥、无味、密封的铁筒内储藏。

泡茶步骤

【茶具】玻璃杯、公道杯、过滤网、茶荷、茶匙各一，品茗杯三个。

【冲泡】

1 温杯

将开水倒入准备好的玻璃杯中，用以清洁，并提高玻璃杯温度。

2 温公道杯

用温烫过玻璃杯的水浸润公道杯。

3 温品茗杯

用温烫过公道杯的水浸润品茗杯，再将水倒掉。

4 投茶

用茶匙将君山银针从茶荷中投入到玻璃杯。

5 冲水

将80℃的水先快后慢冲入玻璃杯中至五分满。

6 静置

将玻璃杯静置2分钟，使茶芽湿透。

7 再次冲水

继续往玻璃杯中倒入 80℃左右的水，冲至八分满。

8 赏茶

约 5 分钟后，可见茶芽渐次直立，上下沉浮，芽尖上有晶莹的气泡。

9 出汤

取过滤网放在公道杯上，倒入茶汤。

11 品饮

饮一口茶汤，入口后甘醇甜爽。

10 分茶

将公道杯中的茶汤分入品茗杯中。

🍃 **冲泡提示**

① 对于专业爱茶人士，要求比较高的，最好以清澈的山泉水冲泡君山银针，滋味不同凡响。

② 君山银针幽香、醇味，具有茶的所有特性。从品茗的角度而言应该重在观赏，因此要特别强调茶的冲泡技术和程序，以免破坏茶性。

Part 6

认识绿茶：清幽雅致

绿茶是指采取茶树新叶，未经发酵，经杀青、揉捻、干燥等典型工艺制成的茶叶。绿茶在中国产量最大，位居六大初制茶之首，也是饮用最为广泛的一种茶。

认识绿茶

绿茶的分类

炒青绿茶

在加工过程中采用炒制的方法干燥而成的绿茶称为炒青绿茶。由于干燥过程中受到机械或手工操力的作用，成茶容易形成长条形、圆珠形、扇平形、针形、螺形等不同形状。

烘青绿茶

在加工过程中采用烘笼进行烘干的方法制成的绿茶称为烘青绿茶。烘青绿茶的香气一般不及炒青绿茶高，但也不乏少数品质特优的烘青名茶。

晒青绿茶

在加工过程中采用日光晒干的方法制成的绿茶称为晒青绿茶。晒青绿茶是绿茶里较独特的品种，是将鲜叶在锅炒杀青、揉捻后直接通过太阳光照射来干燥。

蒸青绿茶

在加工过程中通过高温蒸气的方法将鲜叶杀青而制成的绿茶称为蒸青绿茶。蒸青绿茶的香气较闷，略带青气，其涩味较重，不及炒青绿茶那样鲜爽。

绿茶的冲泡

茶具选用

冲泡绿茶的茶具首选是透明度佳的玻璃杯，这样可以欣赏到茶叶在水中舒展的形态。除玻璃杯外，白瓷茶杯也是不错的选择，能映衬出茶汤的青翠明亮。

水温控制

绿茶冲泡的最适宜的水温是85℃。水温如果太高则不利于及时散热，容易将茶汤闷得泛黄而口感苦涩。冲泡两次之后，水温可适当提高。在实际的冲泡过程中，也可以根据冲泡方法以及茶叶品种、鲜嫩程度的不同而适当调整水温。

置茶量

茶叶用量可结合茶具大小以及茶叶种类，适当尝试不同用量，来找到自己喜欢的茶汤浓度。一般来说，茶叶与水的比例以1∶50为宜，即1克茶叶用50毫升的水。

冲泡方法

绿茶冲泡通常有三种方法。

第一种是上投法。先一次性向茶杯中倒入足量的热水，待水温适度时再放入茶叶。这种方法水温掌握得要非常准确，多适用于细嫩炒青绿茶。

第二种是中投法。先往茶杯中放入茶叶，再倒入三分之一的热水，稍加摇动，使茶叶吸足水分舒展开来，再注入热水至七分满。这种方法也适合较为细嫩的茶叶。

第三种是下投法。先向茶杯中放入茶叶，然后一次性向茶杯内倒入足量的热水。这种方法适用于细嫩度较差的绿茶，也属于日常冲泡绿茶最常用的方法。

冲泡时间

绿茶的冲泡，以前三次冲泡的为最佳，冲泡三遍后的滋味开始变淡。冲泡好的绿茶应尽快饮完，最好放置不超过6分钟，否则易使绿茶的口感变差，从而失去绿茶的鲜爽。

［绿茶的贮藏］

高档绿茶一般采用纸罐、铝罐内衬阻碍性好的软包装，价格中等的还流行用铁罐、铝罐或者易拉罐包装，其保鲜效果都很显著。绿茶保存时可以结合使用干燥剂进行干燥，或放入冷库进行冷藏，其保鲜效果则更理想。

鸠坑毛尖

茶叶产地： 浙江省杭州市淳安县鸠坑源

![茶叶介绍]

茶叶介绍

　　鸠坑毛尖产于浙江省杭州市淳安县鸠坑源。该县隋代为新安县，属睦州（今建德），故又称睦州鸠坑茶。茶树多分布于地势高峻的山地或山谷间缓坡地，称"高山茶"，历史上为贡茶。其气味芳香，饮之生津止渴，齿颊留香。鸠坑毛尖茶于 1985 年被农牧渔业部评为全国优质茶；1986 年在浙江省优质名茶评比中获"优质名茶"称号。鸠坑毛尖除制绿茶外，亦为窨制花茶的上等原料，窨成的"鸠坑茉莉毛尖""茉莉雨前"均为茶中珍品。

茶叶功效

鸠坑毛尖所含的抗氧化剂有助于抵抗老化，SOD（超氧化物歧化）是自由基清除剂。

泡茶步骤

【茶具】透明玻璃杯或盖碗1个，茶匙、茶荷各1个。

【冲泡】

1. 冲泡：将3克鸠坑毛尖茶叶拨入玻璃杯中，在杯中冲入85℃左右的水，七分满即可。
2. 品饮：入口后，茶味芬芳而带有熟栗子香，滋味鲜浓，一般五泡还有极佳的茶香味。

干茶鉴别

鸠坑毛尖茶的色、香、味、形均有独特个性，鸠坑毛尖茶颜色鲜润、干净，不含杂质，香气高雅、清新，味道鲜爽、醇香、回甘，从外形上看则匀整、鲜绿有光泽、白毫明显。外形细、圆、光、直、多白毫，色泽翠绿是为上品。

贮藏

过去保存茶主要采取铁桶中放木炭，将茶放入桶中密封保存，这种方法只适合少量保存，且保存时间有限。

现在保存最好的办法是，将茶用塑料袋多层包封，放入冷冻室保存即可。这种方法不仅保存量大，而且保存时间久。保存时忌和有异味的物品混放，因为茶叶很容易吸味。用时取出几天的用量，不宜取太多，随用随取。

千岛玉叶

茶叶产地： 浙江省杭州市淳安县千岛湖畔

茶叶介绍

千岛玉叶是 1982 年创制的名茶。千岛湖气候宜人，土质细黏，适宜种茶，早已是中国天然产茶区域。千岛玉叶新月白毫，翠绿如水，纤细幼嫩，获得了茶叶专家的一致好评。浙江农业大学教授庄晚芳等茶叶专家根据千岛湖的景色和茶叶粗壮、有白毫的特点，亲笔题名"千岛玉叶"。千岛玉叶制作略似西湖龙井，而又有别于西湖龙井。其所用鲜叶原料，均要求嫩匀成朵，标准为一芽一叶初展，并要求芽长于叶。

茶叶特色

外形	扁平挺直
色泽	绿翠露毫
汤色	黄绿明亮
香气	清香持久
滋味	醇厚鲜爽
叶底	嫩绿成朵

茶叶小故事

　　淳安县广为人知的另一个名字是千岛湖，坐落于杭州西南部，始建于东汉，淳安古称睦州、青溪，是我国历史上著名的茶区，始于东汉，盛于唐，兴于宋，鼎盛于清，唐代便已成贡茶区之一。而千岛玉叶龙井茶正是诞生在这样一个既富有天时地利，又兼具千百年种茶历史与经验的环境之中。千岛玉叶产于淳安县青溪一带。其品质特征为：条直扁平，挺似玉叶；芽壮显毫，翠绿嫩黄，香气清高，隽永持久；滋味醇厚，鲜爽耐泡；汤色明亮，厚实匀齐。

茶叶功效

　　千岛玉叶中的儿茶素能降低血液中的胆固醇。

泡茶步骤

　　【茶具】盖碗 1 个，茶匙、茶荷各 1 个。

　　【冲泡】

　　1. 温杯：将开水倒入盖碗中进行冲洗，而后弃水不用。

　　2. 冲泡：将 3 克千岛玉叶茶叶拨入盖碗中，冲入 85℃的水，七分满即可。

　　3. 品饮：放入茶叶后，可欣赏茶叶在杯中根根直立，如舞如蹈的骄人姿态，1 分钟后即可出汤品饮。

干茶鉴别

　　千岛玉叶月白新毫，翠绿如水，细小可爱。成品茶外形扁平挺直，绿翠显毫；内质清香持久，滋味浓醇带甘，汤色嫩绿明亮，叶底肥嫩硕壮，匀齐成朵。

贮藏

　　密封、干燥、低温冷藏最佳。

开化龙顶

茶叶产地： 浙江省衢州市开化县齐溪乡白云山

**茶**叶介绍

开化龙顶茶产于浙江省开化县齐溪乡白云山。该茶采于清明、谷雨间，选取茶树上长势旺盛的健壮枝梢上的一芽一叶或一芽二叶初展为原料。开化龙顶茶炒制工艺分杀青、揉捻、初烘、理条、烘干五道工序。开化龙顶茶为中国的名茶新秀。1985 年在浙江省名茶评比中，荣获食品工业协会颁发的名茶荣誉证书，同年被评为"全国名茶"之一。

茶叶特色

外形	/	紧直苗秀
色泽	/	色泽绿翠
汤色	/	嫩绿清澈
香气	/	清幽持久
滋味	/	浓醇鲜爽
叶底	/	嫩匀成朵

茶叶功效

1. 利尿： 茶叶中的咖啡碱和茶碱具有利尿作用，用于缓解水肿、水潴留。

2. 强心解痉： 咖啡碱具有强心、解痉、松弛平滑肌的功效，能缓解支气管痉挛。

泡茶步骤

【茶具】 品茗盖碗 1 个，茶匙、茶荷各 1 个。

【冲泡】

1. **冲泡：** 将 4 克开化龙顶茶叶拨入盖碗中。往盖碗中冲入 80℃ 左右的水，七分满即可。

2. **品饮：** 入口后，香气扑鼻馥郁持久，分别有板栗香和兰花香，以兰花香为上品。

干茶鉴别

开化龙顶属于高山云雾茶，其外形紧直挺秀，白毫披露，芽叶成朵，非常耐看。干茶色绿，汤水清绿，叶底鲜绿，此三绿为龙顶茶的主要特征。

贮藏

未拆封的开化龙顶茶叶可以放入冰箱 -2℃ 冷藏，可储存 1 年保持茶叶新鲜。拆封后的开化龙顶茶叶保存方法为：饮用后请及时地用封口夹夹紧放冰箱，3 个月里保持新鲜，避免潮湿和阳光直射。

安吉白茶

茶叶产地： 浙江省湖州市安吉县

🍃 茶叶介绍

    安吉白茶是用绿茶加工工艺制成的，属于绿茶，是一种珍稀的变异茶种，属于"低温敏感型"茶叶。其色白，是因为其加工原料采自一种嫩叶全为白色的茶树。茶树产"安吉白茶"的时间很短，通常仅 1 个月左右。正因为安吉白茶是在特定的白化期内采摘、加工和制作的，所以茶叶经冲泡后，其叶底也呈现嫩绿显玉色。

茶叶特色	
外形 /	挺直略扁
色泽 /	色泽翠绿
汤色 /	清澈明亮
香气 /	清香高扬
滋味 /	滋味鲜爽
叶底 /	嫩绿明亮

茶叶小故事

　　白茶的名字最早出现在唐朝陆羽的《茶经》中，其记载：永嘉县东三百里有白茶山。北宋庆历（1041—1048 年）年间：白叶茶，芽叶如纸，民间大重；以为茶瑞。宋徽宗赵佶在《大观茶论》中说："白茶自为一种，与常茶不同，其条敷阐，其叶莹簿，崖林之间，偶然生出，虽非人力所致，有者不过四五家，生者不过一二株。"北宋皇帝在说了白茶可贵之后又说："芽英不多，尤难蒸焙，汤火一失，则已变为常品。"自有这个记载一直到明代的 350 多年中，没有再发现过白茶。因此，安吉的白茶，填补了历史记载的空白，弥足珍奇。

　　安吉最早于 1930 年在孝丰镇的马铃冈发现野生白茶树数十棵，"枝头所抽之嫩叶色白如玉，焙后微黄，为当地金光寺庙产"，后不知所终。安吉白茶树为茶树的变种，极为稀有。春季发出的嫩叶纯白，在晚春时变为白绿相间的花叶，至夏才呈全绿色。

　　1982 年，在天荒坪镇大溪村横坑坞 800 米的高山上又发现一株百年以上白茶树，嫩叶纯白，仅主脉呈微绿色，很少结籽。当时县林科所的技术人员在 4 月 4 日剪取插穗繁育成功，至 1996 年已发展到 1000 亩，可以采制的只有 200 亩，年产干茶不足千斤。因其氨基酸含量高出一般茶一倍，为 6.19% ～ 6.92%，茶多酚 10.7%，在 1989 年浙江省第二届斗茶会上以"玉凤"茶名获 99 分的最高分，次年又获 99.3 分，1991 年再获浙江省一类名茶奖。安吉白茶 1996 年每 500 克售价 1500 ～ 2200 元，因数量少，供不应求。

茶叶功效

　　1. 护肝： 每克茶叶中维生素 K 的含量为 300 ～ 500 国际单位，维生素 K 可促进肝脏合成凝血素，从而养肝护肝。

　　2. 抗衰老： 茶中维生素 E 是一种抗氧化剂，可以阻止人体中脂质的过氧化过程。

泡茶步骤

【茶具】 透明玻璃杯 1 个，茶匙、茶荷各 1 个。

【冲泡】

1. 温杯：将开水倒入玻璃杯中进行冲洗，弃水不用。
2. 冲泡：将 4 克安吉白茶茶叶拨入玻璃杯中，再冲入 85℃的水至七分满。
3. 品饮：静置片刻后，即可品饮，安吉白茶入口的滋味鲜爽，无苦涩味，回味甘甜。

干茶鉴别

安吉白茶是一种珍罕的变异茶种，属于"低温敏感型"茶叶，其阈值约在23℃。茶树产"白茶"时间很短，通常仅 1 个月。以原产地浙江安吉为例，春季，因叶绿素缺失，在清明前萌发的嫩芽为白色。在谷雨前，色渐淡，多数呈玉白色。雨后至夏至前，逐渐转为白绿相间的花叶。至夏，芽叶恢复为全绿，与一般绿茶无异。正因为神奇的安吉白茶是在特定的白化期内采摘、加工和制作的，所以茶叶经冲泡后，其叶底也呈现玉白色，这是安吉白茶特有的性状。

贮藏

安吉白茶是一种绿茶，所以安吉白茶在保存时需要特别的留意，保存方法稍有不当就会导致茶叶的口感等被严重破坏，那么保存时就要注意以下几点：

密封保存安吉白茶有助于保持口感。密封保存功夫不到位的话，安吉白茶成品茶中的叶绿素、醛类、酯类、维生素 C 等易与空气中的氧结合，氧化后的茶叶会使茶叶汤色变绿、变深，严重影响到安吉白茶汤色的美感，同时也会使得茶水的营养价值大大降低。密封保存亦是为了防止安吉白茶茶叶潮湿，导致茶叶变质的可能性。安吉白茶是一种疏松多孔的亲水物质，因此具有很强的吸湿还潮性。因此存放安吉白茶时，密封保存是基础。

保存安吉白茶要注意温度。温度对茶叶的保存也很重要，在低温下茶叶易保存，一般0℃～5℃较合适。在常温下，安吉白茶极不稳定，很容易与空气中的氧气等物质发生反应，导致安吉白茶独有的特性丧失。

安吉白茶的常用保存方法。基于以上两点的考虑，就是把安吉白茶用锡纸或锡罐包好，然后将茶叶放到冰箱的冷藏室里，与其他带有味道的食物分开保存。放在冰箱保存时一定要保证冷藏室的通风。

松阳银猴

茶叶产地： 浙江省松阳瓯江上游古市区

茶叶介绍

松阳银猴茶为浙江省新创制的名茶之一。因条索卷曲多毫、形似猴爪、色泽如银而得名。银猴茶采制技术精巧，开采早、采得嫩、拣得净是银猴茶的采摘特点。此茶清明前开采，谷雨时结束。采摘标准为：特级茶为一芽一叶初展，1～2级茶为一芽一叶至一芽二叶初展。该茶品质优异，饮之心旷神怡，回味无穷，被誉为"茶中瑰宝"。

茶叶特色

外形	卷曲多毫
色泽	色泽如银
汤色	绿明清澈
香气	香气浓郁
滋味	甘甜鲜爽
叶底	黄绿明亮

茶叶小故事

据传闻在唐代，松阳茶因一位真人的出现而成为贡茶。这位真人就是道教法师叶法善。传说，叶法善道士（616—720年）是位得道成仙的道士，他家世世代代都传道教，他的道行法术名扬天下，深得唐高宗始至唐玄宗期间几代皇帝赏识，当时他在松阳古市卯山永宁观修炼，经常往来于古市卯山观与京都宫廷之间。他在卯山观修炼期间，依据茶圣陆羽《茶经》中的知识，利用卯山优质水土培植出10多株茶树，并且将制成的茶叶取名为"仙茶"。

在真人来往于卯山观与宫廷之间时，"卯山仙茶"也随之进入宫中，宫廷泡出后茶水色青、味醇，深得皇上喜爱，被列为宫廷贡品，从此松阳银猴也就声名鹊起了。

史料记载松阳银猴茶是一种具有地方特色的名茶，至今已有1800多年的历史。松阳银猴茶产于国家级生态示范区浙南山区瓯江上游，其境内群山连绵，山水苍碧，具有八分水一分田的地理特征，自古被文人墨客誉为"世外桃源"。浓厚的农耕文化，优越的自然环境，造就了这千年古县的上品名茶。

北宋伟大文学家苏轼在松阳西屏山就留下脍炙人口的千古传诵诗篇。大文豪苏轼在浙江为官时曾游览松阳西屏山，与居松阳西屏山的祖谦禅师一起论禅品茗，当即写下名篇："道人晓出西屏山，来施点茶三昧手，忽惊午盏兔毫斑，打作春瓮鹅儿酒。天台乳花世不见，玉川风液今何有？东破有意续茶经，要使祖谦名不朽。"明代占雨曾以"春色漫怀金谷酒，清风雨液玉川茶"的妙句描绘当时松阳茶叶的品质。

1929年在西湖博览会上，松阳茶叶荣获一等奖。如今在有关部门的努力下，松阳名茶相继诞生，松阳银猴以别具一格的品质风格，夺得松阳名茶之魁，经省多次名茶评比，正式定为浙江省名茶，并获得名茶合格证书。

**茶**叶功效

1. 抗菌杀菌： 松阳银猴中的有益成分茶多酚有助于保护消化道，防止消化道肿瘤发生。

2. 保护口腔健康： 用松阳银猴漱口可预防牙龈出血和杀灭口腔细菌，保持口腔清洁。

**泡**茶步骤

【**茶具**】透明玻璃杯 1 个，茶匙、茶荷各 1 个。

【**冲泡**】

1. 温杯：将热水倒入玻璃杯中进行温杯，而后弃水不用。

2. 冲泡：将 3 克松阳银猴茶叶拨入玻璃杯中，往玻璃杯中冲入 75℃ ~ 85℃ 的水，七分满即可。

3. 品饮：1 分钟后即可出汤品饮，入口后，香气浓郁，滋味甘甜鲜爽。

**干**茶鉴别

松阳银猴因条索卷曲多毫，形似猴爪，色如银而得名。松阳银猴是经头青、揉捻、二青、三青、干燥等五道工序精制而成。成品条索粗壮弓弯似猴，满披银毫，色泽光润；香高持久是为上品。

**贮**藏

密封

可用有双层盖子的罐子贮存，以纸罐较好，其他锡罐、马口铁罐等都可以，罐内仍是须先摆一层棉纸或牛皮纸，再盖紧盖子（棉纸或牛皮纸都能起到防潮的作用）。

干燥

最好能预备一台专门贮存绿茶叶的小型冰箱，设定温度在 −5℃ 以下，将拆封的封口紧闭好，将其放入冰箱内。一定要注意不要放有异味的东西在小型冰箱中，以免使茶受到异味物的感染变质。

顾渚
紫笋

茶叶产地： 浙江省湖州市长兴县水口乡顾渚山一带

 **茶**叶介绍

顾渚紫笋茶亦称湖州紫笋、长兴紫笋，是浙江传统名茶。产于浙北长兴县水口乡顾渚山一带，早在 1200 多年前已负盛名。由于制茶工艺精湛，茶芽细嫩，色泽带紫，其形如笋，故此得名为"紫笋茶"。其是上品贡茶中的"老前辈"，早在唐代便被茶圣陆羽论为"茶中第一"。该茶有"青翠芳馨、嗅之醉人、啜之赏心"之誉。每年清明节前至谷雨期间，采摘一芽一叶或一芽二叶初展。其制作程序经摊青、杀青、理条、摊晾、初烘、复烘等工序。

茶叶特色

外形	/	外形紧结
色泽	/	色泽翠绿
汤色	/	清澈明亮
香气	/	香气馥郁
滋味	/	甘醇鲜爽
叶底	/	细嫩成朵

茶叶小故事

紫笋茶史称"顾渚紫笋"，也称"顾渚石笋"，是我国历史悠久的名茶。唐代宗广德年间(763—764年)毗陵(常州)太守、御史大夫李栖筠在阳羡(今宜兴)督造贡茶，适逢一位山僧献上长城(今长兴)顾渚山产的茶叶，茶圣陆羽尝后认为此茶"芳香甘冽，冠于他境，可荐于上"。遂推荐给皇帝，并于大历五年(770年)正式列为贡茶。

那时因紫笋茶的品质优良，还被朝廷选为祭祀宗庙用茶。当时的皇室规定，紫笋贡茶分为五等，第一批茶必须确保清明前抵达长安，以祭祀宗庙。这第一批进贡的茶就被称为"急程茶"。

湖州的当地官员为了赶制急程茶，每年立春前后就要进山，进行全程监督，以保证按期保质地完成任务。当时的交通极不方便，从湖州到长安，相距约4000里，为了确保贡茶如期送到，送茶队伍常常在清明前10天就起程。曾经就有一个湖州刺史叫裴充的，因没有按期送到急程茶而被撤职。

顾渚紫笋也称湖州紫笋、长兴紫笋，是浙江传统名茶。产于浙北长兴县水口乡顾渚村。顾渚紫笋茶的品质特别好，唐代诗人钱起夸它比流霞山仙酒还好，饮过以后，俗食全消。当时潮州和常州官府专在顾渚山上，设置了境会亭，每到茶季，两州官员聚集境会亭品尝新茶。白居易在苏州做官时，夜闻贾常州与崔湖州在顾渚山上的境会亭茶宴时，曾寄诗一首，内云："遥闻境会茶山夜，珠翠歌钟俱绕身。盘下中分两州界，灯前合作一家春。青娥递舞应争妙，紫笋齐尝各斗新。自叹花前北窗下，蒲黄酒对病眠人。"此诗描述了当时境会亭茶宴的盛况，又表达了自己因坠马损腰，身体不适，失去了一次参加境会亭茶宴机会的惋惜心情。

随着时代变迁，紫笋茶的采制方法和产品也在演变，从团茶演变到叶茶。明太祖洪武年间罢贡龙团茶，以芽茶作贡茶。紫笋茶制作方法从蒸青到炒青、产品从饼茶改散茶、芽茶。现在紫笋茶加工主要为摊放、杀青、理条、烘干四道工序。

茶 叶功效

顾渚紫笋茶中儿茶素能抑制人体致病菌增生。

泡 茶步骤

【茶具】透明玻璃杯 1 个，茶匙、茶荷各 1 个。

【冲泡】

1. 冲泡：将 4 克顾渚紫笋茶叶拨入玻璃杯中，再往杯中冲入 85℃ 左右的水，静待 3 分钟。
2. 品饮：入口后，茶味鲜醇，回味甘甜，有一种沁人心脾的优雅感觉。

干 茶鉴别

顾渚紫笋的品质特点： 极品紫笋茶叶相抱似笋；上等茶芽挺嫩叶稍长，形似兰花。成品色泽翠绿，银毫明显，香蕴兰蕙之清，味甘醇而鲜爽；茶汤清澈明亮，叶底细嫩成朵。该茶有"青翠芳馨，嗅之醉人，啜之赏心"之誉。

外形紧结，完整而灵秀，色泽翠绿，银毫明显，香蕴兰蕙之清，味甘醇而鲜爽，茶汤清澈明亮，叶底细嫩成朵者为最佳品。

贮 藏

干燥

可用有双层盖子的罐子贮存，以纸罐较好，其他锡罐、马口铁罐等都可以，罐内仍是须先摆一层棉纸或牛皮纸，再盖紧盖子（棉纸或牛皮纸都能起到防潮的作用）。

低温

最好能预备一台专门贮存绿茶叶的小型冰箱，设定温度在 -5℃ 以下，将拆封的封口紧闭好，将其放入冰箱内。一定要注意不要放有异味的东西在小型冰箱中，以免使茶受到异味物的感染变质。

天柱剑毫

茶叶产地： 安徽省安庆市潜山县天柱山

茶叶介绍

天柱剑毫属绿茶类，因其外形扁平如宝剑而得名。产于安徽省天柱山，茶叶因常年受云霭浸漫，为淑气所钟，不用熏焙便有自然清香。每年谷雨前后茶农开始采摘新茶，由于均选用一芽一叶，因而产量有限，极为珍贵。天柱剑毫以其优异的品质、独特的风格、俊俏的外表已跻身于全国名茶之列，1985 年全国名茶展评会上被评定为全国名茶之一。

茶叶特色		
外形	/	扁平挺直
色泽	/	翠绿显毫
汤色	/	碧绿明亮
香气	/	清雅持久
滋味	/	鲜醇回甘
叶底	/	匀整嫩鲜

茶叶小故事

天柱剑毫创制于唐代，称舒州天柱茶。唐代陆羽《茶经》有舒州太湖县潜山产茶的记载。唐代杨华《膳夫经手录》有"舒州天柱茶，虽不峻拔遒劲，亦甚甘香芳美，良可重也"的记述。唐代《玉泉子》中有一个南唐尉迟偓中朝故事："昔有人授舒州牧，李德裕谓之曰，到彼郡日，天柱峰茶可惠三角，其人献之数十斤，李不受还，明年罢郡，用意求精，获数角投之，德裕阅而受曰，此茶可以消酒食毒，乃命烹一瓯，沃于肉食内，以银合闭之。诘旦，因视其肉，已化为水，众服其广识。"

北宋乐史《大平寰宇记》记载："舒州土产开火茶，怀宁县多智山，……其山有茶及蜡，每年民得采掇为岁贡。"当时潜山尚未建县，归怀宁管辖，开火茶为潜山所产。北宋沈括《梦溪笔谈》载："古人论茶，唯言阳羡、顾渚、天柱、蒙顶之类。"说明天柱茶在北宋以前，就与阳羡茶、顾渚茶、蒙顶茶并列，可知名气之大。南宋王观国《学林》记述："薛能谢刘相公寄茶诗曰，两串春团敌夜光，名题天柱印维扬。茶之佳品，珍逾金玉，未易多得，……以两串寄薛能者，皆下品可知也。"

又据《潜山县志》载："茶以皖山为佳，产皖峰，高矗云表，晓雾布蔓，淑气钟之，故其气味不待熏焙，自然馨馥，而悬崖绝壁间，有不得自生者尤为难得，谷雨采贮，不减龙团雀舌也。"天柱茶在唐、宋时，即美名远扬，而后却销声匿迹，湮没失传。其原因无以考证。

1980年恢复生产，因外形扁直似剑，故称天柱剑毫。天柱剑毫的开发，始于1978年。为了开发天柱山茶叶资源，适应天柱山风景区旅游业的发展，经过6年的研究、试制，终于在1985年成功地创制出名茶"天柱剑毫"，使天柱名茶重放异彩。

茶叶功效

1. 消食祛腻、止渴生津： 天柱剑毫内含丰富的多酚类、氨基酸等多种有益成分，能消食祛腻。

2. 利尿： 茶中的咖啡碱可刺激肾脏，促使尿液迅速排出体外，提高肾脏的滤出率。

泡茶步骤

【茶具】盖碗 1 个，茶匙、茶荷各 1 个。

【冲泡】

1. **冲泡：** 将 4 克天柱剑毫茶叶拨入盖碗中，再往盖碗中冲入 75℃ ~ 85℃的水。

2. **品饮：** 2 分钟后即可品饮，入口后，过喉鲜爽，口留余香，回味甘甜，有提神作用。

干茶鉴别

天柱剑毫茶外形扁平挺直似剑、色翠匀齐毫显，花香清雅持久。

贮藏

密封

可用干燥箱或陶罐存放茶叶。罐内底部放置双层棉纸，罐口放置两层棉布而后压上盖子。

干燥

可用有双层盖子的罐子贮存，以纸罐较好，其他锡罐、马口铁罐等都可以，罐内仍是须先摆一层棉纸或牛皮纸，再盖紧盖子（棉纸或牛皮纸都能起到防潮的作用）。

低温

最好能预备一台专门贮存绿茶叶的小型冰箱，设定温度在 -5℃ 以下，将拆封的封口紧闭好，将其放入冰箱内。

休宁松萝

茶叶产地： 安徽省黄山市休宁县

茶叶介绍

休宁松萝属绿茶类，为历史名茶，创于明代隆庆年间（1567—1572年），产于安徽省休宁县松萝山。明清时，松萝山为佛教圣地，早在明洪武年间松萝山盈福寺已名扬江南，香火鼎盛。松萝茶区别于其他名茶的显著特征是"三重"，即色重、香重、味重。"色绿、香高、味浓"是松萝茶的显著特点，饮后令人神驰心怡，古人有"松萝香气盖龙井"之赞辞。

茶叶特色

外形	紧卷匀壮
色泽	色泽绿润
汤色	汤色绿明
香气	幽香高长
滋味	甘甜醇和
叶底	绿嫩柔软

茶叶小故事

据传闻，在明太祖洪武年间，松萝山的让福寺门口摆有两口大水缸，引起了一位香客的注意，水缸因年代久远，里面长满绿萍，香客来到庙堂对老方丈说，那两口水缸是个宝，要出三百两黄金购买，商定三日后来取。香客一走，老和尚怕水缸被偷，立即派人把水缸的绿萍水倒出，洗净搬到庙内。三日后香客来了见水缸被洗净，便说宝气已净，没有用了。老和尚极为懊悔，但为时已晚。香客走出庙门又转了回来，说宝气还在庙前，那倒绿水的地方便是，若种上茶树，定能长出神奇的茶叶来，这种茶三盏能解千杯醉。老和尚照此指点种上茶树，不久，果然发出的茶芽清香扑鼻，便起名"松萝茶"。

200 年后，到了明神宗时，休宁一带流行伤寒痢疾，人们纷纷来让福寺烧香拜佛，祈求菩萨保佑。方丈便给来者每人一包松萝茶，并面授"普济方"：病轻者沸水冲泡频饮，两三日即愈。病重者，用此茶与生姜、食盐、粳米炒至焦黄煮服，或研碎吞服，两三日也愈。果然，服后疗效显著，制止了瘟疫流行。从此松萝茶成了灵丹妙药，名声大噪，蜚声天下。

明代许次纾《茶疏》记载："若歙之松萝，吴之虎丘、钱塘之龙井，香气浓郁……"明代沈周《书芥茶别论后》中有"新安之松萝"的记载。新安和歙州都为当时的郡名，后世因以新安作为歙州、徽州所辖地的别称。明代徐渭《刻徐文长先生秘集》中，将松萝列为当时 30 种名茶之一。清代吴嘉记在《松萝茶歌》中有松萝山中嫩叶萌，卷绿焙鲜处处同"赞誉松萝茶品质的诗句。

1938 年江苏潜阳巨贾吴筱竹，慕松萝之名，以重金在山上创建"松萝垦殖工学团"，主持松萝生产经营。其后转由吴巧祥集资成立"松萝商社"经营，直到 40 年代末期。

茶叶功效

休宁松萝含有的儿茶酸能促进维生素 C 的吸收，维生素 C 可使胆固醇从动脉移至肝脏，降低血液中胆固醇；同时可增强血管的弹性和渗透能力，降低血脂，对冠心病、高血压能起到很好的疗效。

泡茶步骤

【茶具】玻璃杯 1 个，茶匙、茶荷各 1 个。

【冲泡】

1. **冲水：** 冲入 90℃左右的水至玻璃杯七分满即可。

2. **投茶：** 轻轻放入 5 克休宁松萝茶叶。

3. **品饮：** 2 分钟后即可品饮，入口后滋味甘甜醇和，回味无穷，可细细品尝茶味后再咽下。

干茶鉴别

松萝茶品质独特，色泽绿润、卷曲匀整、香气高爽。冲泡后汤色绿明，叶底嫩绿，滋味醇厚，带有橄榄之香味，更以其独特的药用保健功效载入李时珍的《本草纲目》和赵功尚的《中药大词典》，属茶中精品，又被称为"绿色金子"。

贮藏

密封

可用干燥箱或陶罐存放茶叶。罐内底部放置双层棉纸，罐口放置两层棉布而后压上盖子。

干燥

可用有双层盖子的罐子贮存，以纸罐较好，其他锡罐、马口铁罐等都可以，罐内仍是须先摆一层棉纸或牛皮纸，再盖紧盖子（棉纸或牛皮纸都能起到防潮的作用）。

低温

最好能预备一台专门贮存绿茶叶的小型冰箱，设定温度在 –5℃ 以下，将拆封的封口紧闭好，将其放入冰箱内。

太平猴魁

茶叶产地： 安徽省黄山市

茶叶介绍

太平猴魁，属绿茶类尖茶，是中国历史名茶，创制于 1900 年,产于安徽省黄山市北麓的黄山区(原太平县)新明、龙门、三口一带,曾出现在非官方评选的"十大名茶"之列。太平猴魁外形两叶抱芽，扁平挺直，自然舒展，白毫隐伏，有"猴魁两头尖，不散不翘不卷边" 之称。叶色苍绿匀润，叶脉绿中隐红，气味兰香高爽，滋味醇厚回甘，有独特的余韵，汤色清绿明澈，叶底嫩绿匀亮，芽叶成朵肥壮。

茶叶特色

外形	/	肥壮细嫩
色泽	/	苍绿匀润
汤色	/	清澈明亮
香气	/	兰香高爽
滋味	/	鲜爽醇厚
叶底	/	嫩匀肥壮

茶叶小故事

　　古时候，在黄山居住着一对白毛猴，生下一只小毛猴，有一天，小毛猴独自外出玩耍，来到太平县，遇上大雾，迷失了方向，没有再回到黄山。老毛猴立即出门寻找，几天后，由于寻子心切，劳累过度，老猴病死在太平县的一个山坑里。山坑里住着一个老汉，以采野茶与药材为生，他心地善良，当发现这只病死的老猴时，就将它埋在山岗上，并移来几棵野茶和山花栽在老猴墓旁，正要离开时，忽听有说话声："老伯，你为我做了好事，我一定感谢您。"但不见人影，这事老汉也没放在心上。

　　第二年春天，老汉又来到山岗采野茶，发现整个山岗都长满了绿油油的茶树。老汉正在纳闷时，忽听有人对他说："这些茶树是我送给您的，您好好栽培，今后就不愁吃穿了。"这时老汉才醒悟过来，这些茶树是神猴所赐。从此，老汉有了一块很好的茶山，再也不需翻山越岭去采野茶了。为了纪念神猴，老汉就把这片山岗叫作猴岗，把自己住的山坑叫作猴坑，把从猴岗采制的茶叶叫作猴茶。由于猴茶品质超群，堪称魁首，后来就将此茶取名为太平猴魁了。

　　史料记载太平猴魁创制于 1900 年，至今已有 100 多年的历史。是中国绿茶中的极品名茶，原产于新明乡猴坑、猴岗、颜家一带。

　　清光绪二十六年（1900 年），家住猴岗的茶农王魁成在凤凰尖的高山茶园内精心选出肥壮的一芽二叶，经过精细加工，制出的成茶规格好、质量高，称为"王老二魁尖"。由于它的品质位于尖茶的魁首，首创者又名叫魁成，产于太平县猴坑、猴岗一带，故此茶全称为"太平猴魁"。

茶叶功效

太平猴魁茶中含有氟，氟离子与牙齿的钙质有很强的亲和力，能变成一种较难溶于酸的"氟磷灰石"，就像给牙齿加上一个保护层，提高牙齿的防酸抗龋能力。

泡茶步骤

【茶具】 玻璃杯或盖碗 1 个，茶匙、茶荷各 1 个。

【冲泡】

1. **冲泡：** 将热水倒入玻璃杯中进行温杯，而后弃水不用，再冲入 90℃ 左右的水至玻璃杯七分满，用茶匙将 6 克太平猴魁茶叶从茶荷中轻轻拨入玻璃杯中。

2. **品饮：** 2 分钟后即可出汤品饮，入口后鲜爽醇厚。

干茶鉴别

形状： 主要是看干茶的条形，猴魁的条形属扁形茶。茶条特扁特薄和两枝以上茶条叠压成形的扁形茶不是正宗的太平猴魁茶。

嫩度： 主要是看猴魁叶质的老嫩程度。嫩度好的猴魁茶一般给人的感觉是：其扁形茶条身骨饱满，叶质肥厚重实，不干瘪瘦薄，手掂有沉重感，丢进盘中有当当响声。

色泽： 即审看干茶的色泽和光泽度。优质太平猴魁的色泽具有与其他名茶明显不同的特征——就是干茶色泽为"苍绿匀润"。"苍绿匀润"中苍绿是高档猴魁的特有色泽，所谓"苍绿"，说白了是一种深绿色，"匀润"即茶条绿得较深且有光泽，色度很匀不花杂、毫无干枯暗象。

净度： 一般是要求审看茶叶中的片、梗、籽的含量及有无其他夹杂物。

香气： 高档猴魁蕴有诱人的兰花香，冷嗅时仍香气高爽，持久性强。

贮藏

石灰保存法

干燥剂的主要成分就是生石灰，生石灰可以吸收茶叶的水分，延长保质期。可以找一个口小腰大，不会漏气的陶坛作为盛放器，把干燥剂用棉布包着放在茶叶中就可以了。

顶谷大方

茶叶产地： 安徽省黄山市歙县

茶叶介绍

顶谷大方又名"竹铺大方""拷方""竹叶大方"，创制于明代，在清代被列为贡茶。大方茶产于黄山市歙县的竹铺、金川、三阳等乡村，尤以竹铺乡的老竹岭、大方山和金川乡的福泉山所产的品质最优，被誉称"顶谷大方"。顶谷大方制作方法独特，不仅色香味俱全，而且还有丰富的营养价值和药用价值，它对减肥有特效，故被誉为茶叶中的"减肥之王"。

茶叶特色

外形 /	扁平匀齐
色泽 /	翠绿微黄
汤色 /	清澈微黄
香气 /	高长清幽
滋味 /	醇厚爽口
叶底 /	芽叶肥壮

茶叶小故事

　　传说黄山上有个美丽善良的姑娘，用这里的大方茶治好乾隆皇帝的眼病。后来，乾隆皇帝下江南，特地上山寻找这位姑娘，要对她进行封赏。可是，那姑娘闻声向蓝天高飞了，原来她是个仙姑。是时，大方茶深受厚爱。于是皇帝诏书，令这里生产的上等大方茶为贡茶，即现在的顶谷大方，大方是皇帝恩赐的茶名，顶谷言其高山夹谷，是后人冠加的，意思是高山上的大方茶，简称顶谷大方。

　　大方创制于明代，清代已入贡茶之列。据《歙县志》记载："明隆庆（1569—1572年）年间，僧大方住休宁松萝山，制茶精妙，群邑师其法。然其时仅西北诸山及城大涵山产茶。降至清季，销输国外，逐种植，有毛峰、大方、烘青等目。"大方茶相传为比丘大方始创于歙县老竹岭，故称为"老竹大方"。

　　顶谷大方形质与浙江龙井茶相似，以扁平为其主要特色，但顶谷大方较之龙井茶味更加醇厚，而且在茶味之余还带有一丝甜意。顶谷大方曾在1986年成为国家外交部礼茶，质量得到肯定。安徽农业大学茶叶专家詹罗九教授就曾言：大方茶为中国扁形茶鼻祖，公元911年，即五代十国时期就已是贡品。距今有千年的历史，大方茶外观扁平挺秀，身披金毫，芽藏而不露，汤色清澈明亮微黄，富有板栗的香气，且香高气长，叶底肥厚嫩均，滋味醇厚爽口。

茶叶功效

顶谷大方含有茶碱及咖啡因，能减少脂肪细胞堆积，从而达到减肥功效。

泡茶步骤

【茶具】玻璃杯或盖碗 1 个，茶匙、茶荷各 1 个。

【冲泡】

1. 冲水：冲入 90℃ 左右的水至玻璃杯七分满即可。

2. 投茶：放入 4 克顶谷大方茶叶后，加盖摇动茶碗。

3. 品饮：1 分钟后即可品饮。只见扁平肥壮的茶叶逐渐舒展。入口后醇厚爽口，回味甘甜。

干茶鉴别

顶谷大方茶外形挺秀光滑，色泽翠绿中微微泛黄，芽藏不露，金色茸毫披满全身。它形似龙井，长扁成片，似竹叶，有锋尖，色铁黑，有油润，含有熟栗之香气。

贮藏

密封

可用干燥箱或陶罐存放茶叶。罐内底部放置双层棉纸，罐口放置两层棉布而后压上盖子。

干燥

可用有双层盖子的罐子贮存，以纸罐较好，其他锡罐、马口铁罐等都可以，罐内仍是须先摆一层棉纸或牛皮纸，再盖紧盖子（棉纸或牛皮纸都能起到防潮的作用）。

低温

最好能预备一台专门贮存绿茶叶的小型冰箱，设定温度在 –5℃ 以下，将拆封的封口紧闭好，将其放入冰箱内。

花果山云雾茶

茶叶产地： 江苏省连云港市花果山

茶叶介绍

　　花果山云雾茶是绿茶类名茶，产于江苏省连云港市花果山。该茶形似眉状，叶形如剪，清澈浅碧，略透粉黄，润绿显毫；冲泡后透出粉黄的色泽，条束舒展，如枝头新叶，阴阳向背，碧翠扁平，香高持久，滋味鲜浓。花果山云雾茶又因它生于高山云雾之中，纤维素较少，可多次冲泡，啜尝品评，余味无穷。

茶叶特色

外形	/	条束舒展
色泽	/	润绿显毫
汤色	/	嫩绿清澈
香气	/	香高持久
滋味	/	鲜浓甘醇
叶底	/	黄绿明亮

茶叶小故事

传说在很久以前，花果山上还没有这么多奇花异果，四周人家也很少，单说这山上有一座庙，庙里住着个老和尚。在庙的四周长满了茶树，老和尚精心照看着这些茶树，每年都要亲自采摘一些茶叶，炒制后保存起来，一般的客人是没有口福尝的。有一天晚间，老和尚做了一个梦，梦见一轮红日从海中冉冉升起，老和尚马上惊醒，连称好梦，明日必有贵客来。

第二天清晨，果不其然来了贵客，老和尚给客人亲自冲茶，客人连声称道："好茶，好茶！"老和尚介绍说："此茶乃云雾茶。"茶罢，那客人道谢走了。

原来，那客商打扮的人正是喜欢游山玩水的乾隆皇帝。乾隆自喝了花果山云雾茶以后，对山珍海味都渐渐不感兴趣了。回到京城后，下圣旨钦定花果山云雾茶为御茶，因此，花果山云雾茶也因此扬名天下。

在茶叶大省江苏，远处苏北的连云港云台山云雾茶独具特色。云雾茶历史悠久，始于宋，存于清，产在黄海之滨的孙悟空故乡历史悠久的花果山云雾茶——花果山区，生长在云雾缭绕之中。唐陆羽在《茶经》中记载，中国茶叶产地北限，一直伸展到河南道的海州，而海州就是今天的连云港。公元十世纪前史书记载："海州地区山海之利，以盐茶为大端，"古诗也有记载："细箩精采云雾茶，经营唯贡帝王家。"

 **茶**叶功效

1. 醒脑提神： 茶中的咖啡碱能促使人体中枢神经兴奋，增强大脑皮质的兴奋过程，起到提神益思、清心醒脑的效果。

2. 利尿解乏： 茶中的咖啡碱可刺激肾脏，促使尿液迅速排出体外，提高肾脏的滤出率，减少有害物质对肾脏的伤害。

 **泡**茶步骤

【茶具】 盖碗 1 个，茶匙、茶荷各 1 个。

【冲泡】

1. 冲泡：放入 3 克花果山云雾茶茶叶后，冲入 80℃左右的水至盖碗七分满即可。

2. 品饮：2 分钟后即可品饮，入口后鲜浓甘醇，香气清高持久。

 **干**茶鉴别

花果山云雾茶的鲜叶细嫩，炒制工艺精巧，内含氨基酸、咖啡碱，且蛋白质含量较高。形似眉状，叶形如剪，清澈浅碧、略透粉黄，润绿显毫；冲泡后透出粉黄的色泽，条束舒展，如枝头新叶，阴阳向背，碧翠扁平，香高持久，滋味鲜浓。

贮藏

应将茶叶放在阴凉干燥处，不受潮，根据茶叶存放数量，必要把石灰包放进茶叶中排潮，保质 1 年内质不变。

南京雨花茶

茶叶产地： 江苏省南京市雨花台区

茶叶介绍

　　雨花茶是全国十大名茶之一，茶叶外形圆绿，如松针，带白毫，紧直。雨花茶因产南京雨花台而得名。雨花茶必须在谷雨前采摘，采摘下来的嫩叶要长有一芽一叶，经过杀青、揉捻、整形、烘炒四道工序，且全工序皆用手工完成。紧、直、绿、匀是雨花茶的品质特色。雨花茶冲泡后茶色碧绿、清澈，香气清幽，滋味醇厚，回味甘甜。

茶叶特色

外形 /	形似松针
色泽 /	色呈墨绿
汤色 /	绿而清澈
香气 /	浓郁高雅
滋味 /	鲜醇宜人
叶底 /	嫩匀明亮

茶叶小故事

　　"雨花茶"在我国茶名中实为罕见，但"雨花茶"的生产历史却十分悠久。约在公元四世纪的东晋时代，南京百姓就有饮早茶的习俗。陆羽在《茶经》中记述了"广陵耆老传"的故事。说的是晋元帝时，有一个老妇人，每天早晨提着一壶茶沿街叫卖，百姓都争先恐后地买她的"雨花茶"汤来喝，奇怪的是，这老妇人自一清早叫卖到晚上，把卖茶所得的钱全部分给孤苦贫穷的人，贫穷的人都很感激她。这个消息被当时官吏知道，派人把老妇人抓了起来，关进牢里。第二天一清早，老妇人不见了。后来，雨花台一带开始遍布葱郁碧绿的茶园。

　　雨花茶的色、香、味、形俱佳，其外形圆绿、条索紧直、峰苗挺秀，带有白毫，犹如松针，象征着革命先烈坚贞不屈、万古长青的英雄形象。香气浓郁高雅，滋味鲜醇，汤色绿而清澈，叶底嫩匀明亮。

茶叶功效

　　1. 通便、助消化：雨花茶中的茶多酚可以促进胃肠蠕动，帮助消化，同时又可以通便，预防便秘。

　　2. 预防动脉硬化：雨花茶中的儿茶素能降低血液中的胆固醇，可以减少动脉硬化发生率。

泡茶步骤

　　【茶具】玻璃杯或盖碗 1 个，茶匙、茶荷各 1 个。

　　【冲泡】

　　1. 温杯：将热水倒入玻璃杯中进行温杯，而后弃水不用。

2. 冲泡： 冲入80℃左右的水至玻璃杯七分满，用茶匙将6克雨花茶茶叶从茶荷中拨入玻璃杯中。

3. 品饮： 2分钟后即可出汤品饮，入口后鲜醇宜人。

 **干茶鉴别**

外形： 茶叶的外形包括色泽在内，为决定茶叶品质的重要因素。审评处形，即检验茶叶外形松紧、整碎、粗细、轻重、均匀程度及片、梗含量与色泽。

嫩度： 茶叶的老嫩与品质有密切关系。凡茶身紧结重实，完整饱满、芽头多、有苗锋的，均表示茶叶嫩、品质好；反之，枯散、碎断轻飘、粗大者为老茶制成，品质次。

净度： 即正茶内含有梗、片末、朴及其他杂质的程度。

匀度： 是指茶叶是否整齐一致，长短粗细相差甚少者为佳。

色泽： 凡色泽调和、光滑明亮，油润鲜艳的，通常称为原料细嫩，或做工精良的产品，品质优，反之则次。

香气： 北方通称"茶香"。茶叶经开水冲泡5分钟后，倾出茶汁于审评碗内，嗅其香气是否正常。以花香、果香、蜜糖香等令人喜爱的香气为佳。而烟、馊、霉、老火等气味，往往是由于制造处理不良或包装贮藏不良所致。

 **贮藏**

密封

可用干燥箱或陶罐存放茶叶。罐内底部放置双层棉纸，罐口放置两层棉布而后压上盖子。

干燥

可用有双层盖子的罐子贮存，以纸罐较好，其他锡罐、马口铁罐等都可以，罐内仍是须先摆一层棉纸或牛皮纸，再盖紧盖子（棉纸或牛皮纸都能起到防潮的作用）。

低温

最好能预备一台专门贮存绿茶叶的小型冰箱，设定温度在-5℃以下，将拆封的封口紧闭好，将其放入冰箱内。一定要注意不要放有异味的东西在小型冰箱中，以免使茶受到异味物的感染变质。

金坛雀舌

茶叶产地： 江苏省金坛市

茶叶介绍

金坛雀舌产于江苏省金坛市方麓茶场，为江苏省新创制的名茶之一。属扁形炒青绿茶，以其形如雀舌而得名。且以其精巧的造型、翠绿的色泽和鲜爽的嫩香屡获好评。内含成分丰富，水浸出物的茶多酚、氨基酸、咖啡碱含量较高。

茶叶特色

外形	/	扁平挺直
色泽	/	翠绿圆润
汤色	/	碧绿明亮
香气	/	嫩香清高
滋味	/	鲜醇爽口
叶底	/	嫩匀成朵

茶叶小故事

　　传说江苏金坛茅山原名句曲山，为道教圣地。茅山乾元观有道士数百人，前来进香的善男信女络绎不绝，因此观内造了一口特大的水缸，来解决吃水问题。可时间一长，缸内长出许多青苔。这些青苔都有长长的根，如凤凰尾巴一样。青苔越长越多，观内就派了两位道士清洗水缸。这两位道士将清洗的陈水挑出道观，倾倒在道观墙外的几棵茶树边。不料第二年那几棵被缸水浇灌的茶树，生长得特别旺盛，茶叶产量竟比其他茶树多出数倍。道士们喜出望外便将这几棵茶树的茶叶采下来，单独加工，制成茶，清香扑鼻，饮之齿颊留香，人们称它为"乾茶"。从此乾元观的茶园内都改种这种茶树，茅山茶农也纷纷引种，而且被列为贡品。

　　茅山地区早在隋唐前即为江南茶乡，所产的传统名茶享有盛誉。清顺治年间乾元观一带所产的"乾茶"和国民时期茅麓公司生产的"茅麓茶"就颇为有名。显然，茶叶与道教在茅山山区共生共荣，相得益彰。

　　20世纪30年代，江苏省林业试验场在石墩头开辟了大片的茶园。新中国成立后，茅山地区又建成了许多茶园。80年代以来，各茶场大力开发名优茶。金坛雀舌茶是江苏省最早研制开发的地方名茶之一，1982年由金坛县多管局立项研制，1985年6月通过技术鉴定，先后获省农业科技进步奖、农牧渔业部优质产品奖和商业部全国名茶等称号。

 茶叶功效

1. 抑制和抵抗病菌： 茶多酚有较强的收敛作用，对病原菌、病毒有明显的抑制和杀灭作用，对消炎止泻有明显效果。

2. 美容护肤： 经常饮用，能清除面部的油腻。

 泡茶步骤

【茶具】 玻璃杯或盖碗 1 个，茶匙、茶荷各 1 个。

【冲泡】

1. **冲泡：** 放入 3 克金坛雀舌茶叶后，冲入 80℃ 左右的水至玻璃杯七分满即可。

2. **品饮：** 2 分钟后即可品饮，入口后滋味鲜醇爽口，香气清高持久。

干茶鉴别

金坛雀舌茶以其形如雀舌的精巧造型、翠绿的色泽和鲜爽的嫩香屡获好评。金坛雀舌成品条索匀整，状如雀舌，干茶色泽绿润，扁平挺直；冲泡后香气清高，色泽绿润，滋味鲜爽，汤色明亮，叶底嫩匀成朵明亮。内含的水浸出物、茶多酚、氨基酸、咖啡碱含量较高。

贮藏

密封

可用干燥箱或陶罐存放茶叶。罐内底部放置双层棉纸，罐口放置两层棉布而后压上盖子。

干燥

可用有双层盖子的罐子贮存，以纸罐较好，其他锡罐、马口铁罐等都可以，罐内仍是须先摆一层棉纸或牛皮纸，再盖紧盖子（棉纸或牛皮纸都能起到防潮的作用）。

低温

最好能预备一台专门贮存绿茶叶的小型冰箱，设定温度在 -5℃ 以下，将拆封的封口紧闭好，将其放入冰箱内。一定要注意不要放有异味的东西在小型冰箱中，以免使茶受到异味物的感染变质。

金山翠芽

茶叶产地： 江苏省镇江市

 **茶**叶介绍

金山翠芽系中国名茶，原产于江苏省镇江市，因镇江金山是旅游胜地而名扬海内外。金山翠芽绿茶以大毫、福云6号等无性系茶树品种的芽叶为原料，高度发挥制茶工艺研制而成。该茶外形扁平挺削，色翠香高，冲泡后翠芽徐徐下沉，挺立杯中，形似镇江金山塔倒映于扬子江中，饮之滋味鲜浓，令人回味无穷，给饮此茶者以较高的文化和精神享受，是馈赠亲朋的极品。

茶叶特色

外形 /	扁平匀整
色泽 /	黄翠显毫
汤色 /	嫩绿明亮
香气 /	清高持久
滋味 /	鲜醇浓厚
叶底 /	肥匀嫩绿

 **茶叶功效**

1. 驻颜抗老化： 金山翠芽中的茶多酚具有很强的抗氧化性和生理活性，是人体自由基的清除剂，有助于抗老化。

2. 抑制心血管疾病： 黄酮醇类可以降低心血管的发病率；茶多酚可抑制动脉粥样硬化。

 **泡茶步骤**

【茶具】 紫砂壶 1 个，茶匙、茶荷各 1 个。

【冲泡】

1. 冲泡：将 4 克金山翠芽茶叶拨入紫砂壶中。在壶中冲入 85℃ 左右的水，七分满即可。

2. 品饮：片刻后即可品饮。茶汤浅黄绿明亮，滋味鲜醇浓厚，以苦涩显著，后甘甜生津；杯底挂香不明显者为佳。

 **干茶鉴别**

金山翠芽茶从外形看酷似"竹叶青"，为芽苞，形为扁平挺削，只不过"竹叶青"更加平整。金山翠芽色泽黄翠显毫，干茶香味扑鼻，是绿茶中少有的高香，香味独特。

贮藏

密封

可用干燥箱或陶罐存放茶叶。罐内底部放置双层棉纸，罐口放置两层棉布而后压上盖子。

干燥

可用有双层盖子的罐子贮存，以纸罐较好，其他锡罐、马口铁罐等都可以，罐内仍是须先摆一层棉纸或牛皮纸，再盖紧盖子（棉纸或牛皮纸都能起到防潮的作用）。

低温

最好能预备一台专门贮存绿茶叶的小型冰箱，设定温度在 -5℃ 以下，将拆封的封口紧闭好，将其放入冰箱内。

太湖翠竹

茶叶产地： 江苏省无锡市锡北镇

茶叶介绍

太湖翠竹为创新名茶，采用福丁大白茶等无性系品种芽叶，于清明节前采摘单芽或一芽一叶初展鲜叶。首创于 1986 年，2011 年获得了国家地理标志证明商标。该茶泡在杯中，茶芽徐徐舒展开来，形如竹叶，亭亭玉立，似群山竹林，因而得名。

茶叶特色

外形	/	扁似竹叶
色泽	/	翠绿油润
汤色	/	黄绿明亮
香气	/	清高持久
滋味	/	鲜醇回甘
叶底	/	嫩绿匀整

茶叶功效

1. 提神消疲： 茶中的咖啡碱借由刺激大脑皮质来兴奋神经中枢，促进提神、思考力集中。

2. 抗衰老： 茶叶中含有的抗氧化剂，能起到抵抗老化的作用，对保护皮肤、抚平细纹等都有很好的功效。

泡茶步骤

【茶具】 盖碗、品茗杯、茶匙、茶荷各 1 个。

【冲泡】

1. 投茶：将 4 克太湖翠竹茶叶拨入盖碗中。

2. 冲泡：冲水，浸泡茶叶 40 秒后，继续冲水至七分满即止。

3. 品饮：冲泡之后，会有嫩绿的茶芽徐徐伸展开来，形状亦如竹叶，亭亭玉立。将茶汤倒入品茗杯中品饮。入口后鲜醇回甘，余味悠远。

干茶鉴别

以色泽光亮绿润、内含单芽、芽体匀整、形似竹叶者为佳。

贮藏

贮藏时应避免潮湿、高温，且不可与清洁剂、香料、香皂等共同保存。

狗牯脑茶

茶叶产地： 江西省遂川县汤湖乡的狗牯脑山

茶叶介绍

狗牯脑茶，又叫狗牯脑山石山茶，创制于清代，因其产地的山形似狗，命名"狗牯脑"。该茶是江西珍贵名茶之一，其采制要求十分精细，四月初开始采摘，鲜叶标准为一芽一叶初展，不采摘露水叶，雨天和晴天中午均不采摘，鲜叶后续还要经过挑选工序。味道清凉可口，醇厚清爽。

茶叶特色

外形	/	紧结秀丽
色泽	/	白毫显露
汤色	/	黄绿清明
香气	/	略有花香
滋味	/	醇厚清爽
叶底	/	黄绿匀整

茶叶小故事

相传清嘉庆年间今汤湖乡境内，木商梁为镒，水运一批木材到南京销售，因突遇洪水，木材全部冲失。梁为镒陷入困境，流落南京遇杨氏，被其收留并结为夫妇。尔后梁为镒偕杨氏返乡，带回茶籽，种在当地的狗牯脑山上，自制茶叶，称为"狗牯脑茶"。由于该茶叶制作精巧，色、香、味超群，而有了名气。1915年，狗牯脑茶出现在巴拿马国际博览会，荣获国际评判委员会授予的金质奖和奖状，被誉为"顶上绿茶"。1930年，改名为"玉山茶"，在浙赣特产联合展览会展出，荣获甲等奖。由于两次获奖，狗牯脑所产之茶名声大震。

茶叶功效

提神醒脑：狗牯脑茶茶叶表面覆盖一层白绒毫，茶水清莹而显略黄，饮后感觉清凉芳醇，口中甘味持久，能够提神醒脑。

泡茶步骤

【茶具】盖碗、茶匙、茶荷各1个。

【冲泡】

1. 洗茶：将4克狗牯脑茶茶叶拨入盖碗中，泡茶水温80℃，第一遍先洗茶叶。

2. 冲泡：第二遍开始泡茶，将开水沿着杯壁冲入盖碗中，泡2分钟。

3. 品饮：入口后回味甘甜，略有花香。

干茶鉴别

狗牯脑茶外形紧结秀丽，条索匀整纤细，颜色碧中微露黛绿，表面覆盖一层细软嫩的白绒毫，莹润生辉，而且略带花香。

贮藏

将专门贮存绿茶叶的冰箱温度设定在-5℃以下，将拆封的封口紧闭好，放入冰箱内。

婺源茗眉

茶叶产地： 江西省上饶市婺源县

茶叶介绍

　　婺源茗眉茶，属绿茶类珍品之一，因其条索纤细如仕女之秀眉而得名，主要产于浙江、安徽、江西等地。眉茶中的品种主要有特珍、珍眉、凤眉、雨茶、贡熙、秀眉和茶片等。婺眉的采摘标准为一芽一叶初展，要求大小一致，嫩度一致。其外形弯曲似眉，翠绿紧结，银毫披露，外形虽花色各异，但内质为清汤绿叶，香味鲜醇，浓而不苦，回味甘甜。滋味鲜爽甘醇为其特点。眉茶为长炒青绿茶精制产品的统称。

茶叶特色

外形	/	弯曲似眉
色泽	/	翠绿光润
汤色	/	黄绿清澈
香气	/	清高持久
滋味	/	鲜爽甘醇
叶底	/	柔嫩明亮

茶叶小故事

唐代陆羽所著《茶经》中，有歙州（当时婺源属歙州）茶"生婺源山谷"的记载。唐大中十年，朝廷膳夫杨华撰《膳夫经手录》中记载："婺源方茶，置制精好，不杂木叶，自梁、宋、燕、并间，人皆尚之。"南唐都置制使刘津撰《婺源诸县都不得置制新城记》中，称"婺源茶货实多"。

宋朝婺源产制的茶叶已出类拔萃。《宋史食货》中对茶叶有"毗陵之阳羡，绍兴之日铸，婺源之谢源，隆兴之黄龙、双井，皆绝品也"的记载。明朝，婺源茶叶受到朝廷赞赏，被列为贡品。至清乾隆间，婺源茶叶被列为中国外贸出口的主要物资之一，并开始精制外销获得了国际茶界的赞誉。

清代中叶是婺源绿茶外销盛期，茶叶产量较高。据民国史料记载："在昔茶叶繁荣时期，每年产茶约5万担。"清朝末年至民国期间，因"洋茶生产日多，华茶不能直接运销，而由洋商购去掺以洋茶，以伪乱真，使华茶声誉不振"，婺源绿茶生产由此而逐渐衰落。

新中国成立后，茶叶生产得到恢复和发展，1976年年产茶叶5万担，跨入全国茶叶出口基地县行列。

茶叶功效

1. 护齿健齿： 茶可抑制人体钙质的减少，这对预防龋齿、护齿、健齿都有益。

2. 护眼明目： 茶中的维生素C等成分，能降低眼睛晶体混浊度，可护眼明目。

泡茶步骤

【茶具】 玻璃杯、茶匙、茶荷各 1 个。

【冲泡】

1. 冲泡： 放入 6 克婺源茗眉茶叶后，冲入 80℃左右的水至玻璃杯七分满即可。

2. 品饮： 1 分钟后即可品饮，入口后鲜爽回甘，回味悠长。

干茶鉴别

观干茶"婺源茗眉"通常要把握以下几个要点：

即从干茶和泡茶两个角度考量茶的"色、香、味、形"。

观形： 通过察看应具备片卷顺直、长短相近、粗细匀称的条形，可见形状大小一致、炒功到位。

望色： 通过观望应具备铁青（深度青色）透翠，老嫩、色泽一致，可见烘制到位。

闻香： 通过嗅闻应具备茶的清香透鼻的香气，尤其是有如烧板栗那种香味或幽香的为上乘；有青草味的说明炒制功夫欠缺。

嚼味： 通过细嚼应具备头苦尾甜、苦中透甜味觉，略用清水漱口后有一种清爽甜润的感觉。

贮藏

密封

可用干燥箱或陶罐存放茶叶。罐内底部放置双层棉纸，罐口放置两层棉布而后压上盖子。

干燥

可用有双层盖子的罐子贮存，以纸罐较好，其他锡罐、马口铁罐等都可以，罐内仍是须先摆一层棉纸或牛皮纸，再盖紧盖子（棉纸或牛皮纸都能起到防潮的作用）。

低温

最好能预备一台专门贮存绿茶叶的小型冰箱，设定温度在 -5℃ 以下，将拆封的封口紧闭好，将其放入冰箱内。

蒙顶甘露

茶叶介绍

蒙顶甘露为中国十大名茶、中国顶级名优绿茶、卷曲型绿茶的代表。产于地跨四川省名山、雅安两县的蒙山，四川蒙顶山上清峰有汉代甘露祖师吴理真手植7株仙茶的遗址。蒙顶甘露是中国最古老的名茶，被尊为茶中故旧、名茶先驱。蒙顶甘露目前为中国的国礼茶，在我国外事活动中，深得国外嘉宾的喜爱。"扬子江中水，蒙顶山上茶"，由于品质优异，历代文人雅士对它赞扬不绝。

茶叶特色

外形 /	紧卷多毫
色泽 /	嫩绿色润
汤色 /	碧清微黄
香气 /	香气馥郁
滋味 /	浓郁回甘
叶底 /	嫩绿鲜亮

茶叶小故事

相传，很久以前，青衣江有鱼仙，因厌倦水底的枯燥生活，遂变化成一个美丽的村姑来到蒙山，碰见一个名叫吴理真的青年，两人一见钟情。鱼仙掏出几颗茶籽，赠送给吴理真，订了终身，相约在来年茶籽发芽时，鱼仙就前来和吴理真成亲。鱼仙走后，吴理真就将茶籽种在蒙山顶上。第二年春天，茶籽发芽了，鱼仙出现了，两人成亲之后，相亲相爱，共同劳作，培育茶苗。鱼仙解下肩上的白色披纱抛向空中，顿时白雾弥漫，笼罩了蒙山顶，滋润着茶苗，茶树越长越旺。鱼仙生下一儿一女，每年采茶制茶，生活很美满。但好景不长，鱼仙偷离水晶宫，私与凡人婚配的事，被河神发现了。河神下令鱼仙立即回宫。鱼仙无奈，只得忍痛离去。临走前，嘱咐儿女要帮父亲培植好满山茶树，并把那块能变云化雾的白纱留下，让它永远笼罩蒙山，滋润茶树。吴理真一生种茶，活到八十，因思念鱼仙，最终投入古井而逝。后来有个皇帝，因吴理真种茶有功，追封他为"甘露普慧妙济禅师"。蒙顶茶因此世代相传，朝朝进贡。

唐代《国史补》中将蒙顶茶列为黄茶之首。唐朝诗人亦写了很多赞美蒙顶茶的诗篇。五代毛文锡《茶谱》记载："蒙山有五峰，环状如指掌，曰上清，曰玉女，曰井泉，曰菱角，曰甘露，仙茶植于中心蟠根石上，每岁采仙茶七株为正贡。"蒙顶茶作为贡茶，一直延续到清朝，达千年之久。

新中国成立后，蒙顶名茶得到应有的恢复和发展，蒙山茶场运用现代制茶技艺，按照古传贡茶的特点，恢复石花、黄芽、甘露、万春银叶、玉叶长春等名茶生产。1959年，蒙顶甘露被评为全国名茶。蒙顶名茶多次被评为国家、省优、部优产品，已成为国家级礼茶。

 **茶**叶功效

1. 护齿明目： 蒙顶甘露含氟量高，每 100 克含 10 ~ 15 毫克，饮之可健齿；有利于减少眼疾、护眼明目。

2. 消炎止泻： 蒙顶甘露中的茶多酚有较强的收敛作用，对消炎、止泻有效。

 **泡**茶步骤

【茶具】 透明玻璃杯或盖碗 1 个，茶匙、茶荷各 1 个。

【冲泡】

1. **冲泡：** 将 5 克蒙顶甘露茶叶拨入玻璃杯中，往杯中冲入 85℃ 左右的水即可。

2. **品饮：** 1 分钟后即可品饮。其茶汤极似甘露，碧清微黄，滋味鲜爽，浓郁回甜，香气馥郁，品饮后令人神清气爽，回味无穷。

 **干**茶鉴别

蒙顶甘露干茶形状纤细，叶整芽全，身披银毫，叶嫩芽壮；色泽嫩绿油润为上品。

 **贮**藏

干燥

可用有双层盖子的罐子贮存，以纸罐较好，其他锡罐、马口铁罐等都可以，罐内仍是须先摆一层棉纸或牛皮纸，再盖紧盖子（棉纸或牛皮纸都能起到防潮的作用）。

低温

最好能预备一台专门贮存绿茶叶的小型冰箱，设定温度在 -5℃ 以下，将拆封的封口紧闭好，将其放入冰箱内。

峨眉竹叶青

茶叶产地： 四川省峨眉山

 **茶**叶介绍

峨眉竹叶青是在总结峨眉山万年寺僧人长期种茶制茶基础上发展而成的，于1964年由陈毅命名，此后开始批量生产。四川峨眉山产茶历史悠久，宋代苏东坡题诗赞曰："我今贫病长苦饥，盼无玉腕捧峨眉。"竹叶青茶采用的鲜叶十分细嫩，加工工艺十分精细。一般在清明前3～5天开采，标准为一芽一叶或一芽二叶初展，鲜叶嫩匀，大小一致。竹叶青茶扁平光滑色翠绿，是形质兼优的礼品茶。

茶叶特色

外形	/	形似竹叶
色泽	/	嫩绿油润
汤色	/	黄绿明亮
香气	/	高鲜馥郁
滋味	/	香浓味爽
叶底	/	嫩绿匀整

茶叶功效

1. 排毒减肥： 竹叶青茶中的咖啡碱、肌醇、叶酸能调节脂肪代谢。

2. 抑制癌细胞： 竹叶青茶中的黄酮类物质有不同程度的抗癌作用。

泡茶步骤

【**茶具**】玻璃杯或盖碗 1 个，茶匙、茶荷各 1 个。

【**冲泡**】

1. **冲泡**：取 3 克峨眉竹叶青投入玻璃杯中，再冲入 80℃ 左右的水，至玻璃杯七分满即可。

2. **品茶**：3 分钟后即可品饮。入口后鲜嫩醇爽，是解暑佳品。

干茶鉴别

竹叶青茶采摘精细、制作精湛。干茶形状扁平直滑、翠绿显毫形似竹叶。

贮藏

密封

可用干燥箱或陶罐存放茶叶。罐内底部放置双层棉纸，罐口放置两层棉布而后压上盖子。

干燥

可用有双层盖子的罐子贮存，以纸罐较好，其他锡罐、马口铁罐等都可以，罐内仍是须先摆一层棉纸或牛皮纸，再盖紧盖子（棉纸或牛皮纸都能起到防潮的作用）。

低温

最好能预备一台专门贮存绿茶叶的小型冰箱，设定温度在 -5℃ 以下，将拆封的封口紧闭好，将其放入冰箱内。

南岳云雾茶

茶叶产地： 湖南省中部的南岳衡山

**茶**叶介绍

　　南岳云雾茶产于湖南省中部的南岳衡山。这里终年云雾缭绕，茶树生长茂盛。南岳云雾茶造型优美，香味浓郁甘醇，久享盛名，早在唐代，已被列为贡品。其形状独特，叶尖且长，形状似剑，以开水泡之，尖朝上，叶瓣斜展如旗，颜色鲜绿，香气浓郁，纯而不淡，浓而不涩，经多次泡饮后，仍然汤色清澈、回味无穷。

茶叶特色		
外形	/	条索紧细
色泽	/	绿润光泽
汤色	/	嫩绿明亮
香气	/	清香浓郁
滋味	/	甘醇爽口
叶底	/	清澈明亮

茶叶功效

1. 防癌和抗癌： 茶多酚可以阻断亚硝酸胺等多种致癌物质在体内合成，并具有直接杀伤癌细胞和提高机体免疫能力的功效。

2. 抑制和抵抗病菌： 茶多酚有较强的收敛作用，对病原菌、病毒有明显的抑制和杀灭作用，对消炎止泻有明显效果。

泡茶步骤

【茶具】 玻璃杯或盖碗 1 个，茶匙、茶荷各 1 个。

【冲泡】

1. 冲泡：将热水倒入玻璃杯中进行温杯，而后弃水不用，然后再冲入 80℃ 左右的水至玻璃杯七分满，用茶匙将 3 克南岳云雾茶茶叶从茶荷中拨入玻璃杯中。

2. 品饮：片刻后即可出汤品饮，入口后甘醇爽口，清香浓郁。

干茶鉴别

南岳云雾茶以外形条索紧细，有浓郁的清香，叶底清澈明亮者为佳。

贮藏

密封

可用干燥箱或陶罐存放茶叶。罐内底部放置双层棉纸，罐口放置两层棉布而后压上盖子。

干燥

可用有双层盖子的罐子贮存，以纸罐较好，其他锡罐、马口铁罐等都可以，罐内仍是须先摆一层棉纸或牛皮纸，再盖紧盖子（棉纸或牛皮纸都可以起到防潮的作用）。

低温

最好能预备一台专门贮存绿茶叶的小型冰箱，设定温度在 -5℃ 以下，将拆封的封口紧闭好，将其放入冰箱内。

紫阳
毛尖

茶叶产地： 陕西省安康市紫阳县

茶叶介绍

　　紫阳毛尖产于陕西汉江上游、大巴山麓的紫阳县近山峡谷地区，系历史名茶。紫阳县汉江两岸的近山峡谷地区，层峦叠翠，云雾缭绕，冬暖夏凉，气候宜茶。紫阳毛尖不仅品质优异，而且近年又被发现富含人体必需的微量元素——硒，具有较高的保健和药用价值，越来越受到人们的喜爱和重视，加工工艺分为杀青、初揉、炒坯、复揉、初烘、理条、复烘、提毫、足干、焙香十道工序。

茶叶特色

外形 /	条索圆紧
色泽 /	翠绿显毫
汤色 /	嫩绿清亮
香气 /	嫩香持久
滋味 /	鲜爽回甘
叶底 /	嫩绿明亮

茶叶小故事

传说在宋元丰年间，浙江临海人张平叔在紫阳境内汉水之滨的仙人洞里修炼并在此羽化，系紫阳真人，县因此得名。在其修炼期间，往往在山水之间采其茶，以炼其神，并常常赠与路人。久而久之，紫阳县出产的茶叶就出名了。

自唐代开始紫阳县归金州辖区，出产的"茶芽（今"紫阳毛尖"前身）"作为贡品其时已饮誉朝野。但另有一说：茶芽产于金州汉阴郡（现安康与汉阴县之间）。《新唐书》载："金州土贡：麸金、茶芽……"据《华阳国志·巴志》载，金州（即今紫阳、安康一带）境内"西城、安康二县山谷"所产"香茗"等皆纳贡之。

到清代时，"陕南唯紫阳茶有名"（《陕西通志茶马志》雍正版），紫阳茶已成为全国十大名茶之一。清光绪《紫阳县志·食货志》载："紫阳茶春分时摘之，细叶如米粒，色轻黄，名曰毛尖，白茶至贵。清明时摘之，细叶相连，如个字状，名曰芽，入水色微绿，较白茶气力充足，香烈尤倍。"清代叶世倬茶诗中概括道"自昔关南春独早，清明已煮紫阳茶"就是最好的说明。迄清末至 1949 年期间，紫阳茶收购和销售全凭私商来操持着，为西北地区最大的产茶县。

新中国成立后，当地政府对原有加工工艺作了进一步改革，变晒青为半烘炒型绿茶，品质更有提高，1985 年与 1987 年分别获陕西省优质名茶称号和省政府颁发的优质名茶证书。

茶叶功效

紫阳毛尖富含硒元素，可延缓衰老，降血脂。

泡茶步骤

【茶具】玻璃杯或盖碗 1 个，茶匙、茶荷各 1 个。

【冲泡】

1. 冲泡：放入 5 克紫阳毛尖茶叶后，冲入 85℃左右的水至玻璃杯七分满即可。

2. 品饮：片刻后即可品饮，入口后鲜爽回甜。紫阳毛尖茶至少要过三道水，才能品出真味。初品，会觉得味较淡，有小苦；再品，苦中含香，味极浓郁；最后品一次，茶味更是越来越香。

干茶鉴别

紫阳毛尖所用的鲜叶，采自绿茶良种紫阳种和紫阳大叶泡，茶芽肥壮，绒毛特多。干茶条索圆紧细、肥壮、匀整，色泽翠绿，白毫显露为上品。

贮藏

密封

可用干燥箱或陶罐存放茶叶。罐内底部放置双层棉纸，罐口放置两层棉布而后压上盖子。

干燥

可用有双层盖子的罐子贮存，以纸罐较好，其他锡罐、马口铁罐等都可以，罐内仍是须先摆一层棉纸或牛皮纸，再盖紧盖子（棉纸或牛皮纸都能起到防潮的作用）。

低温

最好能预备一台专门贮存绿茶叶的小型冰箱，设定温度在 -5℃ 以下，将拆封的封口紧闭好，将其放入冰箱内。

恩施
玉露

｜ 茶叶产地： 湖北省恩施市

 茶叶介绍

　　恩施玉露是中国传统名茶，产于世界硒都——湖北省恩施市，是中国保留下来的为数不多的一种蒸青绿茶，自唐时即有"施南方茶"的记载。1965 年，恩施玉露被评为"中国十大名茶"，2009 年被评为"湖北省第一历史名茶"。其制作工艺及所用工具相当古老，与陆羽《茶经》所载十分相似。其茶不但叶底绿亮、鲜香味爽，而且外形色泽油润翠绿，毫白如玉，故名"恩施玉露"。

茶叶特色

外形 /	条索紧细
色泽 /	苍翠润绿
汤色 /	清澈明亮
香气 /	馥郁清鲜
滋味 /	醇爽甘甜
叶底 /	嫩绿匀整

茶叶小故事

据传产在清朝康熙年间，当时恩施芭蕉黄连溪有一位姓蓝茶商，他的茶叶店生意一直不好，濒临倒闭。他有两个女儿，一个叫蓝玉，一个叫蓝露，她们见家中茶叶堆积，父亲愁眉紧皱，就商量出此一计。两人上山亲自采茶，选用叶色浓绿的一芽一叶或一芽二叶鲜叶，芽叶必须要细嫩、匀齐，色泽鲜绿，状如松针，姐妹二人上山半个月，才采得2斤精品嫩芽。

回到家中，蓝玉和蓝露姐妹开始垒灶研制，先将茶叶蒸汽杀青，然后再用扇子扇凉，然后再烘干，烘干之后蓝玉负责揉捻，蓝露负责第二次烘干，烘焙至用手捻茶叶能成粉末，梗能折断。最后拣除碎片、黄片、粗条、老梗及其他夹杂物，然后用牛皮纸包好，置于块状石灰缸中封藏。经过这些繁琐的工序，姐妹俩花了8天8夜制成了上好的茶叶。

父亲品尝之后赞不绝口，喜上眉梢，直说："好，好啊！"随后以女儿的名字命名"恩施玉露"。恩施玉露得到了客人的肯定，从此销路好，口碑好，一传十，十传百，恩施玉露名扬天下！

恩施玉露是中国传统名茶。自唐时即有"施南方茶"的记载。明代黄一正《事物绀珠》载："茶类今茶名……崇阳茶、蒲圻茶、圻茶、荆州茶、施州茶、南木茶。"到晚清至民国初期，为茶叶发展兴盛时期，1936年湖北省民生公司管茶官杨润之，改锅炒杀青为蒸青，其茶不但茶之汤色、叶底绿亮、鲜香味爽，而且使外形色泽油润翠绿，毫白如玉，因其白毫格外显露，故改名为"玉露"。1945年外销日本，从此"恩施玉露"名扬于世。

茶叶功效

硒在人体中的含量很低,一般只有 13 毫克。硒缺乏可产生各种疾病,如肌坏死、心肌变性、胰脏萎缩、水肿、贫血溶血、生殖机能衰退等,而饮用此茶可以补硒。

泡茶步骤

【茶具】玻璃杯或盖碗 1 个,茶匙、茶荷各 1 个。

【冲泡】

1. 冲泡:取 3 克恩施玉露绿茶至杯中,冲入 85℃左右的水至玻璃杯七分满即可。

2. 品饮:片刻后即可品饮。入口后滋味甘爽,令人回味。

干茶鉴别

恩施玉露对采制的要求很严格,芽叶须细嫩、匀齐,成茶条索紧细,色泽鲜绿,匀齐挺直,状如松针。

贮藏

密封

可用干燥箱或陶罐存放茶叶。罐内底部放置双层棉纸,罐口放置两层棉布而后压上盖子。

干燥

可用有双层盖子的罐子贮存,以纸罐较好,其他锡罐、马口铁罐等都可以,罐内仍是须先摆一层棉纸或牛皮纸,再盖紧盖子(棉纸或牛皮纸都能起到防潮的作用)。

采花毛尖

茶叶产地： 湖北省五峰土家族自治县

茶叶介绍

采花毛尖是绿茶的一种，产自素有"中国名茶之乡"之称的湖北省五峰土家族自治县。此处群山环绕，云雾蒸腾，空气清新，雨水丰沛，出产的茶叶以味醇、汤浓、汤碧、香清及可帮助强身健体而著称。其选用优质芽叶和绿色食品精制而成，外形细直，色泽油绿，香气清醇。

茶叶特色		
外形	/	细秀匀直
色泽	/	鲜嫩翠绿
汤色	/	碧绿清澈
香气	/	清新甘醇
滋味	/	鲜爽回甘
叶底	/	翠绿明亮

茶叶小故事

据闻清康熙年间，容美土司田舜年多次进京拜见康熙皇帝并纳贡，一次田舜年进京，将为纪念土家族的祖先苁禾而制作的"清明茶"献于康熙，该茶经开水冲泡，清香四溢，康熙大帝捧杯闻香，顿感心旷神怡，赞不绝口，并将"清明茶"更名为"采花茶"，嘱为"贡茶精品，永世为继"，采花茶因此得名。在鸦片战争前，英国商人就远涉重洋，在华经营采花富硒茶，其金字招牌"英商宝顺合茶庄"至今仍保存在采花毛尖集团。

茶叶功效

1. 强身健体：采花毛尖中含有维持人体生理系统正常运行的硒、锌等微量元素，经常饮用可提高人体免疫力，强身健体。

2. 清新口气：茶叶中所含的茶多酚能提高人体内酶的活性，清新口气。

泡茶步骤

【茶具】透明玻璃杯 1 个，茶匙、茶荷各 1 个。

【冲泡】

1. 冲泡：将 5 克采花毛尖茶叶拨入玻璃杯中，冲入 80℃左右的水至玻璃杯八分满即可。

2. 品饮：入口后醇厚鲜爽，让茶汤在舌面上往返流动，品尝茶味和汤中香气后再咽下。

干茶鉴别

采花毛尖外形细秀匀直显露，色泽翠绿油润，香气高而持久。正宗采花毛尖是高山茶，茶树是大叶种，选购时应选芽头肥实、体积大、色泽一致的茶叶，以汤色清澈、无杂质、耐泡、香气持久者为正宗高山采花毛尖。

贮藏

日常生活中采花毛尖茶一定要保存在密封、干燥的环境中，才不会使之变质。

都匀毛尖

茶叶产地： 贵州省都匀市

茶叶介绍

　　都匀毛尖由毛泽东于 1956 年亲笔命名，又名"白毛尖""细毛尖""鱼钩茶""雀舌茶"，是贵州三大名茶之一。产于贵州都匀市。都匀毛尖的色、香、味、形均有独特个性，其颜色鲜润、干净，不含杂质，香气高雅、清新，味道鲜爽、醇香、回甘。其品质优佳，形可与太湖碧螺春并提，质能同信阳毛尖媲美。著名茶界前辈庄晚芳先生曾写诗赞曰："雪芽芳香都匀生，不亚龙井碧螺春。饮罢浮花清爽味，心旷神怡功关灵！"

茶叶特色

外形 /	条索卷曲
色泽 /	翠绿油润
汤色 /	清澈明亮
香气 /	清高幼嫩
滋味 /	鲜爽回甘
叶底 /	叶底明亮

茶叶小故事

都匀毛尖在明代已为贡品敬奉朝廷，深受崇祯皇帝喜爱，因形似鱼钩，被赐名"鱼钩茶"。早在 200 多年前都匀就已经有了官办茶园，而且直接由知府兼理，规模已经不小了，以至关系到"上裕国课，下佐工商"之大事。都匀毛尖茶在清乾隆年间，生产规模颇大，行销各地国。

1915 年，曾获巴拿马茶叶赛会优质奖。1982 年被评为中国十大名茶之一。中华人民共和国成立后，当地人把"鱼钩茶"送于伟大领袖毛主席，后因主席命名为毛尖茶。

茶叶功效

由于都匀毛尖茶叶中抗氧化组合提取物 GAT 有抑制黄曲霉素、苯并吡等致癌物质突变的作用，故有抑制肿瘤转移的功效。

泡茶步骤

【茶具】玻璃杯 1 个，茶匙、茶荷各 1 个。

【冲泡】

1. 冲泡：将 5 克都匀毛尖茶叶放入玻璃杯中，冲入 80℃左右的水至七分满。
2. 品饮：片刻后即可品饮。入口后回味甘香。

干茶鉴别

都匀毛尖茶清明前后开采，采摘标准为一芽一叶初展，长度不超过 2 厘米。采回的芽叶必须经过精心拣剔，剔除不符要求的鱼叶、叶片及杂质等物，要求叶片细小短薄，嫩绿匀齐。摊放 1～2 小时，表面水蒸发干净即可炒制。炒制全凭一双技巧熟练的手在锅内炒制，一气呵成完成杀青、揉捻、搓团提毫、干燥四道工序。干茶外形细、圆、光、直、多白毫，色泽翠绿。

贮藏

密封或干燥保存即可。

Part 7

认识红茶：华美优雅

世界上最早的红茶是由中国发明的"正山小种"。红茶属于全发酵茶类，是以茶树的芽叶为原料，经过萎凋、揉捻、发酵、干燥等典型工艺过程精制而成。因其干茶色泽和冲泡的茶汤以红色为主调，故名红茶。

认识红茶

[红茶的分类]

小种红茶

小种红茶是福建省的特产，小种红茶中最知名的当属正山小种。

工夫红茶

工夫红茶从小种红茶演变而来，较著名的品种有滇红工夫、祁门工夫红茶。

红碎茶

红碎茶是国际茶叶市场的大宗产品，包括滇红碎茶、南川红碎茶等品种。

混合茶

混合茶通常是指茶和茶的混合，是将不同品种的红茶搭配制成的。

调味茶

调味茶通常是在红茶中混入水果、花、香草等香味制成的。

[红茶的冲泡]

茶具选用

品饮红茶最适合用白色瓷杯或瓷壶冲泡，条件允许的情况下使用骨瓷茶具最佳。

水温控制

红茶适合用沸水冲泡，最适宜水温是95℃-100℃。

置茶量

红茶冲泡时的茶叶与水的比例这1：50，即1克茶叶需要50毫升的水。

冲泡方法

1.按茶汤调味分

按照红茶出茶汤后的调味与否，可将红茶的冲泡方法分为清饮法和调饮法两种。

清饮法是指将红茶茶叶放入茶壶中，加沸水冲泡，再将茶汤注入茶杯中品饮，不在茶汤中加任何调味品。调饮法是指在泡好的茶汤中加糖、牛奶、蜂蜜等调味。

2.按花色品种分

按红茶花色品种的不同，红茶的冲泡方法大体可分为工夫红茶冲泡法和快速红茶冲泡法两种。工夫红茶冲泡法是采用中国传统的工夫红茶冲泡方法，如正山工夫小种、祁门工夫等注重外形、内质、滋味的品种多用冲泡法。快速红茶冲泡法操作起来则较为简单，主要针对红碎茶、袋泡红茶、速溶红茶等品种。

3.按冲泡茶具分

按冲泡红茶时使用茶具的不同，可将红茶的冲泡方法分为杯饮法和壶饮法两种。

冲泡时间

不同的红茶品种，其茶叶冲泡时间不同。原则上，细嫩茶叶的冲泡时间约2分钟，大叶茶约3分钟，如果是袋装红茶，则只需40～90秒。

[红茶的贮藏]

铁罐储藏法

选用市场上常见的马口铁双盖茶罐作为容器，将干燥的茶叶放入，再加盖进行密闭处理。这种方法是家庭中常用的做法，使用方便，缺点是不宜长期储存茶叶。

冰箱储藏法

只要将茶叶放入容器后，密封再放入冰箱内即可。冰箱内温度控制在5℃以下。

宜兴红茶

| **茶叶产地：** 江苏省宜兴市

茶叶介绍

　　宜兴红茶，因其兴盛于江南一带，故享有"国山茶"的美誉。宜兴红茶源远流长，唐朝时已誉满天下，尤其是唐朝年间有"茶仙"之称的卢仝也曾有诗句云"天子未尝阳羡茶，百草不敢先开花"，则将宜兴红茶文化底蕴推向了极致。

茶叶特色

外形	/	紧结秀丽
色泽	/	乌润显毫
汤色	/	红艳鲜亮
香气	/	清鲜纯正
滋味	/	鲜爽醇甜
叶底	/	鲜嫩红匀

茶叶小故事

　　江苏宜兴，古称阳羡。宜兴产茶历史久远，古时就称之为阳羡贡茶、毗陵茶、阳羡茶。据《宜兴县志》载，此茶的创始人是一位叫潘三的农民，后来被尊之为宜兴的"土地神"。宋代胡仔在《苕溪渔隐丛话》中引"重修义兴茶舍记"：有一位和尚把阳羡山中产的野茶送给当时的常州太守李栖筠，经他请陆羽鉴定后，建议当作佳物进贡给唐代宗皇帝，时间是大历年间（766 年左右）。仅次于陆羽的"茶仙"诗人卢仝写下了"天子未尝阳羡茶，百草不敢先开花"的咏茶名句，明末清初刘继庄的《广阳杂记》记有"天下茶品，阳羡为最"。

　　唐武宗年间，阳羡贡茶数量达到 184 担。曾在宜兴居住的著名诗人杜牧在《题茶山》诗中，也写下了"山实东南秀，茶称瑞草魁；泉嫩黄金涌，芽香紫壁裁"的名句。在唐代肃宗年间，常州刺史李栖筠开始，每当茶汛季节，常州、湖州两地太守集会宜兴茶区，并且唐皇特派茶吏、专使、太监到宜兴设立"贡茶院""茶舍"，专司监制、品尝和鉴定贡茶的任务。采下来的嫩茶，经焙炒好后，立即分批通过驿道，快马日夜兼程送往京城，赶上"清蝗宴"。当时称此种茶为"急程茶"，一刻也不能延误。那时在金沙泉边焙制春茶，茶灶成排，灶火不熄，香飘十里，醇郁不散，因此有"焙茶十里水泉香"之说。

　　宋代阳羡茶不仅深受皇亲国戚的偏爱，而且得到文人雅士的喜欢。多次到宜兴并打算

"买田阳羡，种橘养老"的大文豪苏轼，留下了"雪芽为我求阳羡，乳水君应饷惠泉"的咏茶名句。而卢仝曾在宜南山区种茶，他写的《七碗茶诗》在海内外广为流传，更被奉为日本茶道文化的启蒙内容。元朝阳羡茶却因战争而推广到边疆少数民族。《万历志》卷四记载："每年贡荐新茶九十斛，岁贡金字末茶一千斛，茶芽四百一十斛"。一斛合今天的 33.5 升，应该说元代进贡的阳羡茶数量是十分可观的。为了适合蒙古贵族的嗜好，元朝在贡茶院之外，又设置一个名为"磨茶所"的贡茶官署，兼管宜兴的贡茶。

清代的几百年间，随着经济发展和社会变迁，宜兴茶业起起落落，但上层名流、文人雅士，仍然十分喜好阳羡茶，并由饮茶而推崇紫砂壶，使紫砂壶达到鼎盛时期。民国以来，宜兴人到茶馆品茶，已成为有些人日常生活中不可缺少的一部分。

新中国成立后，特别是改革开放以来，宜兴的茶叶生产得到了较快的发展，茶园面积从新中国成立初期的 1 万多亩发展到现在的 7.5 万亩，茶园面积、茶叶产量均居江苏省之首。2002 年，宜兴成为全国首批 20 个无公害茶叶生产示范基地市之一。

怎么鉴别宜兴红茶的品质

一看外形：宜兴红茶外形条索紧结秀丽，有细小嫩芽，一芽二叶或一芽一叶，色泽黑润，且金毫与黑条相间。

二闻茶香：宜兴红茶香气清鲜纯正，花果味香浓；假茶叶则有一股焦香味。

三看汤色：正宗宜兴红茶汤色明亮红黄，清澈透底，叶底纯净。

四尝滋味：好的宜兴红茶滋味清香甜润，喝过之后，齿根略有微酸，醇滑爽口。

茶叶功效

1. 预防疾病：用红茶漱口能预防由于病毒引起的感冒。

2. 增强抵抗力：红茶中的多酚类物质可增强人体抵抗力。

 泡茶步骤

【茶具】紫砂壶、茶匙、茶荷各1个，茶杯3个。

【冲泡】

1.冲泡：将热水倒入壶中进行温壶，冲入95℃左右的水至七分满。将茶叶快速放进，加盖摇动。

2.品饮：倒入茶杯中，每次出汤都要倒尽，之后每次冲泡加5～10秒钟，入口后浓厚甜润。

干茶鉴别

宜兴红茶以条索紧细挺直，色泽乌润，外形优美，内质香味纯正，汤色红亮较浅，叶底稍暗者为佳。

贮藏

密封

可用干燥箱或陶罐存放茶叶。罐内底部放置双层棉纸，罐口放置两层棉布而后压上盖子。

干燥

可用有双层盖子的罐子贮存，以纸罐较好，其他锡罐、马口铁罐等都可以，罐内仍是须先摆一层棉纸或牛皮纸，再盖紧盖子（棉纸或牛皮纸都能起到防潮的作用）。

低温

最好能预备一台专门贮存茶叶的小型冰箱，设定温度在-5℃以下，将拆封的封口紧闭好，将其放入冰箱内。

九曲红梅

茶叶介绍

九曲红梅简称"九曲红"，因其色红香清如红梅，故称九曲红梅，是杭州西湖区另一大传统茶叶产品，是红茶中的珍品。九曲红梅茶产于西湖区周浦乡的湖埠、上堡、大岭、张余、冯家、灵山、社井、仁桥、上阳、下阳一带，尤以湖埠大坞山所产品质最佳。九曲红梅采摘标准要求一芽二叶初展，经杀青、发酵、烘焙而成，关键在发酵、烘焙。

茶叶特色

外形	/	弯曲如钩
色泽	/	乌黑油润
汤色	/	红艳明亮
香气	/	香气芬馥
滋味	/	浓郁回甘
叶底	/	红艳成朵

茶叶小故事

九曲红梅传说：相传，从前灵山脚下住着一对夫妻，家境贫穷，晚年意外得子，便像得了宝贝一样，给儿子取名阿龙。有一天，阿龙在溪边玩水，只见两只虾在水里争抢着一颗明亮的小珠子。他觉得新奇，就把珠子捞起来，含在嘴里，高兴地向家里跑去。路上一不小心，把珠子吞滑到了肚里。到家后，浑身发痒，要母亲给他洗澡。阿龙一进水盆，便变成乌龙，这时，天昏地暗，雷电交加，风雨交作，乌龙张牙舞爪，腾空而起，飞出屋外，跃进溪里，穿山崖，破谷地，向远处游去，俩老哭叫追赶，乌龙留恋双亲，也不忍离去，游一程，一回头，连游九程，九回头，这样，在乌龙停留过的地方便形成了一条九曲十八弯的溪道。

传说中九曲十八湾的溪边非常适宜栽种茶树，历来这里栽种的茶叶经炒制后形状也弯曲如龙，故红梅茶就称作九曲红梅茶了。

史料记载灵山生产"九曲红梅"已有百余年的历史。据说太平天国期间，福建武夷农民向浙北迁徙，在灵山一带落户，开荒种粮、栽茶，以谋生计。南来的农民中有的善制红茶，所制红茶为杭城茶行、茶号收购，沿袭至今。

怎么鉴别九曲红梅的品质

一看外形：外形弯曲紧细犹如鱼钩，满披金色茸毛。优质的九曲红梅茶大多条索紧实匀齐，金豪显露，色泽乌润；条索松散、大小不一、色泽暗淡的是次品。

二闻茶香：优质的九曲红梅香气浓郁，似蜜糖香，有蕴藏兰花香；反之香气不纯的为次。

三看汤色：优质的九曲红梅泡出来的茶汤颜色红艳明亮，边缘带有金黄色；汤色浑浊不清的是劣质茶。

四尝滋味： 优质的九曲红梅滋味香醇厚重；劣质的滋味苦涩。

茶叶功效

夏天饮九曲红梅茶能止渴消暑，是因为茶中的多酚类、糖类等与口涎产生化学反应，刺激唾液分泌，促进口腔滋润，能产生清凉感。

泡茶步骤

【茶具】

盖碗、茶匙、茶荷各 1 个。

【冲泡】

1. 温杯： 将热水倒入盖碗中进行温杯，弃水不用。

2. 冲泡： 用茶匙将茶叶从茶荷中拨入盖碗中，用开水冲泡，3 分钟之后即可出汤品饮。

3. 品饮： 九曲红梅入口后滋味浓郁，香气芬馥，汤色鲜亮

干茶鉴别

九曲红梅干茶条索细若发丝，弯曲细紧如银钩，抓起来互相勾挂呈环状，披满金色的绒毛；色泽乌润为上品。

贮藏

密封

可用干燥箱或陶罐存放茶叶。罐内底部放置双层棉纸，罐口放置两层棉布而后压上盖子。

干燥

可用有双层盖子的罐子贮存，以纸罐较好，其他锡罐、马口铁罐等都可以，罐内仍是须先摆一层棉纸或牛皮纸，再盖紧盖子（棉纸或牛皮纸都能起到防潮的作用）。

坦洋工夫

茶叶产地： 福建省福安市坦洋村

茶叶介绍

    坦洋工夫为历史名茶，是福建三大工夫红茶之一。坦洋工夫选取每年4月上旬一芽二叶或一芽三叶的嫩叶为原料，经过萎凋、揉捻、发酵、干燥等一系列工序制作而成。随着时代的变迁，坦洋工夫的制作工艺手法也与时俱进，不断寻求创新，但仍旧注重保留其"坦洋工夫"红茶的品质特征。

茶叶特色

外形	紧细匀直
色泽	乌润有光
汤色	红艳明亮
香气	高锐持久
滋味	醇厚甘甜
叶底	叶亮红明

茶叶小故事

明末清初坦洋村胡福田以独特的方法开始配制坦洋工夫茶成功。清咸丰、同治年间（1851—1874年），"坦洋工夫"红茶开始对外贸易，经广州销往欧美各国。此后茶商纷纷入山求市，接踵而来并设洋行，周围各县茶叶亦渐云集坦洋，"坦洋工夫"的名声也就不胫而走。

据载，1881年—1936年的50余年，坦洋工夫茶每年出口近千吨，其中光绪七年出口量达到2100多吨，为历史上出口茶叶最多的年份，当时知名茶行有万兴隆、丰泰隆、宜记、祥记等36家，雇工3000多人，茶界收条范围上至政和县的新村，下至霞浦县的赤岭，方圆数百里，境跨七八个县。

由于抗日战争爆发，坦洋工夫的销路受阻，生产亦遭重创，以致产量锐减。20世纪50年代中期，为了能恢复品质，在坦洋当地，先后建立了国营坦洋、水门红茶初制厂和福安茶厂，实行机械化制茶；1960年，坦洋工夫产量增加到2500吨，后因茶类布局的变更，由"红"

改"绿"，使产量方面尚存无已。近年来，经有关部门的努力，坦洋工夫已得到较快恢复和发展。2009年2月，"坦洋工夫"红茶被北京奥运经济研究会、福建省茶叶学会联合评为"中国申奥第一茶"。

坦洋工夫红茶是福建三大工夫红茶之首，扬名中外。此茶需选择晴天采摘一芽一叶或一芽二叶，鲜叶要求芽叶肥壮、不带鱼叶和虫害损伤；然后凋萎，使青草气大部分消失，减重率达30%～40%；然后揉捻，使茶汁溢出而不滴流，而条形紧结，初步形成其外形特征；然后解块，以手工解块效果为佳；然后发酵2～3个小时，青草气消失，出现花果香，叶色大部呈铜红色；最后经过严格的烘干、精制，才能形成上等的茶叶。

茶叶功效

1. 减肥作用： 坦洋工夫茶中的咖啡碱在身体燃烧脂肪供应热能时保留肝醋，达到减肥健身的效果。

2. 解毒作用： 茶中的茶多碱能吸附重金属和生物碱，起到解毒作用。

泡茶步骤

【茶具】 红泥壶或盖碗 1 个，茶叶、茶荷、茶杯各 1 个。

【冲泡】

1. 温杯： 首先将适量的热水倒入壶中进行温壶，约七分满即可，然后弃水不用。

2. 冲泡： 再将 3 克坦洋工夫茶叶从茶荷中拨入壶中，然后冲入 90℃的水至七分满即可。

3. 品饮： 静待片刻，即可将茶汤倒入茶杯中，入口后醇厚甘甜。

干茶鉴别

坦洋工夫红茶通过抖筛、平圆筛、手拣等精制工序，分精茶条粗细、长短，去除影响成品茶净度和色泽的杂物及片茶、碎茶、末茶等，形成条索紧细、外形匀整美观、净度良好的上等"坦洋工夫"红茶外形特征。

贮藏

密封

可用干燥箱或陶罐存放茶叶。罐内底部放置双层棉纸，罐口放置两层棉布而后压上盖子。

干燥

可用有双层盖子的罐子贮存，以纸罐较好，其他锡罐、马口铁罐等都可以，罐内仍是须先摆一层棉纸或牛皮纸，再盖紧盖子（棉纸或牛皮纸都能起到防潮的作用）。

低温

最好能预备一台专门贮存茶叶的小型冰箱，设定温度在-5℃ 以下，将拆封的封口紧闭好，将其放入冰箱内。

正山小种

茶叶产地： 福建省武夷山市

茶叶介绍

　　正山小种红茶，是世界红茶的鼻祖，又称拉普山小种，是中国生产的一种红茶，茶叶是用松针或松柴熏制而成，有着非常浓烈的香味。因为熏制的原因，茶叶呈黑色，但茶汤为深琥珀色。正山小种产地在福建省武夷山市，受原产地保护。正山小种红茶是最古老的一种红茶，后来在正山小种的基础上发展了工夫红茶。

茶叶特色

外形	/	紧结匀整
色泽	/	铁青带褐
汤色	/	深琥珀色
香气	/	细而含蓄
滋味	/	味醇厚甘
叶底	/	肥软红亮

茶叶小故事

明隆庆二年，公元1568年，因时局动乱不安，且桐木是抵外入闽的咽喉要道，因而时有军队入侵。有一次，一支军队从江西进入福建过境桐木，占驻茶厂，茶农为躲避战争逃至山中。躲避期间，待制的茶叶因无法及时用炭火烘干，过度发酵产生了红变。随后，茶农为挽回损失，采取易燃松木加温烘干，形成既有浓醇松香味，又有桂圆干味的茶叶品种，这就是历史上最早的红茶，又称之为"正山小种红茶"。

1662年葡萄牙公主凯瑟琳嫁给英皇查理二世时带去几箱中国正山小种红茶作为嫁妆，带入英国皇宫，据传英国皇后每天早晨起床后第一件事，就是先要泡一杯正山小种红茶，为此正山小种红茶成为贵重的珍品。随后，安妮女王提倡以茶代酒，将茶引入上流社会，为此正山小种红茶作为当时的奢侈品，后逐渐演化成下午茶。从此喝红茶成了英国皇室家庭生活的一部分。由于英国皇室外成员对茶的热爱，塑造了茶高贵华美的形象。

怎么鉴别正中小种

一看外形： 传统的正山小种红茶外形是比较有条索的，颜色是铁青带褐色，色泽比较油润。

二闻茶香： 正山小种茶叶分为有烟型和无烟型两种，以在制作工艺上是否有用松针或松柴熏制而成的为区分依据。有烟型正山小种带有松树的香味，如果是假冒的茶叶，会有呛鼻的油烟香。

三看汤色： 正宗的正山小种泡冲后的汤色是金黄色的，且光泽十足。

四尝滋味： 正山小种红茶会稍稍带有点桂圆的味道，即便是加入其他牛奶或糖浆成分，这种滋味仍然会存在，非常甘醇鲜爽。

茶叶功效

1. 解毒： 据实验证明，正山小种红茶中的茶多碱能吸附重金属和生物碱，并沉淀分解，这对饮水和食品受到工业污染的现代人而言，不啻是一项福音。

2. 养胃护胃： 正山小种红茶是经过发酵烘制而成的，不仅不会伤胃，反而能够养胃。

泡茶步骤

【**茶具**】陶瓷茶壶、茶匙、茶荷各 1 个。

【**冲泡**】

1. 温杯： 将热水倒入茶壶中进行温壶，而后弃水不用。

2. 冲泡： 用茶匙将茶叶从茶荷中拨入茶壶中，放入茶叶后，用开水冲泡。

3. 品饮： 片刻后，汤色橙黄清明，香气细而含蓄，叶底肥软匀亮。入口后味醇厚甘。

干茶鉴别

高档正山小种的条索要求粗壮紧实，色泽乌润均匀有光，净度好不含梗片，干嗅有一股浓厚顺和的烟味（桂圆干香味）。

贮藏

日常生活中正山小种茶，一定要保存在密封、低温的环境中，才不会使之变质。

政和工夫

茶叶产地： 福建省政和县

茶叶介绍

　　政和工夫茶为福建省三大工夫茶之一，亦为福建红茶中最具高山品种特色的条型茶。原产于福建北部，以政和县为主产区。政和工夫以大茶为主体，扬其毫多味浓之优点，又适当拼以高香之小茶，因此高级政和工夫体态特别匀称，毫心显露，香味俱佳。

茶叶特色

外形	条索肥壮
色泽	乌黑油润
汤色	红艳明亮
香气	浓郁芬芳
滋味	醇厚甘爽
叶底	红匀鲜亮

茶叶小故事

政和工夫产于闽北,是福建省特产之一,政和工夫按品种分为大茶、小茶两种。大茶是采用政和大白条制成,是闽红三大工夫茶中的上品,外形条索紧结肥壮,多毫,色泽乌润,内质汤色红浓,香气高而鲜甜,滋味浓厚,叶底肥壮尚红。小茶是用小叶种制成,条索细紧,香似祁红,但欠持久,汤稍浅,味醇和,叶底红匀。

百年的政和工夫,一经问世,即享盛名。政和工夫红茶可以帮助胃肠消化、促进食欲,可利尿、消除水肿,并强壮心肌功能。

福建东北部境内山岭丘陵起伏,河流交错,森林密布,土壤肥沃,海拔在200~1000米,气候温和、雨量充沛,年气温约18.5℃,年无霜期260天左右,年降雨量1600毫升以上,茶园开辟在缓坡处的森林迹地,土层深厚、酸度适宜,唯此类茶树采摘茶叶才适宜制作"政和工夫"红茶。政和工夫红茶为闽北三大工夫茶(另有坦洋、白琳)之首,其产地以政和县、松溪县为主。

政和工夫的茶叶初制经萎凋、揉捻、发酵、烘干等工序。成品茶是以政和大白茶品种为主体,适当拼配由小叶种茶树群体中选制的具有浓郁花香特色的工夫红茶。故在精制中,对两种半成品茶须分别通过一定规格的筛选,提尖分级,分别加工成型,然后根据质量标准将两茶按一定比例拼配成各级工夫茶。

政和在宋朝盛产名贵的芽茶,政和五年(1115年),芽茶选作贡茶,喜动龙颜,徽宗皇帝乃将政和年号赐作县名,政和由此而来。同治十三年(1874年),江西茶商来政和倡制工夫红茶。光绪十五年(1896年),用大白茶所制的"政和工夫"红茶,成为闽红三大工夫茶之首,享誉海外!

茶叶功效

1. 利尿： 政和工夫茶中的咖啡碱和芳香物质联合作用，能抑制肾小管对水的再吸收，以促成尿量增加。

2. 扩张血管： 研究发现，心脏病患者每天喝 4 杯红茶，血管舒张度可以从 6% 增加到 10%。

泡茶步骤

【茶具】 盖碗、茶匙、茶荷各 1 个。

【冲泡】

1. 冲泡： 将热水倒入盖碗中进行温杯，而后弃水不用。用茶匙将茶叶从茶荷中拨入盖碗中，再冲入 95℃左右的水即可。

2. 品饮： 片刻后即可品饮，入口后滋味醇厚回甘。

干茶鉴别

成品茶条索肥壮重实、匀齐，色泽乌黑油润，毫芽显露金黄色，颇为美观为上品。

贮藏

密封

可用干燥箱或陶罐存放茶叶。罐内底部放置双层棉纸，罐口放置两层棉布而后压上盖子。

干燥

可用有双层盖子的罐子贮存，以纸罐较好，其他锡罐、马口铁罐等都可以，罐内仍是须先摆一层棉纸或牛皮纸，再盖紧盖子（棉纸或牛皮纸都能起到防潮的作用）。

金骏眉

茶叶产地： 福建省武夷山

 **茶**叶介绍

金骏眉，于 2005 年由福建武夷山正山茶业首创研发，是在正山小种红茶传统工艺基础上，采用创新工艺研发的高端红茶。该茶茶青为野生茶芽尖，摘于武夷山国家级自然保护区内海拔 1200 ～ 1800 米高山的原生态野茶树，6 万～ 8 万颗芽尖方制成 500 克金骏眉，是可遇不可求之茶中珍品。其外形黑黄相间，乌黑之中透着金黄，显毫香高。

茶叶特色

外形	/	圆而挺直
色泽	/	黑黄相间
汤色	/	金黄清澈
香气	/	清香悠长
滋味	/	甘甜爽滑
叶底	/	呈金针状

茶叶小故事

2005 年 7 月 15 日，用 750 克武夷山市茶场里的茶芽尖试制得 150 克红茶。2006 年基本定型并有少量上市，主要供给北京、福州等地友人品鉴。2007 年，又根据品鉴反馈意见，进一步完善，开始批量生产上市，主要以订购为主。2008 年正式投放市场并迅速走红。

茶叶功效

1. 抑制动脉硬化：金骏眉茶叶中的茶多酚和维生素 C 都有活血化瘀、防止动脉硬化的作用。

2. 减肥：金骏眉茶中的咖啡碱、叶酸等化合物，对蛋白质和脂肪有分解作用。

泡茶步骤

【茶具】陶瓷茶壶、茶匙、茶荷、茶杯各 1 个。

【冲泡】

1. 温杯：将热水倒入茶壶进行温壶，而后弃水不用。

2. 冲泡：用茶匙将 3 克左右的金骏眉茶叶从茶荷中拨入茶壶中，最后再冲入 95℃左右的水至八分满。

3. 品饮：片刻后即可出汤，倒入茶杯中品饮，入口后甘甜爽滑。

干茶鉴别

金骏眉干茶条索匀称紧结，每一条茶芽条索的颜色都是黑色居多，略带金黄色，绒毛较少是为上品。

贮藏

可用干燥箱或陶罐存放茶叶。罐内底部放置双层棉纸，罐口放置两层棉布而后压上盖子。

英德红茶

茶叶产地： 广东省英德市

**茶**叶介绍

英德红茶，简称"英红"，始创于 1959 年，由广东英德茶厂创制。英德红茶以云南大叶种和凤凰水仙茶为基础，选取一芽二叶、一芽三叶为原料，经过萎凋、揉切、发酵、烘干等多道工序制成，具有香高味浓的品质特色。英德红茶共分为叶、碎、片、末四种形态，以金毫茶为红茶之最。

茶叶特色

外形	/	细嫩匀整
色泽	/	乌黑油润
汤色	/	红艳明亮
香气	/	鲜纯浓郁
滋味	/	浓厚甜润
叶底	/	柔软红亮

茶叶功效

1. 抗衰老：茶叶中含有抗氧化剂，能起到抵抗老化的作用。

2. 减肥：茶叶中含有的茶碱和咖啡因，能够活化蛋白质激酶和三酸甘油酯解脂酶，进而减少脂肪细胞堆积，达到减肥效果。

泡茶步骤

【**茶具**】盖碗、茶匙、茶荷各 1 个。

【**冲泡**】

1. 冲泡：将热水倒入盖碗中进行温杯，而后弃水不用。将茶叶从茶匙拨入盖碗中再冲入 95℃ 左右的水即可。

2. 品饮：每次出汤都要倒尽，之后每次冲泡加 5 ~ 10 秒钟，入口后浓厚甜润。

干茶鉴别

英德红茶干茶经适宜萎凋、揉切、发酵、烘干、复制、精选等多道工序精制而成。外形颗粒紧结重实，色泽油润，细嫩匀整，金毫显露，香气鲜纯浓郁，花香明显者为上品。

贮藏

密封

用干燥箱或陶罐存放茶叶。罐内底部放置双层棉纸，罐口放置两层棉布而后压上盖子。

干燥

可用有双层盖子的罐子贮存，以纸罐较好，其他锡罐、马口铁罐等都可以，罐内仍是须先摆一层棉纸或牛皮纸，再盖紧盖子（棉纸或牛皮纸都能起到防潮的作用）。

低温

最好能预备一台专门贮存茶叶的小型冰箱，设定温度在 -5℃ 以下，将拆封的封口紧闭好，将其放入冰箱内。

滇红工夫

茶叶产地： 云南省临沧市

**茶**叶介绍

　　滇红工夫茶创制于 1939 年，产于滇西南，属大叶种类型的工夫茶，是中国工夫红茶的新葩，以外形肥硕紧实、金毫显露和香高味浓的品质独树一帜，著称于世。尤以茶叶的多酚类化合物、生物碱等成分含量，居中国茶叶之首。其品质具有季节性变化，一般春茶比夏、秋茶好。

茶叶特色

外形	/	紧直肥壮
色泽	/	乌黑油润
汤色	/	红浓透明
香气	/	高醇持久
滋味	/	浓厚鲜爽
叶底	/	红匀明亮

茶叶小故事

　　滇红工夫生产有 70 年的历史。1938 年底，云南中国茶叶贸易股份公司成立，派人分别在顺宁（今凤庆）和佛海（今勐海）两地试制红茶，首批约 500 担，通过香港富华公司转销伦敦，深受客户欢迎，以每磅 800 便士的最高价格售出而一举成名。据说，英国女王将其置于玻璃器皿之中，作为观赏之物。后因战事连绵，滇红工夫的生产处于停滞之中。直至 50 年代后才开始发展。1987 年底，全省茶园面积已达 200 万亩，茶叶产量达 78 万担，其中滇红工夫茶约占 20%。

　　"滇红"创制出来后，当时，一开始拟定名为"云红"，依照安徽红茶名"祁红"，湖南红茶称"湖红"，故云南所产红茶亦可称"云红"，同时又想借天空早晚红云喻意其中，但旧中国云南省茶叶公司方面提议用"滇红"雅称，即借云南简称"滇"，又借得巍巍西山龙门瞰下秀丽的滇池一水，也别有妙处。故最终定名滇红工夫茶。

茶叶功效

　　1. 利尿： 在滇红工夫茶中的咖啡碱和芳香物质联合作用下，可促成尿量增加，有利于排尿和缓解水肿。

　　2. 消炎： 滇红工夫茶中的多酚类化合物具有良好的消炎效果。

泡茶步骤

【茶具】 茶壶、茶匙、茶荷、茶杯各 1 个。

【冲泡】

1. **温杯：** 将热水倒入茶壶中进行温壶，而后弃水不用。

2. **冲泡：** 用茶匙将 3 克滇红工夫茶叶从茶荷中拨入茶壶中，再冲入 100℃左右的水即可。

3. **品饮：** 片刻后即可出汤，将茶汤倒入茶杯中品饮，此茶入口后滋味浓厚鲜爽。

干茶鉴别

滇红工夫因采制时期不同，其品质具有季节性变化，一般春茶比夏、秋茶好。春茶条索肥硕，身骨重实，净度好，叶底嫩匀。夏茶正值雨季，芽叶生长快，节间长，虽芽毫显露，但净度较低，叶底稍显硬、杂。秋茶正处干凉季节，茶树生长代谢作用转弱，成茶身骨轻，净度低，嫩度不及春、夏茶。

滇红工夫茸毫显露为其品质特点之一。其毫色可分淡黄、菊黄、金黄等类。凤庆、云县、昌宁等地工夫茶，毫色多呈菊黄，勐海、双江、临沧、普文等地工夫茶，毫色多呈金黄。同一茶园春季采制的一般毫色较浅，多呈淡黄，夏茶毫色多呈菊黄，唯秋茶多呈金黄色。

贮藏

密封

可用干燥箱或陶罐存放茶叶。罐内底部放置双层棉纸，罐口放置两层棉布而后压上盖子。

干燥

可用有双层盖子的罐子贮存，以纸罐较好，其他锡罐、马口铁罐等都可以，罐内仍是须先摆一层棉纸或牛皮纸，再盖紧盖子（棉纸或牛皮纸都能起到防潮的作用）。

避光

阳光的照射会破坏茶叶中的维生素 C，并且会改变茶叶的色泽、味道，所以茶叶应放在阴暗处或者存放于不透明的容器中。

宜红工夫

茶叶介绍

宜红工夫茶属于红茶类，产于鄂西山区的鹤峰、长阳、恩施、宜昌等县，是湖北省宜昌、恩施两地区的主要土特产品之一。因其加工颇费工夫，故又称"宜红工夫茶"。宜红工夫茶条索紧细有毫，色泽乌润，香气甜纯，汤色红艳，滋味鲜醇，叶底红亮。高档茶的茶汤还会出现"冷后浑"的现象。

茶叶特色

外形 /	紧细有毫
色泽 /	色泽乌润
汤色 /	汤色红艳
香气 /	栗香悠远
滋味 /	滋味鲜醇
叶底 /	红亮匀整

茶叶小故事

宜红工夫产于鄂西山区的宜昌、恩施两地，邻近的湘西石门、桑植、慈利等县亦有部分地区生产。这里崇山峻岭、山林茂密、河流纵横，年均气温 13℃～18℃，年降雨量 750～1500 毫米，无霜期 220～300 天，气候温和、雨量充沛，土壤大部属微酸性黄红土壤，适宜茶树生长。

宜红工夫的制作工序有萎凋、揉捻、发酵、干燥四道，制选则分为初制和精制两个阶段。初制程序是指鲜叶、萎凋、揉捻（包括筛分、复揉）、发酵、干燥；精制程序分为 3 个工段 13 道工序。筛分工段包括毛筛、抖筛、分筛、紧门、套筛、撩筛、切断、风选；练剔工段包括机械拣剔和手工拣剔；成品工段包括补火、并堆、装箱，其中包括整理外形，划分品级、剔除劣异、提高、提高香度、筹谋干燥、发展香气，并调剂品质，统一规格，便于贮运，从而成为合格商品。

宜昌红茶问世于 19 世纪中叶，至今有百余年历史。清道光年间，先由广东商人钧大福在五峰渔洋关传授红茶采制技术，设庄收购精制红茶，运往汉口再转广州出口。咸丰甲寅年（1854 年）高炳三及尔后光绪丙子年（1876 年）林紫宸等广东帮茶商，先到鹤峰县改制红茶，在五里坪等地精制，再出口，"洋人称为高品"。

1850 年，俄商开始在汉口购茶，汉口开始单独出口。1861 年汉口列为通商口岸，英国即设洋行大量收购红茶。因交通关系，由宜昌转运汉口出口的红茶，取名"宜昌红茶"，宜红因此而得名。1951 年湖北省茶叶公司成立，后来，随着各地茶厂的建立，宜红的生产逐渐恢复和发展。目前，宜红产量约占湖北省茶叶总产量的 1/3。

茶叶功效

1. 强壮骨骼： 宜红工夫茶中的多酚类能抑制破坏骨细胞物质的活力。为了防治女性常见骨质疏松症，建议每天饮用一小杯红茶，坚持数年效果明显。

2. 解毒： 宜红工夫茶中的茶多碱能吸附重金属和生物碱，并沉淀分解，具有解毒功效。

泡茶步骤

【茶具】 茶壶、茶匙、茶荷各 1 个。

【冲泡】

1. 冲泡： 将热水倒入茶壶中进行温壶，而后弃水不用。将茶叶从茶匙拨入茶壶中，而后冲入 95℃ 左右的水即可。

2. 品饮： 2 分钟后即可品饮。入口后滋味醇厚鲜爽。

干茶鉴别

成品后条索紧细，有金毫，色泽乌润，内质香味高长为上品。

贮藏

干燥

可用干燥箱或陶罐存放茶叶。罐内底部放置双层棉纸，罐口放置两层棉布。

密封

可用有双层盖子的罐子贮存，以纸罐较好，其他锡罐、马口铁罐等都可以，罐内仍是须先摆一层棉纸或牛皮纸，再盖紧盖子（棉纸或牛皮纸都能起到防潮的作用）。

低温

最好能预备一台专门贮存茶叶的小型冰箱，设定温度在 -5℃ 以下，将拆封的封口紧闭好，将其放入冰箱内。

湖红工夫

茶叶介绍

　　湖红工夫是中国历史悠久的工夫红茶之一，对中国工夫茶的发展起到十分重要的作用。湖红工夫茶主产于湖南省安化、桃源、涟源、邵阳、平江、浏阳、长沙等县市，湖红工夫以安化工夫为代表，外形条索紧结，尚肥实，香气高，滋味醇厚，汤色浓，叶底红稍暗。

茶叶特色

外形 /	条索紧结
色泽 /	色泽乌润
汤色 /	红浓明亮
香气 /	香高持久
滋味 /	醇厚爽口
叶底 /	嫩匀红亮

茶叶小故事

清咸丰四年（1854年）广东茶商来新化收购红条茶并指导生产加工，安化茶远销美英俄等国。说明早在此前以生产红茶。

清咸丰八年（1858年）首先在安化改制，临湘继之。据《同治安化县志》(1871年)载："洪（秀全）杨（秀清）义军由长沙出江汉间。卒之；通山茶亦梗，缘此估帆（指茶商）取道湘潭抵安化境倡制红茶收买，畅行西洋等处。称曰广庄，盖东粤商也。"又载："方红茶之初兴也，打包封箱，客有昌称武夷茶以求售者。熟知清香厚味，安化固十倍武夷，以致西洋等处无安化字号不买。"

同治《巴陵县志》(1872年)载有"道光二十三年(1843年)与外洋通商后，广人挟重金来制红茶，农人颇享其利。日晒，色微红，故名"红茶"。同治《平江县志》(1874年)载有："道光末，红茶大盛，商民运以出洋，岁不下数十万金"。吴觉农先生指出，"湖南生产红茶——实际也可以说是两湖生产红茶的最早时期，应在1850年以前，亦即在太平天国起义以前。"

除广商外，据老人回忆，安化红茶系清同治年间由江西宁州商人开设吉茂隆牌号，设置示范茶庄传授技术。由于安化红茶销路好，汉寿、新化、醴陵、湘阴、浏阳、平江、长沙等地相继生产。最高年产40多万箱。自1891～1916年的20余年中，湖南茶年产一般达80万担，1915年曾超过100万担。后因战事等原因减至15万担（1936年）、10万担（1944年），最低为1949年2万～3万担。50年代始，安化、平江、桃源、新化、涟源、石门相继建立国营红茶精制厂，加工工夫红茶，产量日增，至1988年湖南红茶产量达40余万担，其中工夫红茶10余万担，成为中国工夫红茶产量较高的省之一。

茶叶功效

1. 提神消疲： 红茶中的咖啡因可兴奋神经中枢，使思维反应更加敏锐，记忆力增强。

2. 生津清热： 茶中的多酚类、糖类等与口涎产生化学反应，使口腔滋润，并且产生清凉感。

泡茶步骤

【茶具】紫砂壶、茶匙、茶荷各 1 个。

【冲泡】

1. 冲泡： 将热水倒入壶中进行温壶，而后弃水不用。将茶叶从茶匙拨入茶壶中，再冲入 95℃左右的水冲泡即可。

2. 品饮： 片刻后即可品饮。入口后醇厚爽口，回味悠长。

干茶鉴别

湖红工夫干茶条索紧细，锋苗挺秀，茸毛多，香气高久为上品。

贮藏

为防止质变，进行临时性贮存，一般都采用石灰块保藏法，即利用石灰块的吸湿性，使茶叶保持充分干燥。其方法是选用口小肚大、不易漏气的陶坛为装茶器具。贮放前将坛洗净、晾干，用粗草纸衬垫坛底。用白细布制成石灰袋，装生石灰块，每袋 500 克。

将待藏茶叶用软白纸包后，外扎牛皮纸包好，置于坛内四周，中间嵌入 1～2 只石灰袋，再在上面覆盖已包装好的茶包，如此装满为止。装满坛子后，用数层厚草纸密封坛口，压上厚木板，以减少外界空气进入。在江南一带春秋两季多雨天气（6 月与 9 月），视袋内石灰潮解程度，换灰 1～2 次（见灰块呈粉末状时必须更换），始终保持坛内呈干燥状态。用这种方法贮存可使茶叶在一年内保持原有的色泽和香气。

祁门工夫

茶叶介绍

工夫红茶，是中国特有的红茶。祁门工夫是中国传统工夫红茶中的珍品，主产于安徽省祁门县，与其毗邻的石台、东至、黟县及贵池等县也有少量生产。祁红工夫以外形苗秀、色有"宝光"和香气浓郁而著称，享有盛誉。有百余年的生产历史，也是中国传统出口商品。与印度的大吉岭红茶、斯里兰卡的乌瓦红茶并称"世界三大高香茶"。

茶叶特色

外形 /	条索紧细
色泽 /	乌黑油润
汤色 /	红艳透明
香气 /	清香持久
滋味 /	醇厚回甘
叶底 /	鲜红明亮

茶叶小故事

祁门产茶创制于光绪元年（1875年），已有百余年的生产历史，可追溯到唐朝，茶圣陆羽在《茶经》中留下："湖州上，常州次，歙州下"的记载，当时的祁门就隶属歙州。

清朝光绪以前，祁门生产绿茶，品质好，制法似六安绿茶，称为"安绿"。光绪元年（1875年），黟县人余干臣，从福建罢官回籍经商，在至德县（今东至县）尧渡街设立茶庄，仿照"闽红"制法试制红茶。1876年，余干臣从至德来到祁门，并在西路历口、闪里设立茶庄，扩大生产收购。继而在南路贵溪一带，也试制红茶成功。由于茶价高、销路好，人们纷纷改制，逐渐形成了"祁门红茶"。

据1916年《农商公报》第二期记载："安徽改制红茶，权舆于祁建。而祁建有红茶，实

肇始于胡元龙。胡元龙为祁门南乡之贵溪人，于前清咸丰年间，即在贵溪开辟荒山五千余亩，兴植茶树。光绪元、二年之间，因绿茶销售不旺，特考察制造红茶之法，首先筹集资金六万元，建设日顺茶厂，改制红茶，亲往各乡教导园户，至今40余年，孜孜不倦。"

1939年，祁门县最高年产达4.9万担，占当时全国红茶总产量的三分之一。至1949年，下降为9618担，1956年发展至3.3万担，1983年仅出口即达5.7万担，目前维持这一水平。

茶叶功效

1. 消炎杀菌： 茶中儿茶素类能与单细胞的细菌结合，使蛋白质凝固沉淀，可抑制和消灭病原菌。

2. 养胃护胃： 经常饮用加糖、加牛奶的祁门工夫红茶，能消炎、保护胃黏膜，对治疗溃疡也有一定效果。

泡茶步骤

【茶具】 陶瓷茶壶、茶匙、茶荷、茶杯各 1 个。

【冲泡】

1. 温杯： 将热水倒入茶壶中进行温壶，而后弃水不用。

2. 冲泡： 用茶匙将茶叶从茶荷中拨入茶壶中，用开水冲泡，

3. 品饮： 倒入茶杯中之后，2 分钟后即可品饮，入口后滋味醇厚回甘。

干茶鉴别

祁门工夫干茶条索紧秀，锋苗好，色泽乌黑泛灰光，俗称"宝光"；内质香气浓郁高长，似蜜糖香，又蕴藏有兰花香。

贮藏

密封

可用干燥箱或陶罐存放茶叶。罐内底部放置双层棉纸，罐口放置两层棉布而后压上盖子。

干燥

可用有双层盖子的罐子贮存，以纸罐较好，其他锡罐、马口铁罐等都可以，罐内仍是须先摆一层棉纸或牛皮纸，再盖紧盖子（棉纸或牛皮纸都能起到防潮的作用）。

低温

最好能预备一台专门贮存茶叶的小型冰箱，设定温度在 -5℃ 以下，将拆封的封口紧闭好，将其放入冰箱内。

宁红工夫

茶叶产地： 江西省九江市修水县

茶叶介绍

修水古称定州，所产红茶取名宁红工夫茶，简称宁红。宁红工夫茶属于红茶类，是我国最早的工夫红茶之一。远在唐代时，修水县就已盛产茶叶，生产红茶则始于清朝道光年间，到 19 世纪中叶，宁州工夫红茶已成为当时著名的红茶之一。1914 年，宁红工夫茶参加上海赛会，荣获"茶誉中华，价甲天下"的大匾。

茶叶特色

外形	/	紧结秀丽
色泽	/	乌黑油润
汤色	/	红艳清亮
香气	/	香味持久
滋味	/	浓醇甜和
叶底	/	红亮匀整

茶叶小故事

　　修水有千余年的产茶历史。后唐清泰二年（935 年），毛文锡所著《茶谱》载："洪城双井白芽，制作极精。"至两宋，更蜚声国内。北宋黄庶、黄庭坚父子将家乡精制"双井茶"推赏京师，赠京师名士苏东坡等，一时名动京华。欧阳修《归田录》誉为"草茶第一"。南宋嘉泰四年（1204 年），隆兴知府韩邈奏曰："隆兴府惟分宁产茶，他县无茶。"当时年产茶 2 万担，"双井""黄龙"等茶皆称绝品。光绪十八年至二十年（1892～1894 年），宁红茶在国际茶叶市场上步入鼎盛时期，每年输出 60 万担。光绪三十年，宁红输出达 30 万担。那时县内茶庄、茶行多达百余家，列茶业者甚多，较有名气的有振植公司、吉昌行、大吉祥、怡和福、恒丰顺、广兴隆、正大祥、恒春行、同天谷行等，全县出口茶占全国总数十分之一强。

　　吴觉农先生曾讲述 1934 年他到英国伦敦考察，当时伦敦市场茶叶小包装，外面写的是宁州红茶，但里面装的是我国祁门等地红茶。由此可见当时宁红昌盛非凡。19 世纪 30 年代后，随着印度、锡兰、日本茶业的兴起，加上帝国主义入侵，宁红受到严重摧残，外销濒临绝境。

　　新中国成立后，宁红茶得以迅速发展。现面积达 10 万余亩，一批批新的高额丰产茶园正在茁壮成长，茶叶初制厂遍布各乡。

　　在 1985 年全国优质食品评比会上博得专家高度赞誉，荣获国家银质奖。1988 年在中国首届食品博览会上评选为金奖。

 ## 茶叶功效

1. 提神消疲： 宁红工夫茶中的咖啡碱借由刺激大脑皮质来兴奋神经中枢，促成提神、思考力集中，进而使思维反应更加敏锐，记忆力增强。

2. 消炎杀菌： 宁红工夫茶中的儿茶素类能与单细胞的细菌结合，借此抑制和消灭病原菌。

 ## 泡茶步骤

【茶具】 盖碗、茶匙、茶荷各 1 个，品茗杯数个。

【冲泡】

1. 冲泡： 用茶匙从茶荷中将 3 克宁红工夫茶叶投入盖碗中，再冲入 95℃左右的热水即可。

2. 品饮： 2 分钟后即可倒入品茗杯中，入口后滋味浓醇甜和，茶的滋味比较持久，夏季常饮可消暑提神。

 ## 干茶鉴别

宁红茶干茶条索紧结圆直，锋苗挺拔，略显红筋，色乌略红、光润者为上品。

贮藏

密封

可用干燥箱或陶罐存放茶叶。罐内底部放置双层棉纸，罐口放置两层棉布而后压上盖子。

干燥

可用有双层盖子的罐子贮存，以纸罐较好，其他锡罐、马口铁罐等都可以，罐内仍是须先摆一层棉纸或牛皮纸，再盖紧盖子（棉纸或牛皮纸都能起到防潮的作用）。

黔红工夫

茶叶产地： 贵州省遵义市湄潭县

茶**叶介绍**

　　黔红工夫是中国红茶的后起之秀，发源于贵州省湄潭县，于 20 世纪 50 年代兴盛，其原料来源于茶场的大叶型品种、中叶型品种和地方群体品种。虽然目前黔红茶中以红碎茶的市场份额最大，但是，黔红工夫依然占据着重要的地位，其上品茶的鲜爽度和香味甚至可与优质的锡兰红茶相媲美。

茶叶特色

外形	肥壮匀整
色泽	乌黑油润
汤色	红艳明亮
香气	清高悠长
滋味	甜醇鲜爽
叶底	匀嫩红亮

茶叶小故事

　　黔红是贵州红碎茶的简称，1958 年，贵州将工夫红茶改成红碎茶，即"黔红"，直接由上海口岸进入国际市场。黔红工夫，曾被誉为茶海中的"秀芽丽人"。

　　据史料记载，早在秦汉时期贵州就有种茶、制茶和茶叶贸易。西汉的杨雄在《方言》中记载："蜀西南人，谓茶（即茶）曰菝。"而汉代的蜀西南相当于现今的云贵川 3 省交界的部分地区，唐代陆羽在《茶经》中（758 年）记载："黔中，生思州（今贵州务川、印江、沿河等县）、播州（遵义市及遵义、桐梓等县）、费州（德江东南一带）、夷州（今石阡县一带），往往得之，其味极佳。"根据上述史料记载，推算贵州产茶历史最少达 2000 年以上。

　　唐朝，贵州就有向朝廷进贡茶叶。明清时期，贵州茶叶生产得到了进一步发展，茶区面积也进一步扩大。自 19 世纪 70 年代后，英、法资本掠夺，迫使贵州自然经济解体，但也促进了贵州茶叶生产和商品经济发展。新中国成立后，贵州茶业得到了迅速发展。

　　黔红主要产于湄潭、羊艾、花贡、广顺、双流等大中型专业茶场，其中，湄潭位于黔中丘陵区域，其生态环境得天独厚，选育了较多的小乔木优良茶树品种，很适宜发展黔红。

茶叶功效

1. 抗衰老：黔红工夫茶叶中含有的抗氧化剂，能起到抵抗老化的作用，对保护皮肤、抚平细纹等都有很好的功效，因此常饮有益。

2. 杀菌：黔红工夫茶叶所含儿茶素能对引起疾病的部分细菌有抑制作用。

泡茶步骤

【**茶具**】盖碗、茶匙、茶荷各 1 个。

【**冲泡**】

1. 温杯：将热水倒入盖碗中进行温杯，而后弃水不用。

2. 冲泡：用茶匙将 3 克黔红工夫茶叶从茶荷中拨入盖碗中，用开水冲泡。

3. 品饮：片刻后汤色红艳明亮，香气清高悠长，叶底红艳明亮，此茶入口后甜醇鲜爽。

干茶鉴别

黔红工夫干茶色泽乌润或棕红，条索紧结、挺直。碎茶类颗粒紧结重实；片茶类皱折卷曲；末茶类吴沙粒状。

贮藏

密封

可用干燥箱或陶罐存放茶叶。罐内底部放置双层棉纸，罐口放置两层棉布而后压上盖子。

干燥

可用有双层盖子的罐子贮存，以纸罐较好，其他锡罐、马口铁罐等都可以，罐内仍是须先摆一层棉纸或牛皮纸，再盖紧盖子（棉纸或牛皮纸都能起到防潮的作用）。

低温

最好能预备一台专门贮存茶叶的小型冰箱，设定温度在 –5℃ 以下，将拆封的封口紧闭好，将其放入冰箱内。

遵义
红茶

| 茶叶产地： 贵州省遵义市。

 **茶**叶介绍

　　遵义红茶产于贵州省遵义市，属低纬度高海拔的亚热带季风湿润气候，土壤中含有锌等对人体有益的大量微元素，是遵义红茶香高味浓的优良品质之源。

茶叶特色

外形	/	紧实细长
色泽	/	金毫显露
汤色	/	金黄清澈
香气	/	鲜甜爽口
滋味	/	喉润悠长
叶底	/	呈金针状

茶叶功效

1. 保健治疗： 遵义红茶具备暖胃、抗感冒和抑菌的作用。

2. 清理肠胃： 遵义红茶能够刮油解腻，促进消化，对于消化积食、清理肠胃有着十分明显的效果。

泡茶步骤

【茶具】 瓷壶、茶杯、茶匙、茶荷各 1 个。

【冲泡】

1. **温杯：** 热水壶内倒入泉水加热，用初沸之水注入瓷壶以及杯中，为壶、杯升温。

2. **冲泡：** 将遵义红茶拨入壶中。高冲让茶叶在水的激荡下充分地浸润，以利于色、香、味的充分发挥。

3. **品饮：** 缓啜一口遵义红茶，醇而不腻，爽滑润喉，回味隽永。

干茶鉴别

遵义红茶生长于遵义典型寡日照、低纬度高海拔山地，属亚热带季风湿润气候，得天独厚的自然环境，为遵义红茶香高味浓的优良品质之源。成品外形长索紧细、秀丽披毫、色泽油润者为上品。

贮藏

密封

可用干燥箱或陶罐存放茶叶。罐内底部放置双层棉纸，罐口放置两层棉布而后压上盖子。

干燥

可用有双层盖子的罐子贮存，以纸罐较好，其他锡罐、马口铁罐等都可以，罐内仍是须先摆一层棉纸或牛皮纸，再盖紧盖子（棉纸或牛皮纸都能起到防潮的作用）。

信阳红茶

茶叶产地： 河南省信阳市

茶叶介绍

信阳红茶，是以信阳毛尖绿茶为原料，选取其一芽二叶、一芽三叶优质嫩芽为茶坯，经过萎凋、揉捻、发酵、干燥等九道工序加工而成的一种茶叶新品。信阳红茶属于新派红茶，其滋味醇厚甘爽，发酵工艺苛刻，原料选用严格，具有"品类新、口味新、工艺新、原料新"的特点，其保健功效也逐渐受到人们重视。

茶叶特色

外形 /	紧细匀整
色泽 /	乌黑油润
汤色 /	红润透亮
香气 /	醇厚持久
滋味 /	绵甜厚重
叶底 /	嫩匀柔软

茶叶功效

1. 提神：茶叶中含有的咖啡碱可兴奋神经中枢，达到提神醒脑、提高注意力的作用。

2. 保护骨骼：茶叶中含有的多酚类能对破坏骨细胞活力的物质起到抑制作用，对骨质疏松症起到很好的辅助治疗作用。

泡茶步骤

【茶具】盖碗、茶匙、茶荷、茶杯各 1 个。

【冲泡】

1. 冲泡：将热水倒入盖碗进行温杯，而后弃水不用。将茶叶从茶匙拨入盖碗中。再冲入95℃左右的水至八分满即可。

2. 品饮：将盖碗中茶汤倾倒而出，置于茶杯中，入口后绵甜厚重。

干茶鉴别

信阳红干茶一共要历经十二道工序。前六道工序依次是青叶进场以保持茶叶通风、萎凋、揉捻、解块、发酵、烘干，经过这些工序，毛茶就生产出来了、后六道是精制工序，一抖筛、二砌茶、三平面圆筛、四风选、五拼堆、六提香。成品以叶子呈现铜红色，外形紧细匀整，且伴有清新花果香的为佳品。

贮藏

密封

可用干燥箱或陶罐存放茶叶。罐内底部放置双层棉纸，罐口放置两层棉布而后压上盖子。

干燥

可用有双层盖子的罐子贮存，以纸罐较好，其他锡罐、马口铁罐等都可以，罐内仍是须先摆一层棉纸或牛皮纸，再盖紧盖子（棉纸或牛皮纸都能起到防潮的作用）。

川红工夫

茶叶介绍

川红工夫是中国三大高香红茶之一，产于四川省宜宾等地，是 20 世纪 50 年代创制的工夫红茶。川红精选本土优秀茶树品种种植，以提采法甄选早春幼嫩饱满芽叶精制而成。顶级产品以金芽秀丽、芽叶显露、香气馥郁、回味悠长为品质特征。川红之珍品"早白尖"更是以条索紧细、毫锋显露、色泽乌润、香气鲜嫩浓郁的品质特点获得了人们的高度赞誉。

茶叶特色

外形	/	肥壮圆紧
色泽	/	乌黑油润
汤色	/	浓亮鲜丽
香气	/	香气清鲜
滋味	/	醇厚鲜爽
叶底	/	厚软红匀

茶叶功效

1. 舒张血管：研究发现，心脏病患者每天喝 4 杯红茶，血管舒张度可以从 6% 增加到 10%。

2. 强壮骨骼：红茶中的多酚类可抑制破坏骨细胞物质的活力，强壮骨骼。

泡茶步骤

【茶具】透明茶壶，茶匙、茶荷、茶杯各 1 个。

【冲泡】

1. 温杯：将热水倒入茶壶中进行温壶，而后弃水不用。

2. 冲泡：用茶匙将茶叶从茶荷中拨入茶壶中，用开水冲泡。

3. 品饮：静待 3 分钟后，可出汤，即可品饮，入口后醇厚鲜爽。

干茶鉴别

川红工夫干茶一直沿袭古代贡茶制法，其关键工艺在于采用"自然萎凋""手工精揉""木炭烘焙"，所制茶叶成品外形条索肥壮圆紧，显金毫，色泽乌黑油润为上品。

贮藏

密封

可用干燥箱或陶罐存放茶叶。罐内底部放置双层棉纸，罐口放置两层棉布而后压上盖子。

干燥

可用有双层盖子的罐子贮存，以纸罐较好，其他锡罐、马口铁罐等都可以，罐内仍是须先摆一层棉纸或牛皮纸，再盖紧盖子（棉纸或牛皮纸都能起到防潮的作用）。

Part 8

认识乌龙茶：色重味香

乌龙茶是独具鲜明特色的茶叶品类。乌龙茶又称为"青茶""半发酵茶"，是介于不发酵茶（绿茶）与全发酵茶（红茶）之间的一种茶叶。乌龙茶和绿茶的最大差别在于发酵。

认识乌龙茶

乌龙茶的分类

闽北乌龙茶

闽北乌龙茶主要是岩茶，以武夷岩茶最为著名，还包括闽北水仙、大红袍、肉桂、铁罗汉等。

闽南乌龙茶

闽南乌龙茶则以安溪铁观音和黄金桂为主要代表，其制作严谨、技巧精巧，在国内外享有盛誉。

广东乌龙茶

广东乌龙茶主要指的是广东潮汕地区生产的乌龙茶，以凤凰单丛和凤凰水仙为最优秀产品，历史悠久，品质极佳。

台湾乌龙茶

台湾乌龙茶主要产自台湾省，还可以细分为轻发酵乌龙茶、中发酵乌龙茶和重发酵乌龙茶三种。

乌龙茶的冲泡

茶具选用

乌龙茶的冲泡较为讲究，选用的茶具也有别于其他茶种。传统里较讲究的泡乌龙茶器具，包括茶壶、茶杯、茶海、茶盅、茶荷、茶匙、水盂等。待客时最好选用紫砂壶或盖碗，平日可使用普通的陶瓷壶，而杯具最好用白瓷小杯。

水温控制

在所有茶种中，乌龙茶对冲泡水温的要求最高。唐代茶圣陆羽把开水分为三沸："其沸如鱼目，微有声，为一沸；缘边如涌泉连珠，为二沸；腾波鼓浪，为三沸。"其中，二沸的水，茶汁浸出率高，茶味浓、香气高，更能品饮出乌龙茶的韵味。

冲泡方法

乌龙茶的冲泡方法有两种。

第一种是沸水冲泡法。先是温壶、温茶海，可提升茶壶温度，以避免茶叶冲泡过程中遇冷遇热悬殊而影响茶质。投入茶叶后，先温润泡。泡茶后还要洗茶，用沸水冲入漫过茶叶时便立即将水倒出，这样可洗去浮尘和泡沫。洗茶后即可第二次冲入沸水使之刚溢出壶盖沿，以淋洗壶身来保持壶内水温。温杯后即可冲泡，将茶汤分散倒入茶杯中，但不宜倒满茶杯，使每杯茶汤香味均匀。

第二种是冰水冲泡法。乌龙茶性寒，本应热饮，但其实冷饮也适宜。用冰水冲泡，只需要一个可容1升水的白瓷茶壶，洗净后投茶10～15克，接着注水，冲入少量温开水洗茶后倒掉，马上冲入低于20℃的冰水，冷藏4小时后即可倒出饮用。

冲泡时间

乌龙茶较耐泡，一般泡饮5～6次，仍然余香犹存。泡的时间要由短到长，第一次冲泡，时间短些，随冲泡次数增加，泡的时间相对延长。

适时续水

初次冲泡的乌龙茶，水没过茶叶先浸泡15秒钟，再视其茶汤浓淡，确定出汤的时间。出汤时间直接关系到续水的时间。通常，前三泡的续水较统一，而从第四泡开始，每一次续水均应比前一泡延时10秒左右。

乌龙茶的贮藏

用瓷罐或锡罐装入乌龙茶，尽量填满空隙，再加盖密封贮藏起来，要注意防潮、避光，远离污染源，避免乌龙茶与有毒、有害、易污染的物品接触而变味。贮藏乌龙茶，要保证存放的地方清洁、卫生，最好是放于冰箱内，不要放在厨房，或有香皂、樟脑丸、调味品的柜子里，以免吸收异味。

武夷大红袍

茶叶产地： 福建省武夷山市

茶叶介绍

　　武夷大红袍，因早春茶芽萌发时，远望通树艳红似火，若红袍披树，故此得名。大红袍素有"茶中状元"之美誉，乃岩茶之王，堪称国宝。此茶产于福建省武夷山市，各道工序全部由手工操作，以精湛的工艺特制而成。成品茶香气浓郁，滋味醇厚，有明显"岩韵"特征，饮后齿颊留香，经久不退，冲泡九次犹存原茶的桂花香真味，被誉为"武夷茶王"。

茶叶特色

外形	条索紧结
色泽	绿褐鲜润
汤色	橙黄明亮
香气	香高持久
滋味	醇厚甘鲜
叶底	沉重匀整

茶叶小故事

武夷大红袍有一个传说，古时有一穷秀才上京赶考，路过武夷山时，病倒在路上，幸被天心庙老方丈看见，泡了一碗茶给他喝，果然病愈。后来秀才金榜题名，中了状元，还被招为东床驸马。一个春日，状元来到武夷山谢恩，在老方丈的陪同下，前呼后拥，到了九龙窠，但见峭壁上长着3株高大的茶树，枝叶繁茂，吐着一簇簇嫩芽，在阳光下闪着紫红色的光泽，煞是可爱。

老方丈说，去年你犯鼓胀病，就是用这种茶叶泡茶治好。很早以前，每逢春日茶树发芽时，就鸣鼓召集群猴，穿上红衣裤，爬上绝壁采下茶叶，炒制后收藏，可以治百病。状元听了要求采制一盒进贡皇上。第二天，庙内烧香点烛、击鼓鸣钟，召来大小和尚，向九龙窠进发。众人来到茶树下焚香礼拜，齐声高喊："茶发芽！"然后采下芽叶，精工制作，装入锡盒。

状元带了茶进京后，正遇皇后肚疼鼓胀，卧床不起。状元立即献茶让皇后服下，果然茶到病除。皇上大喜，将一件大红袍交给状元，让他代表自己去武夷山封赏。一路上礼炮轰响，火烛通明，到了九龙窠，状元命一樵夫爬上半山腰，将皇上赐的大红袍披在茶树上，以示皇恩。

说也奇怪，等掀开大红袍时，3株茶树的芽叶在阳光下闪出红光，众人说这是大红袍染红的。后来，人们就把这3株茶树叫作"大红袍"了。有人还在石壁上刻了"红袍"3个大字。从此大红袍就成了年年岁岁的贡茶。

茶叶功效

1. 消除疲劳： 武夷大红袍所含的咖啡因较多，咖啡因能促使人体中枢神经兴奋，增强大脑皮质的兴奋过程，起到提神益思、清心的效果。

2. 预防疾病： 茶中的儿茶素能降低血液中的胆固醇，抑制血小板凝集，可减少动脉硬化发生率。

泡茶步骤

【茶具】盖碗、茶匙、茶荷、品茗杯各 1 个。

【冲泡】

1. 洗杯： 将开水倒入盖碗中进行冲洗，弃水不用。

2. 冲泡： 将茶叶拨入盖碗中，冲入 100℃ 左右的水，加盖冲泡 1 ~ 3 分钟，即可将茶汤从盖碗中倒入品茗杯中进行品饮。

3. 品饮： 入口后，滋味醇厚甘鲜，冲泡 7 ~ 8 次后，仍然有原茶的真味。

干茶鉴别

武夷大红袍干茶是经晒青、凉青、做青、炒青、初揉、复炒、复揉、走水焙、簸拣、摊晾、拣剔、复焙、再簸拣、补火而制成。成品外形条索紧结，色泽绿褐鲜润，香气馥郁有兰花香，香高而持久，"岩韵"明显。

贮藏

密封

可用干燥箱或陶罐存放茶叶。罐内底部放置双层棉纸，罐口放置两层棉布而后压上盖子。

干燥

可用有双层盖子的罐子贮存，以纸罐较好，其他锡罐、马口铁罐等都可以，罐内仍是须先摆一层棉纸或牛皮纸，再盖紧盖子（棉纸或牛皮纸都能起到防潮的作用）。

低温

最好能预备一台专门贮存茶叶的小型冰箱，设定温度在 -5℃ 以下，将拆封的封口紧闭好，将其放入冰箱内。

武夷水仙

茶叶产地： 福建省武夷山区

茶叶介绍

　　武夷水仙，又称闽北水仙，是以闽北乌龙茶采制技术制成的条形乌龙茶，也是闽北乌龙茶中两个品种之一，水仙是武夷山茶树品种的一个名称。采摘武夷水仙时采用"开面采"，即当茶树顶芽开展时，只采三、四叶，而保留一叶。

茶叶特色

外形 / 紧结沉重
色泽 / 乌褐油润
汤色 / 清澈橙黄
香气 / 清香浓郁
滋味 / 醇厚回甘
叶底 / 厚软黄亮

茶叶小故事

相传有一年武夷山热得出奇，有个建瓯的穷汉子靠砍柴为生，大热天没砍几刀就热得头昏脑胀，唇焦口燥，胸闷疲累，于是到附近的祝仙洞找个阴凉的地方歇息。

刚坐下，只觉一阵凉风带着清香扑面吹来，原来是一棵小树上的绿叶发出清香。他走过去摘了几片含在嘴里，凉丝丝的，嚼着嚼着，头也不昏胸也不闷了，精神顿时爽快起来，于是他从树上折了一根小枝，挑起柴下山回家。这天夜里突然风雨交加，在雷雨打击下，他家一堵墙倒塌了。

第二天清早，一看那根树枝正压在墙土下，枝头却伸了出来，很快爆了芽，发了叶，长成了小树，那新发芽叶泡水喝了同样清香甘甜，解渴提神，小伙子长得更加壮实。这事很快在村里传开了，问他吃了什么仙丹妙药，他把事情缘由说了一遍。大家都纷纷来采叶子泡水治病，向他打听那棵树的来历，小伙子说是从祝仙洞折来的。因为建瓯人说"祝"和崇安话的"水"字发音一模一样，崇安人都以为是"水仙"，也就把这棵树叫作水仙茶了。大家仿效建瓯人插枝种树的办法，水仙茶很快就长得满山遍野都是，从此水仙茶成为名品传播四方。

史料记载水仙始于清道光年间（1821年），是闽北较大的优质产品。所用的水仙种，发源于建州瓯宁县（建阳）小湖乡大湖村的严义山祝仙洞。据1939年张天福《水仙母树志》载："前八余年，清道光间，有泉州人苏姓者，业农寄居大湖……一日往对岸义山……经桃子岗祝仙洞下，见树一，花白，类茶而弥大……试以制乌龙茶法制之，竟香洌甘美……命名曰'祝仙'……当地'祝''水'同音，渐讹为今名—'水仙'矣。"

1929年，《建瓯县志》也载："查水仙茶出禾义里，大湖之大坪山，其他有严义山，山上有祝仙洞""瓯宁县六大湖，别有叶粗长名水仙者，以味似水仙花故名……"（见《闽产录异》），可见水仙栽培历史约在130年以上。

茶叶功效

1. 杀菌： 含有的茶多酚和鞣酸，能破坏和杀死细菌的蛋白质，有消炎除菌的作用。

2. 抗癌： 含有的黄酮类物质，能起到一定程度的体外抗癌作用。

3. 减肥： 含有的茶碱和咖啡因，能帮助减少脂肪细胞堆积，达到减肥效果。

泡茶步骤

【茶具】茶壶或盖碗、品茗杯、茶匙、茶荷各 1 个。

【冲泡】

1. 洗杯： 将开水倒入盖碗中进行冲洗，弃水不用。

2. 冲泡： 将茶叶拨入盖碗中，冲入 100℃ 左右的水，加盖冲泡 1 ~ 3 分钟，即可将茶汤从茶壶或盖碗中倒入品茗杯中进行品饮。

3. 品饮： 入口后满口茶香，喉底回甘。

干茶鉴别

武夷水仙干茶是经萎凋（晒青或室内萎凋）、摇青、杀青、揉捻、初烘（俗称走水焙）、包揉、足火精制而成。成品条索紧结沉重，叶端扭曲，色泽油润暗砂绿，呈"蜻蜓头，青蛙腿"状。

贮藏

密封

可用干燥箱或陶罐存放茶叶。罐内底部放置双层棉纸，罐口放置两层棉布而后压上盖子。

干燥

可用有双层盖子的罐子贮存，以纸罐较好，其他锡罐、马口铁罐等都可以，罐内仍是须先摆一层棉纸或牛皮纸，再盖紧盖子（棉纸或牛皮纸都能起到防潮的作用）。

低温

最好能预备一台专门贮存茶叶的小型冰箱，设定温度在 −5℃ 以下，将拆封的封口紧闭好，将其放入冰箱内。

永春佛手

茶叶产地： 福建省泉州市永春县

🍃茶叶介绍

　　永春佛手又名香橼种、雪梨，是乌龙茶类中风味独特的名贵品种之一。产于闽南著名侨乡永春县，此地处戴云山南麓，全年雨量充沛，日夜温差大，适合茶树的生长。佛手茶树品种有红芽佛手与绿芽佛手两种，以红芽为佳。鲜叶大的如掌，椭圆形，叶肉肥厚，3月下旬萌芽，4月中旬开采，分四季采摘，春茶占40%。

茶叶特色

外形	/	紧结肥壮
色泽	/	砂绿乌润
汤色	/	橙黄清澈
香气	/	浓锐悠长
滋味	/	甘厚芳醇
叶底	/	匀整红亮

茶叶小故事

据闻在古代有一位凤山公，居住在望仙山麓，永春县玉斗镇凤溪村中。他一生精研百草，治病救人。有一次，他到望仙山中采集青草药，在小溪边发现一棵树型婆娑，叶大如掌，似茶非茶的植物，采下叶子一闻，芬香沁入心脾，在嘴里一嚼，顿感清香爽口，韵味悠长，精神陡长。凤山公觉得这是一味良药，就把它采集回家。乡人凡有病痛，用过这味药后，百病立除，非常神验，人们称之为瑞草。凤山公把这味药的枝条剪下，栽到百草园中，居然成活，成为治病救人的主药。

有一次县令的母亲腹泻不止，不知请过多少医生用过多少药，就是不见效。看见老夫人病情一天比一天沉重，生还无望，县令非常着急，就出悬赏榜文，寻求神医良药。有人告诉县令，听说凤山公医术精湛，不妨请来治病。县令听说，马上派人用轿子把凤山公抬到县衙给他的母亲看病。凤山公把脉诊断后说：老夫人是吃食不慎，导致胃肠损伤，加上年老气虚才会病入膏肓。如不用良药医治，恐怕性命难保。凤山公以新发现的这味药为主药配方给老夫人治病。老夫人用药后，腹泻立止，县令非常高兴，问凤山公用什么神药。凤山公拿出这味药介绍了发现这味药的经过。县令拿着这味药仔细端详，觉得这味药叶大如掌，芬香扑鼻，宛如佛手，因此给这味药为"佛手"。

从那以后，不但凤山公种植佛手，还教导乡人大量种植佛手，并把这佛手药制成干品，当茶饮用。饮用这种汤药不但能解除病痛，预防肠胃病，而且能清凉解暑，延年益寿，人们称这种药叫"佛手茶"。

永春佛手茶在 1985 年、1989年被农业部评为优质农产品，1987年获 "全国华侨茶叶基金会"授予的"佛手奖"，1995 获中国第二届农业博览会金奖。20 世纪 30 年代初，就有少量佛手茶开始转销国外。

茶叶功效

1. 提神益思： 永春佛手所含的咖啡因较多，咖啡因能促使人体中枢神经兴奋，增强大脑皮质的兴奋过程，起到提神益思、清心的效果。

2. 排毒： 茶叶中的咖啡碱可起到帮助肾脏排毒和消除人体疲劳的作用。

泡茶步骤

【茶具】 盖碗、茶匙、茶荷、品茗杯各 1 个。

【冲泡】

1. 洗杯： 将开水倒入盖碗中进行冲洗，弃水不用。

2. 冲泡： 将茶叶拨入盖碗中，冲入 100℃ 左右的水，加盖冲泡 1 ~ 3 分钟。

3. 品饮： 冲泡后，茶香浓锐持久，茶汤橙黄清澈，入口后，滋味甘厚鲜醇，回味绵长。

干茶鉴别

永春佛手干茶是经揉捻、初烘、初包揉后，复烘复包揉三次或三次以上，较一般乌龙茶次数为多，使茶条卷结成虾干状。成品后外形条索肥壮、卷曲较重实或圆结重实，色泽乌润砂绿或乌润，稍带光泽；内质香气浓郁或馥郁悠长，优质品有似雪梨香，上品具有香橼香。

贮藏

密封

可用干燥箱或陶罐存放茶叶。罐内底部放置双层棉纸，罐口放置两层棉布而后压上盖子。

干燥

可用有双层盖子的罐子贮存，以纸罐较好，其他锡罐、马口铁罐等都可以，罐内仍是须先摆一层棉纸或牛皮纸，再盖紧盖子（棉纸或牛皮纸都能起到防潮的作用）。

低温

最好能预备一台专门贮存茶叶的小型冰箱，设定温度在 -5℃ 以下，将拆封的封口紧闭好，将其放入冰箱内。

黄金桂

茶叶介绍

　　黄金桂，属乌龙茶类，原产于安溪虎邱美庄村，是乌龙茶中风格有别于铁观音的又一极品，1986年被商业部授予"全国名茶"称号。黄金桂是以黄旦品种茶树嫩梢制成的乌龙茶，因其汤色金黄色，有奇香似桂花，故名黄金桂。在现有乌龙茶品种中是发芽最早的一种，制成的乌龙茶香气极高，所以在产区有"清明茶""透天香"之誉。

茶叶特色

外形	/	条索紧细
色泽	/	色泽润亮
汤色	/	金黄明亮
香气	/	幽雅鲜爽
滋味	/	纯细甘鲜
叶底	/	柔软明亮

茶叶小故事

在产区，毛茶多称黄或黄旦，黄金桂是成茶商品名称。

黄品种的原产地有两种传说。一说清代咸丰（1850—1860年）年间，安溪县罗岩乡茶农魏珍路过北溪天边岭，见有一株奇异茶树开花引人注目，就折下枝条带回插于盆中，后用压条繁殖200余株，精心培育，单独采制，请邻居共同品尝，大家为其奇香所倾倒，认为其未揭杯盖香气已扑鼻而来，因而赞为"透天香"。

另一说是，1860年春，安溪虎丘乡灶坑地方，青年林祥琴娶西坪珠洋人王暗为妻。按当地习俗，新婚后要"对月换花"，即新娘要从娘家"带青"来，即带来一种植物苗。当时王暗由娘家带来一株萌芽特早的野生茶苗，种于灶坑祖厝角的小山仓上，细心培植，用长穗扦插繁殖扩种。因是王暗带来茶种，又因"王""黄"方言同音，谐称为"黄"。原树树龄已在百年以上，高2米多，主干直径约9厘米，树冠宽160厘米，春茶可采鲜叶5～8千克。

茶叶功效

1. 防治龋齿: 安溪黄金桂中的锰、铁、氟以及钾、钠含量高于其他茶叶，对防治龋齿和老年骨质疏松症效果显著。

2. 防癌抗癌: 黄金桂含硒量很高,能刺激免疫蛋白及帮助机体抵御疾病,抑制癌细胞发展。

泡茶步骤

【**茶具**】盖碗、茶匙、茶荷、品茗杯各 1 个,

【**冲泡**】

1. 洗杯: 将开水倒入盖碗中进行冲洗，弃水不用。

2. 冲泡: 将茶叶拨入盖碗中，冲入 100℃ 左右的水，加盖冲泡 2 ~ 3 分钟，即可将茶汤从盖碗中倒入品茗杯中进行品饮。

3. 品饮: 入口后，滋味纯香甘鲜，令人回味隽永。

干茶鉴别

黄金桂干茶条索细长尖梭且较松，体态较飘，不沉重，叶梗细小，色泽呈黄楠色、翠黄色或黄绿色，有光泽，有"黄、薄、细"之称。

贮藏

密封

可用干燥箱或陶罐存放茶叶。罐内底部放置双层棉纸，罐口放置两层棉布而后压上盖子。

干燥

可用有双层盖子的罐子贮存，以纸罐较好，其他锡罐、马口铁罐等都可以，罐内仍是须先摆一层棉纸或牛皮纸，再盖紧盖子（棉纸或牛皮纸都能起到防潮的作用）。

低温

最好能预备一台专门贮存茶叶的小型冰箱,设定温度在 −5℃ 以下,将拆封的封口紧闭好，将其放入冰箱内。

武夷肉桂

/ **茶叶产地：** 福建省武夷山区

茶叶介绍

　　武夷肉桂，又名玉桂，属乌龙茶类，产于福建武夷山。由于品质优异、性状稳定，是乌龙茶中的一枝奇葩。武夷肉桂除了具有岩茶的滋味特色外，更以其香气辛锐持久的高品种香备受人们的喜爱。肉桂的桂皮香明显，香气久泡尤存。20世纪90年代后武夷肉桂跻身于中国十大名茶之列，主要就是因它的奇香异质。

茶叶特色

外形	/	匀整卷曲
色泽	/	乌润褐禄
汤色	/	橙黄清澈
香气	/	桂皮香味
滋味	/	醇厚回甘
叶底	/	匀亮齐整

茶叶功效

1. 降血脂：饮用武夷肉桂可以降低血液黏稠度，防止红细胞集聚，改善血液高凝状态，增加血液流动性，改善微循环。

2. 护齿：武夷肉桂茶汤中含氟离子，当氟离子与牙齿中的钙质结合后，会形成一种不易溶于酸的物质，能使牙齿不受酸性物质所损伤。

泡茶步骤

【茶具】紫砂壶、茶匙、茶荷、品茗杯各 1 个。

【冲泡】

1. 洗杯：将开水倒入紫砂壶中进行冲洗，弃水不用。

2. 冲泡：将茶叶拨入紫砂壶中，冲入 100℃ 左右的水，加盖冲泡 2 ~ 3 分钟，即可将茶汤从紫砂壶中倒入品茗杯中进行品饮。

3. 品饮：品质优良的武夷肉桂入口后还带有乳香味，饮后唇齿留香。

干茶鉴别

武夷肉桂干茶是经萎凋、做青、杀青、揉捻、烘焙等十几道工序精制而成。成品外形条索匀整卷曲，色泽褐禄、油润有光，干茶嗅之有甜香是为上品。

贮藏

密封

可用干燥箱或陶罐存放茶叶。罐内底部放置双层棉纸，罐口放置两层棉布而后压上盖子。

干燥

可用有双层盖子的罐子贮存，以纸罐较好，其他锡罐、马口铁罐等都可以，罐内仍是须先摆一层棉纸或牛皮纸，再盖紧盖子（棉纸或牛皮纸都能起到防潮的作用）。

铁罗汉

| 茶叶产地： 福建省武夷山

茶叶介绍

铁罗汉茶，属乌龙茶类，产于闽北"秀甲东南"的名山武夷。铁罗汉树生长在岩缝之中，主要分布在武夷山内山（岩山）。武夷岩铁罗汉具有绿铁罗汉之清香、红铁罗汉之甘醇，是中国乌龙铁罗汉之极品。铁罗汉属半发酵，制作方法介于绿铁罗汉与红铁罗汉之间。

茶叶特色

外形	/	壮结匀整
色泽	/	绿褐鲜润
汤色	/	深橙黄色
香气	/	香高持久
滋味	/	醇厚甘鲜
叶底	/	软亮匀齐

 茶叶功效

1. 延缓衰老： 铁罗汉多酚具有很强的抗氧化性和生理活性，是人体自由基的清除剂，能阻断脂质过氧化反应，清除活性酶。

2. 预防心血管疾病： 铁罗汉多酚有助于斑状增生受到抑制，使形成血凝黏度增强的纤维蛋白原降低，凝血变清，从而抑制动脉粥样硬化。

泡茶步骤

【茶具】 盖碗、茶匙、茶荷、品茗杯各 1 个。

【冲泡】

1. 冲泡： 开水冲洗盖碗，然后用茶匙将茶叶从茶荷中拨入盖碗中，冲入 100℃ 左右的水，加盖冲泡 1 ~ 3 分钟。冲泡结束后，即可将茶汤从盖碗中倒入品茗杯中进行品饮。

2. 品饮： 入口后，滋味醇厚甘鲜，令人怀想。

干茶鉴别

条形壮结、匀整，色泽绿褐鲜润，冲泡后铁罗汉汤呈深橙黄色、清澈艳丽，叶底软亮、叶缘朱红、叶心淡绿带黄者为最佳品。

贮藏

密封

可用干燥箱或陶罐存放茶叶。罐内底部放置双层棉纸，罐口放置两层棉布而后压上盖子。

干燥

可用有双层盖子的罐子贮存，以纸罐较好，其他锡罐、马口铁罐等都可以，罐内仍是须先摆一层棉纸或牛皮纸，再盖紧盖子（棉纸或牛皮纸都能起到防潮的作用）。

低温

最好能预备一台专门贮存茶叶的小型冰箱，设定温度在-5℃ 以下，将拆封的封口紧闭好，将其放入冰箱内。

白鸡冠

茶叶产地： 福建省武夷山

茶叶介绍

　　白鸡冠是武夷山"四大名丛"之一，是生长在慧苑岩火焰峰下外鬼洞和武夷山公祠后山的茶树，叶色淡绿，绿中带白，芽儿弯弯又毛茸茸的，形态就像白锦鸡头上的鸡冠，故名白鸡冠。白鸡冠多次冲泡仍有余香，适制武夷岩茶（乌龙茶），抗性中等，适宜在武夷乌龙茶区种植，用该鲜叶制成的乌龙茶，是武夷岩茶中的精品。其采制特点与大红袍相似。

茶叶特色

外形	/	条索紧结
色泽	/	米黄带白
汤色	/	橙黄明亮
香气	/	香高持久
滋味	/	醇厚甘鲜
叶底	/	沉重匀整

茶叶功效

1. 抑制和抵抗病菌： 茶多酚有较强的收敛作用，对病原菌、病毒有明显的抑制和杀灭作用。

2. 行气通脉： 白鸡冠能发汗解表；其所含咖啡碱能刺激肾脏，促使尿液加速排出体外，提高肾脏的滤出率，减少有害物质的滞留时间。

泡茶步骤

【茶具】 紫砂壶、茶匙、茶荷、品茗杯各一个。

【冲泡】

1. 温杯： 将开水倒入紫砂壶中进行冲洗，而后弃水不用。

2. 冲泡： 将茶叶用茶匙从茶荷中拨入紫砂壶中，冲入 100℃左右的水，加盖冲泡 2～3 分钟，然后倒入品茗杯中。

3. 品饮： 入口后，滋味醇厚甘鲜，唇齿留香，具有活、甘、清、香的特色，让人神清目朗，回味无穷。

干茶鉴别

色泽米黄带白、汤色橙黄明亮、入口齿颊留香者为最佳品。

贮藏

密封

可用干燥箱或陶罐存放茶叶。罐内底部置放双层棉纸，罐口放置两层棉布而后压上盖子。

干燥

可用有双层盖子的罐子贮存，以纸罐较好，其他锡罐、马口铁罐等都可以，罐内仍是须先摆一层棉纸或牛皮纸，再盖紧盖子（棉纸或牛皮纸都能起到防潮的作用）。

漳平水仙

茶叶产地： 福建省漳平市九鹏溪地区

茶叶介绍

　　漳平水仙，又称"纸包茶"，是乌龙茶类中唯一的紧压茶，品质珍奇，极具传统风味。漳平水仙是选取水仙品种茶树的一芽二叶或一芽三叶嫩梢、嫩叶为原料，经晒青、做青、炒青、揉捻、定型、烘焙等一系列工序制作而成，再用木模压造成方饼形状，具有经久藏、耐冲泡、久饮多饮不伤胃的特点。

茶叶特色

外形	/	紧结卷曲
色泽	/	乌绿带黄
汤色	/	橙黄清澈
香气	/	清高细长
滋味	/	清醇爽口
叶底	/	肥厚软亮

茶叶功效

1. 杀菌： 含有的茶多酚和鞣酸，能破坏和杀死细菌的蛋白质，消炎除菌。

2. 抗癌： 含有的黄酮类物质，如牡荆碱、桑色素、儿茶素等，能起到一定程度的抗癌作用。

泡茶步骤

【茶具】 玻璃杯、茶匙、茶荷各 1 个。

【冲泡】

1. 冲泡： 用茶匙将茶叶从茶荷中拨入玻璃杯中，冲入 80℃ ~ 90℃ 的水。

2. 品饮： 静待片刻，只见茶叶徐徐伸展，汤色橙黄清澈，香气清高细长，入口后清醇爽口。

干茶鉴别

选购时，以色泽乌褐油润的为佳品，闻起来清香高长、带有兰花香味者最佳。

贮藏

密封

可用干燥箱或陶罐存放茶叶。罐内底部放置双层棉纸，罐口放置两层棉布而后压上盖子。

干燥

可用有双层盖子的罐子贮存，以纸罐较好，其他锡罐、马口铁罐等都可以，罐内仍是须先摆一层棉纸或牛皮纸，再盖紧盖子（棉纸或牛皮纸都能起到防潮的作用）。

低温

最好能预备一台专门贮存茶叶的小型冰箱，设定温度在 -5℃ 以下，将拆封的封口紧闭好，将其放入冰箱内。

梨山乌龙

｜ 茶叶产地： 台湾省台中市梨山

茶叶介绍

　　梨山乌龙主要产于台湾省台中市的梨山高冷乌龙茶园。茶园分布在海拔 2000 米的高山之上，云雾弥漫，昼夜温差大，极为有益茶树的生长，这种得天独厚的自然条件与栽种条件，使得梨山茶芽叶柔软，叶肉厚实，果胶质、氨基酸含量高。制成的成品茶香气优雅，显高山韵，滋味甘醇滑软，耐冲泡，其中以 2 ～ 4 泡香气最佳。

茶叶特色

外形	/	肥壮紧结
色泽	/	翠绿鲜活
汤色	/	碧绿显黄
香气	/	浓郁幽雅
滋味	/	甘醇爽滑
叶底	/	肥软整齐

茶叶小故事

　　福寿山农场位于梨山地区，20世纪70年代中期，福寿山农场开始植茶，并逐次扩散，海拔约2000米，土质结构为砾质壤土及页岩地形，产期5月底～10月上旬，年收2～3季。常年处于低温环境，茶叶成长缓慢且常受白雪洗礼，茶汤鲜美，清甜滑口，是孕育茶树的优质环境。

茶叶功效

　　嫩肤美白：梨山乌龙对抑制过敏性皮炎有一定的功效，而且可提高皮肤角质层的保水能力。

　　提神益思：乌龙茶所含的咖啡因较多，咖啡因能促使人体中枢神经兴奋，增强大脑皮质的兴奋过程，起到提神益思、清心的效果。

泡茶步骤

　　【茶具】盖碗、茶匙、茶荷、品茗杯各1个。

　　【冲泡】

　　1.冲泡：将茶叶拨入盖碗中。冲入100℃左右的水，加盖冲泡1～3分钟。

　　2.品饮：茶香幽雅，茶汤碧绿显黄，入口后，滋味甘醇爽口，甘甜而不苦涩。

干茶鉴别

　　梨山乌龙冬茶农历九月中开始采收，春茶农历四月初开始采收。叶厚带有青翠茶，甘醇苦涩少，香气优雅具有花香，外观结实墨绿，是台湾省茶之最。

贮藏

　　将茶叶贮藏在干燥、避光、低温、密封的环境下，且避免接触异味。

木栅
铁观音

/ **茶叶产地：** 台湾省北部

![茶叶图标] 茶叶介绍

　　木栅铁观音，属半发酵的青茶，是乌龙茶类中的极品。系清光绪年间由台湾省木栅茶叶公司从福建安溪引进纯种铁观音茶种，种植于台湾省北部的南里。因为此地土质与气候环境均与安溪原产地相近，所以生育良好，制茶品质亦十分优异。木栅铁观音有一种韵味，称"观音韵"或"官韵"。

茶叶特色

外形	/	条索圆结
色泽	/	嫩绿油亮
汤色	/	金黄橙色
香气	/	浓厚清长
滋味	/	回甘留香
叶底	/	心绿边红

茶叶小故事

木栅铁观音产于台湾省北部，是于日据时代木栅茶叶公司派木栅茶师张乃妙、张乃干兄弟远赴大陆取回，种植于木栅茶区，而有木栅铁观音茶的开始。木栅铁观音茶一年可采收 4～5 次，春茶和冬茶品质最佳。

茶叶功效

1. 助消化：茶中的咖啡碱能提高胃液的分泌量，帮助消化，增强分解脂肪的能力。

2. 预防心血管疾病：茶中的黄酮醇类除了具有抗氧化作用，还能有效预防心血管疾病。

泡茶步骤

【茶具】陶瓷茶壶或紫砂壶、茶匙、茶荷、品茗杯各 1 个。

【冲泡】

1. 洗杯：将开水倒入茶壶中进行冲洗，弃水不用。

2. 冲泡：将茶叶拨入茶壶中，冲入 100℃ 左右的水，加盖冲泡 1～3 分钟，即可将茶汤倒入品茗杯中进行品饮。

3. 品饮：茶汤金黄橙色，叶底心绿边红，有花果的香气。入口后，滋味回甘留香。

干茶鉴别

木栅铁观音干茶条索圆结，卷面呈蜻蜓头形状或半球状，叶厚沉重，叶边镶红色、叶腹绿色、叶蒂呈青色、整体呈深褐色。形状粗大、条索不紧、不卷曲者次之。干茶呈甘浓香，是非常鲜明的可可香。

贮藏

可用干燥箱或陶罐存放茶叶。罐内底部放置双层棉纸，罐口放置两层棉布而后压上盖子。

文山包种茶

茶叶产地： 台湾省台北市文山地区

**茶**叶介绍

文山包种茶，又称"清茶"，是由台湾乌龙茶种轻度半发酵制成的清香型绿色乌龙，素有"露凝香""雾凝春"的美誉，并以"香、浓、醇、韵、美"五大特色而闻名于世。文山包种茶的典型特征是：第一，香气幽雅清香，且带有明显的花香；第二，滋味甘醇鲜爽；第三，茶汤清澈明亮。

茶叶特色

外形	/	紧结卷曲
色泽	/	乌褐油亮
汤色	/	清澈明亮
香气	/	优雅清香
滋味	/	甘醇鲜爽
叶底	/	红褐油亮

茶叶功效

1. 利尿： 含有的咖啡碱和茶碱，能起到利尿的作用。

2. 降压作用： 含有的茶多酚和维生素 C，能起到防止动脉硬化的作用，适合高血压、冠心病患者饮用。

泡茶步骤

【茶具】 紫砂壶或盖碗、茶匙、茶荷、品茗杯各 1 个。

【冲泡】

1. 洗杯： 将开水倒入盖碗中进行冲洗，弃水不用。

2. 冲泡： 将茶叶拨入盖碗中，冲入 100℃ 左右的水，加盖冲泡 1 ~ 3 分钟，即可将茶汤倒入品茗杯中进行品饮。

3. 品饮： 茶叶徐徐伸展，汤色清澈明亮，香气清香持久，叶底红褐油亮。入口后茶味甘醇鲜爽。

干茶鉴别

文山包种干茶是经日光萎凋、室内萎凋、搅拌、杀青、揉捻、解块、烘干、烘焙等工序精制而成。成品形状以稍细长、条索紧结、叶尖自然弯曲、茶身呈油光墨绿色带青蛙皮的灰白点色泽为上选品。

贮藏

密封

可用干燥箱或陶罐存放茶叶。罐内底部放置双层棉纸，罐口放置两层棉布而后压上盖子。

干燥

可用有双层盖子的罐子贮存，以纸罐较好，其他锡罐、马口铁罐等都可以，罐内仍是须先摆一层棉纸或牛皮纸，再盖紧盖子（棉纸或牛皮纸都能起到防潮的作用）。

低温

最好能预备一台专门贮存茶叶的小型冰箱,温度设定在 -5℃ 以下,将拆封的封口紧闭好,将其放入冰箱内。

冻顶乌龙茶

| 茶叶产地： 台湾凤凰山的冻顶山一带

茶叶介绍

　　冻顶乌龙茶俗称冻顶茶，是台湾知名度极高的茶，也是台湾包种茶的一种。台湾包种茶属轻度或中度发酵茶，亦称"清香乌龙茶"。包种茶按外形不同可分为两类，一类是条形包种茶，以"文山包种茶"为代表；另一类是半球形包种茶，以"冻顶乌龙茶"为代表。洞顶乌龙茶原产地在台湾南投县的鹿谷乡，是以青心乌龙为主要原料制成的半发酵茶。

茶叶特色

外形	/	紧结卷曲
色泽	/	墨绿油润
汤色	/	黄绿明亮
香气	/	持久高远
滋味	/	甘醇浓厚
叶底	/	肥厚匀整

茶叶小故事

据说台湾冻顶茶是一位叫林凤池的台湾人，从福建武夷山把茶苗带到台湾种植而发展起来的。林凤池祖籍福建。一年，他听说福建要举行科举考试，想去参加，可是家穷没路费。乡亲们纷纷捐款。临行时，乡亲们对他说："你到了福建，可要向咱祖家的乡亲们问好呀，说咱们台湾乡亲十分怀念他们。"

林凤池考中了举人，几年后，决定要回台湾探亲，顺便带了36棵冻顶茶茶苗回台湾，种在了南投鹿谷乡的冻顶山上。经过精心培育繁殖，建成了一片茶园，所采制之茶清香可口。后来林凤池奉旨进京，他把冻顶茶献给了道光皇帝，皇帝饮后称赞好茶。因这茶是台湾冻顶山采制的，就叫作冻顶茶。从此台湾乌龙茶也叫"冻顶乌龙茶"。

《台湾通史》称：台湾产茶，其来已久，旧志称水沙连（今南投县埔里、日月潭、水里、竹山等地）社茶，色如松萝，能避瘴祛暑。至今五城之茶，尚售市上，而以冻顶为佳，惟所出无多。

据考证，制作冻顶茶的青心乌龙茶树种引自福建省建瓯市，但经过多年的发展，形成了自己独特的一套制茶工艺。

茶叶功效

1. 降血脂： 冻顶乌龙茶有防止和减轻血中脂质在主动脉中粥样硬化的作用。

2. 抗衰老： 饮用冻顶乌龙茶可以使血中维生素 C 含量持较高水平，有抗衰老作用，常饮可从多方面增强人体抗衰老能力。

泡茶步骤

【**茶具**】盖碗、茶匙、茶荷、品茗杯各 1 个。

【**冲泡**】

1. 温杯： 将开水倒入盖碗中进行冲洗，弃水不用。

2. 冲泡： 用茶匙将茶叶从茶荷中拨入盖碗，冲入 100℃左右的水，加盖冲泡 1 ~ 3 分钟。

3. 品饮： 将茶汤倒入品茗杯中，茶汤黄绿明亮，叶底肥厚匀整，入口滋味甘醇爽滑，喉韵强，饮后唇齿带有花香或成熟果香。

干茶鉴别

冻顶乌龙干茶是经晒青、晾青、浪青、炒青、揉捻、初烘、多次团揉、复烘、再焙火制成。成品外观色泽呈墨绿鲜艳，并带有青蛙皮般的灰白点，条索紧结弯曲，干茶具有强烈的芳香。

贮藏

密封

可用干燥箱或陶罐存放茶叶。罐内底部放置双层棉纸，罐口放置两层棉布而后压上盖子。

干燥

可用有双层盖子的罐子贮存，以纸罐较好，其他锡罐、马口铁罐等都可以，罐内仍是须先摆一层棉纸或牛皮纸，再盖紧盖子（棉纸或牛皮纸都能起到防潮的作用）。

低温

最好能预备一台专门贮存茶叶的小型冰箱,温度设定在 −5℃ 以下,将拆封的封口紧闭好,将其放入冰箱内。

岭头
单丛

| 茶叶产地： 广东省潮州市饶平县

茶叶介绍

    岭头单枞，又称"白叶单枞"，创制于 1961 年，是选取鲜叶经过晒青、做青、杀青、揉捻、烘干等工序制成的，其中做青是形成茶品"蜜韵"的关键工序。岭头单枞适宜在年平均温度 19℃ ~ 23℃、雨水充沛的山地上种植，且土壤以砾质土为佳，土壤 pH 值要求 4.5 ~ 5.5，最佳的种植高度为海拔 350 ~ 600 米。

茶叶特色

外形 /	紧结壮硕
色泽 /	黄褐油润
汤色 /	橙黄明亮
香气 /	清香蜜韵
滋味 /	浓醇甘爽
叶底 /	绿腹红边

茶叶小故事

　　岭头单丛创制于 1961 年。1981 年岭头单丛茶被广东省有关部门鉴定为省优良品种；1986 年和 1990 年被商业部评为"中国名茶"。1988 年获广东省名茶称号，同年参加欧共体在巴基斯坦拉合尔市举行的亚太地区农产品新技术新产品博览会上获最受欢迎奖。1989 年获国家卫生部授予的"绿色食品"称号。1990 年经农业部鉴定为优良品种。1990 年商业部在河南省信阳市召开的全国名茶评比会上，金帆牌岭头单丛再次被评为全国名茶。1991 年中国杭州国际文化节上获"中国文化名茶"称号。1992 年"岭头单丛茶高产优质栽制综合技术"获广东省农业技术推广一等奖。

　　1992 年被外交部定为"国宾茶"，作为接待外宾佳品，同年获中国国际名优新产品博览会金奖。1994 年被评为广东省名茶，获金奖。1995 年和 1997 年分别于第二届、第三届中国农业博览会获得"金质奖"和"名牌产品"。1999 年在首届广东省名优茶质量竞赛暨优胜名茶竞买会上，被评为名茶称号，并以 500 克 2.9 万元成交。2001 年获广州首届国际茶文化节"单丛茶王"奖，同年栖云山牌岭头单丛茶获 AA 级国家绿色食品称号。2002 年获第五届广东省名优茶评比金奖，同年因名优乌龙茶（单丛、黄金桂）加工创新技术研究与应用获广东省科学技术三等奖。2003 年获第五届"中茶杯"名优茶评比特等奖。

茶叶功效

1. 减肥：含有咖啡碱、茶多酚、维生素 C 等，常饮能帮助减肥。

2. 提神：含有的咖啡碱能够刺激大脑皮质，以此来兴奋神经中枢，达到提神醒脑、提高注意力的作用。

泡茶步骤

【茶具】红泥壶或白瓷盖碗、茶匙、茶荷、品茗杯各 1 个。

【冲泡】

1. 洗杯：将开水倒入盖碗中进行冲洗，弃水不用。

2. 冲泡：将茶叶拨入盖碗中，冲入 100℃ 左右的水，加盖冲泡 1 ~ 3 分钟，即可将茶汤从盖碗中倒入品茗杯中进行品饮。

3. 品饮：静待数秒，轻揭盖，只见茶叶徐徐伸展，汤色橙黄明亮，香气清高悠长，叶底黄绿腹红边。

干茶鉴别

岭头单丛干茶是经晒青、晾青、碰青、杀青、揉捻、烘干等程序精制而成。春茶成品色泽乌黑发亮，条索均匀，细长。冬茶成品条索粗大，外形微弯曲，呈黄褐色，酷似鳝鱼色。

贮藏

密封

可用干燥箱或陶罐存放茶叶。罐内底部放置双层棉纸，罐口放置两层棉布而后压上盖子。

干燥

可用有双层盖子的罐子贮存，以纸罐较好，其他锡罐、马口铁罐等都可以，罐内仍是须先摆一层棉纸或牛皮纸，再盖紧盖子（棉纸或牛皮纸都能起到防潮的作用）。

凤凰单丛

茶叶产地： 广东省潮州市凤凰镇乌岽山茶区

茶叶介绍

凤凰单丛，属乌龙茶类，产于广东省潮州市凤凰镇乌岽山茶区。因产区濒临东海，气候温暖，雨水充足，土壤肥沃，含丰富的有机物质和微量元素，有利于茶树的发育与形成茶多酚和芳香物质。凤凰单丛实行分株单采，清明前后，新茶芽萌发至小开面（即出现驻芽），即按一芽二、三叶标准，用"骑马采茶手法"采摘。

茶叶特色

外形	/	条索紧细
色泽	/	乌润油亮
汤色	/	橙黄明亮
香气	/	香高持久
滋味	/	醇厚鲜爽
叶底	/	匀亮齐整

茶叶功效

1. 延缓衰老： 凤凰单丛多酚具有很强的抗氧化性和生理活性，是人体自由基的清除剂，能阻断脂质过氧化反应，清除活性酶。

2. 防癌抗癌： 凤凰单丛多酚可以阻断亚硝酸胺等多种致癌物质在体内合成，并具有直接杀伤癌细胞和提高机体免疫力的功效。

泡茶步骤

【茶具】 盖碗、茶匙、茶荷、品茗杯各 1 个。

【冲泡】

1. 洗杯： 将开水倒入盖碗中进行冲洗，弃水不用。

2. 冲泡： 将茶叶拨入盖碗中，冲入 100℃ 左右的水，加盖冲泡 1 ~ 3 分钟，即可将茶汤从盖碗中倒入品茗杯中进行品饮。

3. 品饮： 入口后，滋味浓厚甘爽，有栀子花香。

干茶鉴别

凤凰单丛干茶是经晒青、晾青、碰青、杀青、揉捻、烘焙等工序，历时 10 小时制成成品茶。成品外形条索粗壮，匀整挺直，色泽黄褐，油润有光，并有朱砂红点是为上品。

贮藏

密封

可用干燥箱或陶罐存放茶叶。罐内底部放置双层棉纸，罐口放置两层棉布而后压上盖子。

干燥

可用有双层盖子的罐子贮存，以纸罐较好，其他锡罐、马口铁罐等都可以，罐内仍是须先摆一层棉纸或牛皮纸，再盖紧盖子（棉纸或牛皮纸都能起到防潮的作用）。

Part 9

认识黑茶：浓郁古香

  黑茶属于后发酵茶，由于采用的原料粗老，在加工制作过程中堆积发酵的时间也比较长，因此叶色多呈现暗褐色，故称为黑茶。

  黑茶是我国特有的茶叶品种，需要经过杀青、揉捻、渥堆、复揉和烘培五道工序。

认识黑茶

[黑茶的分类]

湖南黑茶

湖南黑茶专指产自湖南的黑茶，包括安化黑茶等。

湖北老青茶

湖北老青茶是以老青茶为原料，蒸压成砖形的黑茶，包括蒲圻老青茶等。

四川边茶

四川边茶又分南路边茶和西路边茶两种，其成品茶品质优良，经熬耐泡。

滇桂黑茶

滇桂黑茶专指生产于云南和广西的黑茶，属于特种黑茶，香味以陈为贵，包括普洱茶、六堡茶等。

[黑茶的冲泡]

茶具选用

传统冲泡黑茶一般选用煮水锅或者陶瓷杯、紫砂杯进行冲泡，有时也会采用盖碗直接饮用或倒入小杯中品饮。

水温控制

因为黑茶的茶叶较老，在水温方面，一定要使用温度至少

100℃的沸水进行冲泡，才能保证黑茶出汤后的茶汤品质。

置茶量

黑茶出汤色泽较显红褐或黑褐色，置茶量可以控制在10～15克左右，也可以根据个人喜好调整。

冲泡方法

黑茶的冲泡方法有多种。主要有以下几种：

1.煮饮法

取煮水锅一个，倒入约500毫升水，待大火一沸，即可投入10～15克黑茶，至锅中水滚沸后，改小火再煮2分钟，即可关火，过滤去掉茶渣，取清澈茶汤品饮。在少数民族地区有时也会加点盐或奶与茶汤混合，制成颇具特色的奶茶。

2.盖碗法

使用工夫茶茶具冲泡，也是黑茶常用的冲泡方法。

取盖碗一个，投入15克黑茶，再按茶水1：40的比例，倒入100℃沸水冲泡，稍闷泡，使黑茶的茶味完全泡出，即可将茶汤倒入小杯中品饮。

3.杯泡法

取紫砂杯或陶瓷杯一个，投入5克黑茶，再按茶水1：40的比例，倒入100℃沸水冲泡，因黑茶较老，因此泡茶时间可较长，静置2～3分钟再倒出茶汤饮用即可。

冲泡时间

因黑茶的发酵时间较长，因此成品茶叶较老，在冲泡过程中可以闷泡稍长时间再出汤，每次大约闷泡2～3分钟后品饮也可。

［ 黑茶的贮藏 ］

黑茶在贮藏过程中不可直接接受日晒，应放置于阴凉的地方，以免茶品急速氧化。同时，贮藏的位置应通风，且不与有异味的物品存放在一起，以避免茶叶霉变、变味，加速茶体的湿热氧化过程。

黑茶不宜用塑料袋密封，可使用牛皮纸等通透性较好的材料进行包装。

茯砖茶

茶叶产地： 湖南省益阳市安化县

茶叶介绍

　　茯砖茶是黑茶中一个最具特色的产品，约在公元 1368 年问世，采用湖南、陕南、四川等地的茶为原料，手工筑制，因原料送到泾阳筑制，称"泾阳砖"，因在伏天加工，故称"伏茶"。茯砖茶分特制和普通两个品种，主要区别在于原料的拼配不同。特制茯砖全部用三级黑毛茶作原料，而压制普通茯砖的原料中包含多种等级的黑毛茶。

茶叶特色

外形	/	长方砖形
色泽	/	黑褐油润
汤色	/	红黄明亮
香气	/	纯正清高
滋味	/	醇和尚浓
叶底	/	黑褐粗老

茶叶小故事

茯砖茶传说：东汉永元年间，和帝刘肇为安定西北边塞，使人民免受兵荒战乱之苦，与西域各国建立了外交往来，公元91—102年，和帝多次派班超率队运货到西域通商。

有一年的五黄六月，班超带领布商和茶商赶着数十辆马车，在军队的护送下，浩浩荡荡沿着前朝张骞开辟的丝绸之路向西进发。

商队西出帝都洛阳半月以后的一天中午，在前不着村后不着店的荒山野岭之中，遇到了一场暴雨，使得所载货物都淋得透湿。雨后天晴，丝绸布匹被风一吹就干了，可是茶叶要晒干没有2～3天是不行的，茶商怕耽误了赶路的日期，只吹干了茶叶表面的水分，重新包装打点就跟着队伍前进了。

进入河西走廊，队伍遇到一些牧民得了某种怪病，有人建议用茶来治疗，班超一听，认为茶叶反正不会坏事，于是命令郎中不妨一试。

郎中奉命去取茶叶，打开篓子一看，只见茶叶上密密麻麻长出了许多黄色的小斑点。他犹豫了，这长黄霉的茶叶能吃吗？救人一命，胜造七级浮屠，试试或许会有一线希望。于是抓了两把发黄霉的茶叶放到锅子里一煮，给患病的牧民每人灌了一大碗。过了片刻，患者各

放了几个响屁，觉得舒服多了。又接着喝了两碗，肚子里几个鼓胀的硬块渐渐消失了。他们站了起来，向班超与医生磕头致谢，并问是什么灵丹妙药使他们起死回生。班超答曰：此乃楚地运来的茶叶。

道完谢毕，牧民们立即跳上马，连夜把汉族商人用茶叶救他们性命的事情向部落首领作了禀告。第二天一大早，班超的大队伍还未启程，部落首领就带了厚礼来酬谢，并邀请班超到府上歇息几日。因为时间不允许耽误，班超谢绝了他们的好意。部落首领便用重金买下了这批茶叶。楚地茶叶能治病的消息一传开，渐渐地成了草原牧民的喜爱之物了。

茯砖茶约在 1368 年（洪武元年即朱元璋"明太祖"建立明朝初）问世。当时用湖南所产的黑毛茶踩压成 90 千克一块的篾篓大包，运往陕西泾阳筑制茯砖。茯砖早期称"湖茶"，因在伏天加工，故又称"伏茶"，因原料送到泾阳筑制，又称"泾阳砖"。《明史·茶法》记载，早在明嘉靖三年即公元 1524 年前，茯茶就被规定为运往西北供少数民族所需的官茶。

近代湖南安化白沙溪经过反复试验，1953 年终于在安化就地加工茯砖茶获得成功。茯砖茶集中在湖南益阳和湖南白沙溪茶厂两个茶厂加工压制，年产量约 2 万吨，产品名称改为湖南益阳茯砖。80 年代初期，湖北蒲圻羊楼洞茶场，引用湖南茯砖制法获得成功，年产量 500 吨左右。

茶叶功效

1. 抗血凝、抗血栓：茯砖茶中的茶多糖具有显著的抗血凝作用，能减少血小板数，延缓血凝速度从而起到抗血栓的作用。

2. 降血脂：茯砖茶中的茶多糖能与脂蛋白酶结合，起到抗动脉粥样硬化的作用。

泡茶步骤

【茶具】紫砂壶、茶匙、茶荷、品茗杯各 1 个。

【冲泡】

1. 温杯：将热水倒入紫砂壶中进行温壶，再倒入品茗杯中进行温杯，而后弃水不用。

2. 冲泡：用茶匙将茶叶从茶荷中拨入紫砂壶中，冲入 100℃ 左右的沸水，冲泡 8 ~ 10 分钟，倒入品茗杯中。

3. 品饮：入口后，滋味醇和无涩味，回甘十分明显。

 **干茶鉴别**

茯砖茶干茶外形为长方砖形，规格为 35 厘米 ×18.5 厘米 ×5 厘米，现在茯砖大小规格不一。特制茯砖砖面色泽黑褐，内质香气纯正，滋味醇厚，汤色红黄明亮，叶底黑汤尚匀。普通茯砖砖面色泽黄褐，内质香气纯正，滋味醇和尚浓，汤色红黄尚明，叶底黑褐粗老，泡饮时汤红而不浊，耐冲泡。每片砖净重均为 2 千克。

贮藏

茯砖茶的贮存条件比较简单，做到通风透气、避光，与有异味的物质隔离即可。

阴凉忌日晒

日晒会使茶品急速氧化，产生一些不和谐化学成分，如日晒味，长时间不得消失。

通风忌密闭

通风有助于茶品的自然氧化，同时可适当吸收空气中的水分（水分不能过高，否则容易产生霉变），加速茶体的湿热氧化过程，也为微生物代谢提供水分和氧气。切忌使用塑料袋密封，可用牛皮纸、皮纸等通透性较好的材料进行包装储存。

开阔忌异味

茶叶具有极强的吸异性，不能与异味的物质混放在一起，宜放在开阔而通风的环境中。

黑毛茶

茶叶产地： 湖南省益阳市安化县

茶叶介绍

　　黑毛茶，是指没有经过压制的黑茶，一般经过杀青、初揉、渥堆、复揉、干燥这五道制作工序制作而成，而作为原料的嫩芽则依据不同等级而有所不同，通常等级越高采摘嫩芽的时间越早，一级茶品要求以一芽二叶或一芽三叶为原料。如今，湖南著名的紧压茶，如黑砖茶、花砖茶、湘尖茶等都是以黑毛茶为原料制成的。

茶叶特色

外形	/	条粗叶阔
色泽	/	黑褐油润
汤色	/	红褐明亮
香气	/	带松烟香
滋味	/	醇厚鲜爽
叶底	/	乌褐叶大

茶叶功效

抗菌： 茶汤中的茶黄素能够起到清除自由基的作用，还能对肉毒芽杆菌、肠类杆菌、金黄色葡萄球菌、荚膜杆菌等起到明显的抗菌作用。

降压： 茶叶中特有的茶氨酸能通过活化多巴胺能神经元，起到抑制血压升高的作用。

泡茶步骤

【茶具】 玻璃杯、茶匙、茶荷各 1 个。

【冲泡】

1. **冲泡：** 用茶匙将茶叶从茶荷中拨入玻璃杯中，冲入 80℃ 左右的水至七分满即可。

2. **品饮：** 静待片刻，只见茶叶徐徐伸展，汤色红褐明亮，香气中带着火候香、松烟香，叶底乌褐叶大，入口后醇厚鲜爽。

干茶鉴别

以外形粗卷、叶片阔大，色泽黑褐油润，闻上去有火候香、松烟香，冲泡后汤色红褐，尝起来滋味醇厚者为佳。

贮藏

密封

可用干燥箱或陶罐存放茶叶。罐内底部放置双层棉纸，罐口放置两层棉布而后压上盖子。

干燥

可用有双层盖子的罐子贮存，以纸罐较好，其他锡罐、马口铁罐等都可以，罐内仍是须先摆一层棉纸或牛皮纸，再盖紧盖子（棉纸或牛皮纸都能起到防潮的作用）。

低温

最好能预备一台专门贮存茶叶的小型冰箱，设定温度在 -5℃ 以下，将拆封的封口紧闭好，将其放入冰箱内。

湖南
千两茶

| 茶叶产地： 湖南省益阳市安化县

🍃茶叶介绍

　　千两茶是 20 世纪 50 年代产的传统工艺茶品，产于湖南省安化县。千两茶是安化的传统名茶，以每卷的茶叶净含量合老秤一千两而得名，又因其外表的篾篓包装成花格状，故又名"花卷茶"。吸天地之灵气，收日月之精华，日晒夜露是千两茶品质形成的关键工艺，因此该茶被权威的台湾茶书誉为"茶文化的经典，茶叶历史的浓缩，茶中的极品"。

茶叶特色

外形	/	呈圆柱形
色泽	/	黄褐油亮
汤色	/	金黄明亮
香气	/	高香持久
滋味	/	甜润醇厚
叶底	/	黑褐嫩匀

茶叶小故事

安化"千两"茶，即花卷茶，历史上是安化边江刘姓家庭不向外传的神秘产品。新中国成立后的1952年引入湖南省白沙溪茶厂独家生产。

花卷茶的生产在原料选择上需经筛制、拣剔、整形、拼堆程序，在加工上需经绞、压、跺、滚、锤工艺，最后形成长约1.5米、直径为0.2米左右的圆柱体，置于凉架上，经夏秋季节50天左右的日晒夜露（不能淋雨），在自然条件催化下，自行发酵、干燥，吸"天地之灵气，纳宇宙之精华"于茶体之内，进入长期陈放期，陈放越久，质量越好，品味更佳。

茶叶功效

1. 降血糖： 千两茶中的茶多糖能通过抗氧化作用和增强葡萄糖激酶的活性来有效降低血糖。

2. 消脂减肥： 茶中的多酚类及其氧化产物能溶解脂肪，促进脂类物质排出；还可活化蛋白质激酶，加速脂肪分解，降低体内脂肪的含量。

泡茶步骤

【茶具】 紫砂壶、茶匙、茶荷、品茗杯等各 1 个。

【冲泡】

1.冲泡： 用茶匙将茶叶从茶荷中拨入紫砂壶中，冲入 100℃ 左右的沸水，冲泡 2～3 分钟。

2.品饮： 香气纯正或带有松烟香，汤色橙黄、滋味醇厚。充分均匀茶汤后，倒入品茗杯中，入口后，滋味醇浓回味高香持久。

干茶鉴别

千两茶干茶是以蓼叶裹胎，外包棕片，再用竹篾捆压箍紧，黑毛茶是立夏前后采摘的全花白梗茶而制作的。成品通体乌黑有光泽，紧细密致。成饼时锯面应平整光滑无毛糙处，结实如铁是为上品。

贮藏

密封

可用干燥箱或陶罐存放茶叶。罐内底部放置双层棉纸，罐口放置两层棉布而后压上盖子。

干燥

可用有双层盖子的罐子贮存，以纸罐较好，其他锡罐、马口铁罐等都可以，罐内仍是须先摆一层棉纸或牛皮纸，再盖紧盖子（棉纸或牛皮纸都能起到防潮的作用）。

低温

最好能预备一台专门贮存茶叶的小型冰箱，设定温度在 -5℃ 以下，将拆封的封口紧闭好，将其放入冰箱内。

天尖茶

茶叶产地： 湖南省益阳市安化县

茶叶介绍

历史上湖南安化黑茶系列产品有"三尖"之说，即"天尖、生尖、贡尖"。天尖黑茶地位最高，茶等级也最高，明清时就被定为皇家贡品，专供帝王家族品用，故名"天尖"，为众多湖南安化黑茶之首。天尖茶既可以泡饮，也可煮饮；既适合清饮，亦适合制作奶茶，特别在南方各茶馆煮泡壶茶，家庭煎泡冷饮茶，很合时宜。

茶叶特色

外形 /	条索紧结
色泽 /	乌黑油润
汤色 /	橙黄明亮
香气 /	带松烟香
滋味 /	醇厚爽口
叶底 /	黄褐尚嫩

茶叶小故事

湖南黑茶最早的历史记载可见五代毛文锡《茶谱》："潭郡之间有渠江，中有茶……其色如铁而芳香异常。"黑茶因其包装紧实、品质稳定、能够紧压和长期存储，适合茶马贩运。湖南黑茶系初制过程中直接渥堆加工而成，具有独特的品质、风味。天尖茶的散装篾篓包装，是现存最古老的茶叶的包装方式，是中国茶叶传统文化的宝贵遗产。据《明史—食货志》记载："神宗万历十三年（1585年）中茶易马，唯汉中保守，而湖南产茶值贱，商人率我境私贩。"即是说湖南黑茶质优价廉，受到茶商争相贩运的状况。

1942年《边政公论—历代茶叶边贸史》评"左氏之制施行以来，以挽回咸同年间西北茶销停滞全局，亦即奠定60年来西北边销之基地也"。变革数百年茶制，推动了湖南黑茶的发展。

1972—1974年，长沙马王堆一、三号汉墓出土有"一笥"竹简，经考证即茶一箱，箱内黑色颗粒状实物用显微镜切片被确认为是茶。益阳市茶叶局局长、高级农艺师易梁生经过多年考察、研究、分析，认为是安化黑茶。按史书记载，目前安化黑茶历史可追溯到1400多年前唐代文成公主进藏时陪嫁的安化黑茶。如果马王堆汉墓里的茶叶来自安化，安化黑茶的历史则至少可再前推900年，达到2300年。

茶叶功效

1. 杀菌消炎：黑茶汤色的主要组成成分是茶黄素和茶红素，有明显的抗菌作用。

2. 利尿解毒：天尖茶中的咖啡碱对膀胱有刺激作用，既能协助利尿，又有助于醒酒、解除酒毒。此外，天尖茶中的茶多酚有很强的吸附作用，有助于缓解重金属的毒害作用。

泡茶步骤

【茶具】厚壁紫砂壶、茶匙、茶荷、茶杯各 1 个。

【冲泡】

1. 冲泡：用茶匙将天尖茶叶从茶荷中拨入紫砂壶中，水温 100℃左右，冲泡时间为 1～2 分钟。

2. 品饮：茶汤醇和带松烟香，色泽乌黑油润，将其倒入茶杯中，入口后口感醇和，不苦不涩，醇和而有回甘，口齿生津。

干茶鉴别

天尖茶干茶是经过筛分、风选、拣剔、高温汽蒸软化、揉捻、烘培、拼堆、包装的工序，即为成品。外形条索紧结，较圆直，嫩度较好，色泽乌黑油润。

贮藏

日常生活中天尖茶一定要保存在干燥、阴凉、通风、避光的环境中，才不会使之变质。

花砖茶

茶叶产地： 湖南省益阳市安化县高家溪和马家溪

茶叶介绍

　　花砖茶，历史上又叫"花卷"。一般规格均为35
厘米 ×18 厘米 ×3.5 厘米。做工精细、品质优良。因
为砖面的四边都有花纹，为区别于其他砖茶，取名"花砖"。
正品花砖茶砖身压制紧实，砖面乌润光滑，斜纹图案清晰，
棱角分明，内质香气醇正。

茶叶特色

外形	/	砖面平整
色泽	/	色泽黑褐
汤色	/	红黄明亮
香气	/	香气纯正
滋味	/	浓厚微涩
叶底	/	老嫩匀称

茶叶小故事

　　花砖茶创制于 1958 年，当时是为了响应党的号召，工业逐步实现机械化，提高生产力，减轻工人的劳动强度，白沙溪人以花卷茶为基础，为国家多生产边销茶来达到维护民族团结之目的而制作了用机械生产的花砖茶。

　　过去交通困难，茶叶运输不便，这圆柱形的花卷茶形如"树干"，便于捆在牲口背的两边驮运。但在零售与饮用时，要用钢锯锯成片。这样做，既不方便，茶末又易损失，造成浪费。另外，在筑造过程中，花工多，成本高，劳动强度大，制作不易。如此落后的生产方式，不仅生产者要求改革，消费者也要求改革。1958 年安化沙溪茶厂适应形势发展的需要，经过多次试验，终于将"花卷"改制成为长方形砖茶。

茶叶功效

　　1. 止咳止泻：花砖茶除能帮助消化外，还有治咳嗽和腹泻的作用，且腹胀时亦可饮用，疗效显著。

　　2. 消暑降温：夏季时，将泡好的花砖茶冷却后放入冰箱冷藏，饮用起来非常舒爽，还能起到消暑降温的特效。

泡茶步骤

【茶具】温壶、品茗杯各 1 个。

【冲泡】

1. 冲泡：将 90℃的水倒入壶中，冲泡花砖茶约 2 分钟。

2. 品饮：气味微香中掺杂一丝微涩，将其倒入品茗杯中，喝茶前先闻气味然后抿一口，将茶水置于舌根底部，停留约 3 ~ 5 秒，便可以尝到真正的"回韵"，令人神清气爽。

干茶鉴别

花砖茶和黑砖茶都是以湖南黑毛茶为原料，黑砖茶以三级黑毛茶为主，拼入一部分四级原料和少量其他茶；花砖茶以三级黑毛茶为原料。过去黑砖和花砖原料分"洒面"和"包心"，包心原料较差，压在里面。1967 年以后，为了保证品质，简化工艺，将洒面和包心茶混合压制。黑砖茶与花砖茶除原料有差异外，压成砖茶后表面图案和文字也各不相同。黑砖茶砖面上方有"黑砖茶"三字，下方有"湖南安化"四字，中部为五角星。花砖茶砖面上方压印有"中茶"商标图案，下方压印有"安化花砖"字样，四边压印斜条花纹。

贮藏

密封

可用干燥箱或陶罐存放茶叶。罐内底部放置双层棉纸，罐口放置两层棉布而后压上盖子。

干燥

可用有双层盖子的罐子贮存，以纸罐较好，其他锡罐、马口铁罐等都可以，罐内仍是须先摆一层棉纸或牛皮纸，再盖紧盖子（棉纸或牛皮纸都能起到防潮的作用）。

低温

最好能预备一台专门贮存茶叶的小型冰箱，设定温度在 -5℃ 以下，将拆封的封口紧闭好，将其放入冰箱内。

黑砖茶

| 茶叶产地： 湖南省白沙溪茶厂

茶叶介绍

　　黑砖茶，是以黑毛茶作为原料制成的半发酵茶，创制于 1939 年，多半选用三级、四级的黑毛茶搭配其他茶种进行混合，再经过筛分、风选、拼堆、蒸压、烘焙、包装等一系列工序制成。黑砖茶的外形通常为长方砖形，规格为 35 厘米 ×18.5 厘米 ×3.5 厘米，因砖面压有"湖南省砖茶厂压制"八个字，因此又称"八字砖"。

茶叶特色

外形	/	平整光滑
色泽	/	黑褐油润
汤色	/	黄红稍褐
香气	/	清香纯正
滋味	/	浓醇微涩
叶底	/	黑褐均匀

茶叶小故事

史料记载: 湖南安化县生产黑茶历史悠久,早在明朝万历年间由户部正式定为运销西北地区以茶易马的"官茶"后,陕、甘、宁、晋地区的茶商,到朝廷在各地设置的茶马司以金(货币)易领"茶引"(按:明制**茶课引规定:** 上引五千斤、中引四千斤、下引三千斤),至安化大量采购黑茶砖,运销西北地区以茶易马(按:明洪武二十二年所定茶易马分上、中、**下三等:** 上等马每匹一百二十斤、中等马每匹七十斤、下等马每匹五十斤)。大都运往兰州再转销陕、甘、青、新、宁、藏少数民族地区。明末清初西北地区的"边茶"十之八九由安化黑茶供应,多在陕西泾阳压成茶砖。

1939 年,湖南省茶叶管理处在安化县设厂大批量生产黑砖茶,产品分"天、地、人、和"四级,统称"黑茶砖"。1947 年,安化茶叶公司设厂于江南镇,在茶砖面上印有八个字,称"八字茶砖",供不应求。新中国成立后,中国茶业公司安化砖茶厂(白沙溪茶厂前身)积极扩大生产,产品改称"黑砖茶",主销西北少数民族地区。

茶叶功效

1. 抗菌: 茶汤中的茶黄素能清除自由基,还能起到明显的抗菌作用。

2. 消食: 茶叶中含有的咖啡碱具有刺激作用,能帮助提高胃液的分泌量,从而增进食欲,促进消化。

泡茶步骤

【茶具】 盖碗、茶匙、茶荷、茶杯各 1 个。

【冲泡】

1. **冲泡：** 将热水倒入盖碗中进行温杯，而后弃水不用，用茶匙将准备好的茶叶拨入盖碗，冲入 80℃ 左右的水至七分满。

2. **品饮：** 见茶叶徐徐伸展，汤色黄红稍褐，香气清香纯正，叶底黑褐均匀，将茶汤倒入茶杯中品饮，入口后浓醇微涩。

干茶鉴别

黑砖茶干茶每块重 2 千克，呈长方砖块形，长 35 厘米，宽 18.5 厘米，厚 3.5 厘米。砖面平整光滑，棱角分明。

贮藏

密封

可用干燥箱或陶罐存放茶叶。罐内底部放置双层棉纸，罐口放置两层棉布而后压上盖子。

干燥

可用有双层盖子的罐子贮存，以纸罐较好，其他锡罐、马口铁罐等都可以，罐内仍是须先摆一层棉纸或牛皮纸，再盖紧盖子（棉纸或牛皮纸都能起到防潮的作用）。

低温

最好能预备一台专门贮存茶叶的小型冰箱，设定温度在 -5℃ 以下，将拆封的封口紧闭好，将其放入冰箱内。

凤凰普洱沱茶

茶叶产地： 云南省大理市南涧县

 **茶**叶介绍

  凤凰普洱沱茶产于云南省大理市南涧县，选用良好植被和生态环境的无量山优质大叶种青毛茶为原料加工而成。凤凰普洱沱茶除了品质优异以外，它的包装也很讲究，包装上面有两只凤凰图案，随着生产日期的不同，茶品上的凤凰会出现不同形态。

茶叶特色

外形	/	紧结端正
色泽	/	色泽橙黄
汤色	/	橙黄明亮
香气	/	纯正馥郁
滋味	/	醇厚甘甜
叶底	/	嫩匀完整

茶叶功效

1. 美发： 凤凰普洱沱茶具有美发的效果，洗过头发后，再用该茶水洗涤，可以使头发乌黑柔软，富有光泽。

2. 降脂： 凤凰普洱沱茶所含脂肪酶能分解脂肪，常饮此茶具有减肥作用。

泡茶步骤

【茶具】 盖碗、茶荷、茶匙、品茗杯各 1 个。

【冲泡】

1. 冲泡： 将热水倒入盖碗中进行温杯，而后弃水不用。用茶匙将茶叶从茶荷中拨入盖碗中，水温 90℃ 左右，冲泡时间约为 1 分钟，然后倒入品茗杯中即可。

2. 品饮： 入口后口感十分醇厚，回甘十分强劲，一般 10 泡之后，开始出现甜味。

干茶鉴别

选购时应注意外观需整洁、完整无损，挑选紧结端正且松紧适度的为佳。

贮藏

密封

可用干燥箱或陶罐存放茶叶。罐内底部放置双层棉纸，罐口放置两层棉布而后压上盖子。

干燥

可用有双层盖子的罐子贮存，以纸罐较好，其他锡罐、马口铁罐等都可以，罐内仍是须先摆一层棉纸或牛皮纸，再盖紧盖子（棉纸或牛皮纸都能起到防潮的作用）。

低温

最好能预备一台专门贮存茶叶的小型冰箱，设定温度在 -5℃ 以下，将拆封的封口紧闭好，将其放入冰箱内。

老班章寨古树茶

茶叶产地： 云南省西双版纳傣族自治州勐海县

茶叶介绍

　　老班章寨古树茶专指用云南省西双版纳勐海县布朗山乡老班章村老班章茶区的古茶树大叶种乔木晒青毛茶压制而成的云南紧压茶，有"茶王"之称。按产品形式，此茶可分为沱茶、砖茶、饼茶和散茶，按加工工艺可分为生茶和熟茶。老班章寨是云南少有的不使用化肥、农药等无机物，纯天然、无污染、原生态古树茶产地，其古树茶以质重、气强著称。

茶叶特色

外形	/	条索细长
色泽	/	墨绿油亮
汤色	/	清亮稠厚
香气	/	厚重醇香
滋味	/	回甘持久
叶底	/	柔韧显毫

茶叶小故事

　　老班章村所在地，土壤富含有机质，日照足、云雾浓、湿度大，特别适合古茶树的生长。一直以来，老班章村民沿用传统古法、人工养护古茶树，手工采摘鲜叶，日光晒青毛茶，石磨土法压制各种紧压茶，时至今日，老班章寨古树茶是云南省境内少有的不使用化肥、农药等无机物的，纯天然、无污染、原生态古树茶产地。老班章古树龄多在 300 年左右，由于所处位置偏僻，有幸保留了众多古树茶。土壤以落叶和沙壤混合型为主，地肥壤厚、得天独厚的自然生态造就老班章茶口感特殊，品种特征明显，成为少有的最原始的原生态普洱茶。

茶叶功效

　　护齿： 老班章寨古树茶含有许多生理活性成分，具有杀菌消毒的作用，因此能祛除口腔异味，保护牙齿。

　　防癌抗癌： 老班章寨古树茶含有多种丰富的抗癌微量元素，常饮有助于防癌抗癌。

泡茶步骤

　　【茶具】 盖碗、茶荷、茶匙、品茗杯各 1 个。

　　【冲泡】

　　1. 冲泡： 用茶匙将茶叶从茶荷中拨入盖碗中，水温 90℃ ~ 100℃，冲泡时间为 1 ~ 3 分钟。

　　2. 品饮： 入口即能明显感觉到茶汤的劲度和力度，口感回甘、鲜香。

干茶鉴别

　　选购时应注意观察其干茶茶色及形状，优质的老班章外观：条索细长而粗壮、显毫，色泽油亮，除芽头显白毫外，芽叶色泽墨绿，油亮。

贮藏

　　日常生活中应保存在干燥、通风、常温的环境中才不会使之变质。

普洱茶砖

茶叶产地： 云南省普洱市

 **茶**叶介绍

普洱茶砖产于云南省普洱市，精选云南乔木型古茶树的鲜嫩芽叶为原料，以传统工艺制作而成。所有的砖茶都是经蒸压成形的，但成形方式有所不同。如黑砖、花砖、茯砖、青砖是用机压成形；康砖茶则是用棍锤筑造成形。汽蒸渥堆是茯砖压制中特有工序，同时它还有一个特殊的过程，即让黄霉菌在其上面生长，俗称"发金花"。

茶叶特色

外形	/	端正均匀
色泽	/	黑褐油润
汤色	/	红浓清澈
香气	/	陈香浓郁
滋味	/	醇厚浓香
叶底	/	肥软红褐

茶叶功效

降压降脂：普洱茶砖中的茶碱等物质能降低血压、防治动脉硬化，对老年人调理身体有益。

健牙护齿、消炎灭菌：普洱茶砖中含有许多生理活性成分，具有杀菌消毒的作用，因此能祛除口腔异味，保护牙齿。

泡茶步骤

【茶具】盖碗、茶荷、茶匙、品茗杯各 1 个。

【冲泡】

1. 温杯：将热水倒入盖碗中进行温杯，而后弃水不用。

2. 冲泡：用茶匙将茶叶从茶荷中拨入盖碗中，水温 90℃ ~ 100℃，冲泡时间约为 1 分钟，然后倒入品茗杯中。

3. 品饮：沏泡后，茶色红浓清澈，入口后滋味醇厚，回甘十分明显。

干茶鉴别

选购普洱茶时，应注意外包装一定要尽量完整，无残损，茶香陈香浓郁，轻轻摇晃包装，以无散茶者为佳。

贮藏

密封

可用干燥箱或陶罐存放茶叶。罐内底部放置双层棉纸，罐口放置两层棉布而后压上盖子。

干燥

可用有双层盖子的罐子贮存，以纸罐较好，其他锡罐、马口铁罐等都可以，罐内仍是须先摆一层棉纸或牛皮纸，再盖紧盖子（棉纸或牛皮纸都能起到防潮的作用）。

低温

最好能预备一台专门贮存茶叶的小型冰箱，设定温度在 -5℃ 以下，将拆封的封口紧闭好，将其放入冰箱内。

宫廷普洱

茶叶产地： 云南省西双版纳傣族自治州

 茶叶介绍

　　宫廷普洱，是古代专门进贡给皇族享用的茶，在旧时是一种身份的象征，是普洱中的特级茶品，称得上是茶中的名门贵族。宫廷普洱的制作颇为严格，是选取二月份上等野生大叶乔木芽尖中极细且微白的芽蕊，经过杀青、揉捻、晒干、渥堆、筛分等多道复杂的工序，才最终制成优质茶品。

茶叶特色

外形	/	紧细匀整
色泽	/	褐红油润
汤色	/	红浓明亮
香气	/	陈香浓郁
滋味	/	浓醇爽口
叶底	/	褐红细嫩

茶叶功效

1. 养胃：饮用宫廷普洱茶能对胃部起到一定的保护作用。

2. 抗衰老：茶叶中含有的儿茶素类化合物能起到抗衰老的作用，还能增强人体免疫力，效果甚佳。

泡茶步骤

【**茶具**】紫砂壶、茶荷、茶匙、茶杯各 1 个。

【**冲泡**】

1. 冲泡：用茶匙将茶叶从茶荷中拨入壶中，然后倒入适量的沸水，第一次洗掉干茶中的浮灰，第二次冲至七分满即可。

2. 品饮：静待数秒，只见茶叶徐徐伸展，汤色红浓明亮，香气陈香浓郁，叶底褐红细嫩，将茶汤倒入茶杯，至八分满即可。

干茶鉴别

宫廷普洱成品外形紧细匀整，色泽褐红油润，且金毫显现的为佳品；闻起来陈香浓郁，冲泡后的汤色红浓明亮，尝起来浓醇爽口者质优。

贮藏

日常生活中保存宫廷普洱应干燥、通风、遮光，远离异味。

布朗
生茶

茶叶产地： 云南省

 **茶**叶介绍

　　布朗生茶是云南出产的黑茶中较为有名的一种。布朗生茶轻嗅起来似乎带有浓重的麦香味，外形呈茶饼状，饼香悠远怡人，条索硕大而不似一般茶饼、茶砖，是通过收采最嫩芽叶纯手工制作而成。此茶微显毫，尝起来茶味清甜。

茶叶特色

外形	/	条索肥硕
色泽	/	嫩绿油润
汤色	/	金黄透亮
香气	/	略有蜜香
滋味	/	细腻厚重
叶底	/	柔软匀称

茶叶功效

散风解表：布朗生茶具有祛痰、止渴生津、消暑、解热、抗感冒、解毒等功效，可作为攻补兼备的良药。

减轻烟毒：长期吸烟者常饮布朗生茶，有助于排出体内毒素，预防疾病，减轻烟毒所带来的长期危害，也有助于舒缓神经，饮后喉底生甘。

泡茶步骤

【茶具】过滤杯、茶壶、品茗杯各 1 个。

【冲泡】

1. 冲泡：将约 5 克的茶叶放入过滤杯中，倒入 90℃～100℃的热水，先将第一遍水滤去，再次倒入热水，冲泡茶叶，盖上杯盖即可。

2. 品饮：待茶散发出浓浓麦香，此时稍稍晃动茶壶，然后倒入品茗杯中，一杯香醇的布朗生茶就完成了。

干茶鉴别

可通过闻味和辨色来选购。一般是拿到鼻尖轻嗅一下，对茶哈一口气，再闻茶散发出的味道；辨色方面，熟茶老的颜色一般会褪为棕色，生茶越老的颜色就会越深。

贮藏

干燥

可用有双层盖子的罐子贮存，以纸罐较好，其他锡罐、马口铁罐等都可以，罐内仍是须先摆一层棉纸或牛皮纸，再盖紧盖子（棉纸或牛皮纸都能起到防潮的作用）。

低温

最好能预备一台专门贮存茶叶的小型冰箱，设定温度在 -5℃ 以下，将拆封的封口紧闭好，将其放入冰箱内。

金瓜贡茶

茶叶产地： 云南省西双版纳傣族自治州勐海县

茶叶介绍

　　金瓜贡茶也称团茶、人头贡茶，是普洱茶独有的一种特殊紧压茶形式，因其形似南瓜，茶芽长年陈放后色泽金黄，得名金瓜，早年的金瓜茶是专为上贡朝廷而制，故名"金瓜贡茶"。此茶茶香浓郁，隐隐有竹香、兰香、檀香和陶土的香气，清新自然，润如三秋皓月，香于九畹芳兰气，是普洱茶家族中当之无愧的茶王。

茶叶特色

外形	/	匀整端正
色泽	/	黑褐光润
汤色	/	黑褐明亮
香气	/	纯正浓郁
滋味	/	醇香浓郁
叶底	/	肥软匀亮

茶叶小故事

　　生产金瓜贡茶，始于清雍正七年（1729年）。当时，云南总督鄂尔泰在普洱府宁洱县建立了贡茶茶厂，选取西双版纳最好的女儿茶，以制成团茶、散茶和茶膏，敬贡朝廷。

　　据传制人头贡茶的茶叶均由未婚少女采摘，采下的芽茶一般先放于少女怀中，积到一定数量，才放到竹篓里。这种芽茶经长期存放，会变成金黄色，所以人头贡茶亦称"金瓜贡茶"或"金瓜人头贡茶"。

茶叶功效

　　1.降血脂： 金瓜贡茶有降血脂、减肥、预防糖尿病及前列腺肥大等健康功效。

　　2.抗氧化： 金瓜贡茶中含有黄酮醇类、儿茶素、茶多酚等，具有很强的抗菌、抗氧化能力。

泡茶步骤

　　【茶具】 盖碗、茶荷、茶匙、茶杯各1个。

　　【冲泡】

　　1.冲泡： 用茶匙将金瓜贡茶从茶荷中拨入盖碗中，水温90℃左右，冲泡时间约为1分钟。

　　2.品饮： 茶水丝滑柔顺，醇香浓郁，其香沁心脾，将其倒入茶杯中，入口后口感醇和，不苦不涩，醇和而有回甘，口齿生津。

干茶鉴别

　　金瓜贡茶散茶的外形细质感，形状匀整端正，芽头多，毫显，嫩度高。色泽光润、润泽的嫩度好，以黑褐、棕褐、褐红色为正常。

贮藏

　　日常生活中存放时应避免阳光直射，阴凉通风，远离气味浓厚的物品即可长期保存。

云南七子饼

茶叶产地： 云南省西双版纳傣族自治州

叶介绍

云南七子饼亦称"圆饼"，是云南普洱茶中的著名产品，系选用云南一定区域内的大叶种晒青毛茶为原料，适度发酵，经高温蒸压而成，具有滋味醇厚、回甘生津、经久耐泡的特点。该茶要是保存在适宜的环境下，会越陈越香。

茶叶特色

外形	/	紧结端正
色泽	/	乌润油亮
汤色	/	橙黄明亮
香气	/	纯正馥郁
滋味	/	醇厚甘甜
叶底	/	嫩匀完整

茶叶小故事

七子饼茶，是中外历史上，用国家法律来规定外形、重量、包装规格的唯一茶品。七子饼茶又称圆茶，是云南省西双版纳傣族自治州生产的一种传统名茶。

《大清会典事例》载："雍正十三年（1735年）提准，云南商贩茶，系每七圆为一筒，重四十九两（合今1800克），征税银一分，每百斤给一引，应以茶三十二筒为一引，每引收税银三钱二分。于十三年始，颁给茶引三千。"这里清廷规定了云南外销茶为七子茶，但当时还没有这个提法。清末，由于清廷处于没落期，茶叶形式开始多变，如宝森茶庄出现了小五子圆茶，为了区别，人们将七个一筒的园茶包装形式称为"七子圆茶"。思茅茶叶商会在1921年商定，每圆茶底料不超过六两，但财大气粗的"雷永丰"号却生产每圆六两五钱每筒八圆的"八子圆茶"，一时市场份额大增。新中国成立后，云南茶叶公司所属各国营茶厂，使用中茶公司的商标，生产"中茶牌"圆茶。

20世纪70年代初，云南茶叶进出口公司希望找到更有号召力、更利于宣传和推广的名称，他们改"圆"为"饼"，形成了"七子饼茶"这个吉祥名称，从此"云南七子饼茶"就成了紧压茶的霸主地位。七圆一筒，原是清廷规范计量、生产和方便运输所制定的一个标准。发展至今，"七子饼"已成为普洱茶中响当当的商品名称。

茶叶功效

1. 降脂减肥： 七子饼茶与脂肪的代谢关系密切，其含有脂肪分解酵素的脂肪酶，能对脂肪产生分解作用，因而普洱茶有减肥的效果。

2. 防癌抗癌： 茶中含有的锗元素可以抗癌，有强大的启动白细胞作用的物质，使白细胞的辨认灵敏度提高。

3. 健齿护齿： 可抑制人体钙质的减少，这对预防龋齿、护齿健齿都是有益的。

泡茶步骤

【茶具】盖碗、茶杯、茶荷、茶匙各 1 个。

【冲泡】

1. 冲泡： 用茶匙将茶叶从茶荷中拨入盖碗中，然后向盖碗中冲入适量的水，水温为90℃左右，冲泡时间约为 1 分钟。

2. 品饮： 冲泡后的茶色橙黄，十分诱人，将其倒入茶杯中，入口后滋味鲜爽回甘，带有香气，回味无穷。

干茶鉴别

七子饼茶外形结紧端正，松紧适度。熟饼色泽红褐油润（俗称猪肝色）。生饼外形色泽随年份不同而千变万化，一般呈青棕、棕褐色，油光润泽。

贮藏

日常生活中储藏时应避光、通风，并远离气味浓厚的物品。

六堡散茶

| 茶叶产地： 广西壮族自治区苍梧县大堡乡

茶叶介绍

　　六堡散茶已有 200 多年的生产历史，因原产于广西壮族自治区苍梧县大堡乡而得名。现在六堡散茶产区相对扩大，分布在浔江、郁江、贺江、柳江和红水河两崖，主产区是梧州地区。六堡茶素以"红、浓、陈、醇"四绝著称，品质优异，风味独特，尤其是在海外侨胞中享有较高的声誉，被视为养生保健的珍品。民间流传有耐于久藏、越陈越香的说法。

茶叶特色

外形	/	条索长整
色泽	/	黑褐光润
汤色	/	红浓明亮
香气	/	纯正醇厚
滋味	/	甘醇爽口
叶底	/	呈铜褐色

茶叶小故事

　　六堡茶是广西梧州最具有浓郁地方特色的名茶，是一种很古老的茶制品。据南北朝时期的《桐君录》所载："南方有瓜木，亦似茗，至苦涩，取为屑茶饮，亦可通夜不眠。煮盐人但资此饮，而交广最重，客来先设，乃加以笔香辈。"说明远在五六世纪时，两广地区的人们已有普遍饮茶的习惯。到了魏晋朝期间，茶叶已经开始制饼烘干，并有紧压茶出现。正如陆羽《茶经》中所云："采之、蒸之、捣之、拍之、焙之、穿之、封之、茶之干矣。"

　　鲜叶采摘后经过蒸饼捣揉出汁。用手拍紧成形，烘干后成为饼茶、团茶备用。而六堡茶的制法正是源自于这种方法。经过不断的演变，才形成了六堡茶今天的制作方法和品质。

　　乾隆二十二年（1757年），清廷见西方在中国沿海地区非法贸易活动猖獗，便封闭了福建、浙江、江苏三处海关，只留广州一个口岸通商，于是"十三行"便独占中国对外贸易。六堡茶也随之名声大噪。

　　苍梧县志则有"六堡味厚，隔宿不变"的评价。而茶中有"发金花"的，即生长有金色菌孢子的最受欢迎。因金花菌能够分泌多种酶，促使茶叶内含物质朝特定的化学反应方向转化，形成具有良好滋味和气味的物质，其保健功效也很好。

茶叶功效

1. 降血压: 六堡散茶中含有茶氨酸, 能通过活化多巴胺能神经元, 起到抑制血压升高的作用。

2. 减肥: 长期饮用六堡散茶能使体内的胆固醇及甘油三酯减少, 起到治疗肥胖症的功效。

泡茶步骤

【茶具】 盖碗、茶荷、茶匙、品茗杯等各 1 个。

【冲泡】

1. 冲泡: 将热水倒入盖碗中进行温杯, 而后弃水不用, 用茶匙将茶叶从茶荷中拨入盖碗中, 水温 90℃ ~ 100℃, 冲泡时间为 1 ~ 3 分钟, 冲泡后倒入品茗杯中即可。

2. 品饮: 入口后香气高扬浓郁, 带来强烈的回甘, 生津持久。

干茶鉴别

正宗六堡散茶干茶条索均匀, 色泽黑褐光润而略带棕褐, 无杂味和霉点, 闻之有槟榔香、罗汉果香味。

贮藏

储藏六堡散茶时需保持干燥、通风、避光的环境, 常温保存。

青砖茶

茶叶产地： 湖北省咸宁市

茶**叶介绍**

青砖茶属黑茶种类，是以老青茶作为原料，经压制而成。其产地主要在湖北省咸宁地区的薄圻、咸宁、通山、崇阳等县，已有200多年的历史。青砖茶的外形为长方形，色泽青褐，香气纯正，汤色红黄，滋味香浓。饮用青砖茶，除生津解渴外，还具有清新提神、帮助消化、杀菌止泻等功效。

茶叶特色

外形	/	长方砖形
色泽	/	青褐油润
汤色	/	红黄尚明
香气	/	纯正馥郁
滋味	/	味浓可口
叶底	/	暗黑粗老

茶叶功效

1. 安神宁心： 饮用青砖茶，除能生津解渴外，还具有清新提神、杀菌止泻的功效，适当饮用，效果甚好。

2. 杀菌、助消化： 青砖茶富含膳食纤维，具有调理肠胃的功效，且有益生菌参与，能改善肠道微生物环境，助消化。

泡茶步骤

【茶具】 紫砂壶、茶匙、茶荷、品茗杯等各 1 个。

【冲泡】

1. 温杯： 将热水倒入紫砂壶中进行温壶，而后弃水不用。

2. 冲泡： 然后用茶匙将茶叶从茶荷中拨入紫砂壶，冲入 100℃ 左右的沸水，冲泡 10 分钟左右，倒入品茗杯中即可。

3. 品饮： 入口后，茶香纯正、柔和，浓香可口，有回甘。

干茶鉴别

青砖茶外形为长方砖形，色泽青褐，香气纯正。每片青砖重 2 千克（其中洒面、二面占 0.25 千克，里茶 1.75 千克），大小规格为 34 厘米 ×17 厘米 ×4 厘米。

贮藏

密封

可用干燥箱或陶罐存放茶叶。罐内底部放置双层棉纸，罐口放置两层棉布而后压上盖子。

低温

最好能预备一台专门贮存茶叶的小型冰箱,设定温度在 −5℃ 以下,将拆封的封口紧闭好,将其放入冰箱内。

金尖茶

茶叶产地： 四川省雅安地区

茶叶介绍

金尖茶产于四川雅安，原料选自海拔 1200 米以上云雾山中有性繁殖的成熟茶叶和红苔，经过三十二道工序精制而成。藏族谚语说"宁可三日无粮，不可一日无茶"，表达了对金尖茶的依赖之情。金尖茶常见规格为每块净重 2.5 千克，圆角枕形。

茶叶特色

外形 /	圆角枕形
色泽 /	棕褐油润
汤色 /	红黄明亮
香气 /	清香平和
滋味 /	醇香浓郁
叶底 /	暗褐粗老

茶叶功效

1. 降胆固醇： 金尖茶经过陈放，可生成多糖、茶红素、茶黄素等物质，其中的茶黄素有助于降血脂，不但能与胆固醇结合，减少食物中胆固醇的吸收，还能抑制人体自身胆固醇的合成。

2. 降脂： 金尖茶含有多酚类及其氧化产物，能溶解脂肪，促进脂类物质排出，还可活化蛋白质激酶，加速脂肪分解，降低体内脂肪的含量。

泡茶步骤

【茶具】 紫砂壶、茶匙、茶荷、茶杯各 1 个。

【冲泡】

1. 冲泡： 将热水倒入紫砂壶中进行温壶后弃水不用，用茶匙将茶叶从茶荷中拨入紫砂壶中，冲入 100℃ 左右的沸水，冲泡 10 分钟左右。期间需淋壶，以保持壶温，最后倒入茶杯中即可。

2. 品饮： 入口后口感醇和，不苦不涩，醇和而有回甘，口齿生津。

干茶鉴别

正宗金尖茶色泽棕褐，干茶包装呈圆角枕形，平整而紧实，香气纯正。选购时还可根据金尖茶的外包装进行简单辨别，选择包装完整者为佳。

贮藏

密封

可用干燥箱或陶罐存放茶叶。罐内底部放置双层棉纸，罐口放置两层棉布而后压上盖子。

干燥

可用有双层盖子的罐子贮存，以纸罐较好，其他锡罐、马口铁罐等都可以，罐内仍是须先摆一层棉纸或牛皮纸，再盖紧盖子（棉纸或牛皮纸都能起到防潮的作用）。

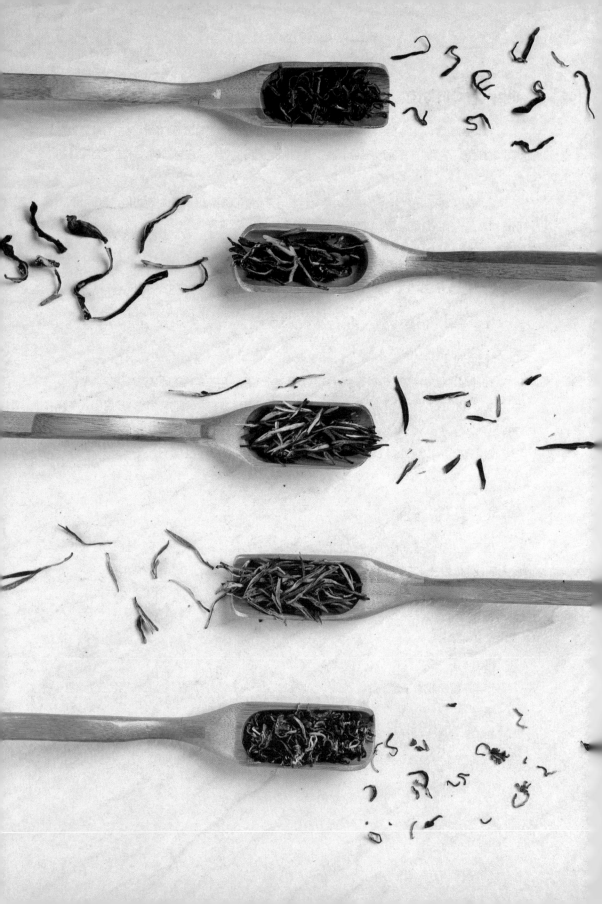

Part 10

认识黄茶：厚重深沉

人们从炒青绿茶中发现，由于杀青、揉捻后干燥不足或不及时，叶色即变黄，于是产生了黄茶。黄茶是轻度发酵茶，根据茶叶的嫩度和大小分为黄芽茶、黄大茶和黄小茶。

认识黄茶

黄茶的分类

黄芽茶

黄芽茶是黄茶中的佼佼者，要求芽叶要"细嫩、新鲜、匀齐、纯净"。黄芽茶的茶芽最细嫩，是采摘春季萌发的单芽或幼嫩的一芽一叶，再经过加工制成的，幼芽色黄而多白毫，故名黄芽，香味鲜醇。

最有名的黄芽茶品种有君山银针、蒙顶黄芽和霍山黄芽。

黄小茶

黄小茶对茶芽的要求不及黄芽茶的细嫩，但也秉承了"细嫩、新鲜、匀齐、纯净"的原则，采摘较为细嫩的芽叶进行加工，一芽一叶，条索细小。

黄小茶目前在国内的产量不大，主要品种有北港毛尖、沩山毛尖、远安鹿苑和平阳黄汤。

黄大茶

黄大茶创制于明代隆庆年间，距今已有400多年历史，是中国黄茶中产量最多的一类。黄大茶对茶芽的采摘要求也较宽松，其鲜叶采摘要求大枝大杆，一般为一芽四五叶，长度为10~13厘米。

黄茶的冲泡

茶具选用

冲泡黄茶时的茶具选用与其他茶种相似，可以选择玻璃杯或者茶碗进行冲泡。选择玻璃杯更适合欣赏茶叶在冲泡过程中的景观，而选择茶碗则对冲泡工艺更讲究，更适合用于品尝茶汤的滋味。

水温控制

冲泡黄茶的水温控制在90℃左右，可以更好地让黄茶溶于水中。

置茶量

冲泡黄茶时的置茶量通常宜控制在所选茶具的四分之一左右，而茶水比例以1：50为宜，这样冲泡出来的茶汤既不会太浓，也不至于太淡，品饮的滋味更好。当然，具体的置茶量也可以根据个人喜好的口感进行适度调整。

冲泡方法

相比绿茶、乌龙茶，黄茶的冲泡方法较为简单，步骤也简单，操作起来更便捷。

第一种是传统的黄茶冲泡方法。先清洁茶具，按置茶量放入茶叶，再按茶水比例先倒入一半的水，浸泡黄茶叶约1分钟，再倒入另一半水。冲泡的时候提高水壶，让水自高而下冲，反复提举3次，有利于提高茶汤的品质。

第二种是简易的黄茶冲泡方法。取玻璃杯或白瓷杯，根据个人口味放入适量茶叶，冲入冷却至90℃的少量沸水，泡30秒，再冲水至八分满，静置2~3分钟后即可饮用。一次茶叶最多可冲泡三四次茶汤。

冲泡时间

通常，黄茶第一泡的冲泡时间宜控制在3秒左右，但第一泡的茶水应倒掉，为了去除黄茶中的杂质，接着再继续冲泡，时间可适当增加至四五秒，但也不宜将茶叶泡太久，否则丢失了茶的香味。

适时续水

在每次茶汤剩下三分之一的时候，即可续水，水温以90℃为宜，这样能使每次冲泡的黄茶茶汤口感都好。大概冲泡四五次之后，如果茶味变淡，即可弃茶不用。

[黄茶的贮藏]

黄茶跟绿茶相比，其陈化变质的过程较慢，因此贮藏起来较方便，也更易贮藏。家庭贮藏黄茶，一般可以先将其放入干燥、无异味的容器内，尽量隔绝空气，再加盖密封，还要注意避免阳光照射、远离高温，同时，不与容易串味的物品放在一起，这样便可较长时间保证黄茶的品质。

莫干黄芽

茶叶产地： 浙江省湖州市德清县

叶介绍

　　莫干黄芽，又名横岭1号，产于浙江省德清县的莫干山，为浙江省第一批省级名茶之一。茶区常年云雾笼罩，空气湿润；土质多酸性灰、黄壤，腐殖质丰富，为茶叶的生长提供了优越的环境。莫干黄芽条紧纤秀，细似莲心，含嫩黄白毫芽尖，故此得名。此茶属莫干云雾茶的上品，其品质特点是黄叶黄汤，这种黄色是制茶过程中进行渥堆、闷黄的结果。

茶叶特色

外形	/	细如雀舌
色泽	/	黄嫩油润
汤色	/	橙黄明亮
香气	/	清鲜幽雅
滋味	/	鲜美醇爽
叶底	/	细嫩成朵

茶叶小故事

莫干山产茶，早在晋代就有僧侣在此山种茶。陆羽的《茶经》、明雪峤大师的《双髻山居》、清唐靖的《前溪逸志》、吴康侯的《莫干山记》和诗僧秋谭都曾记述过莫干茶事。清《武康县志》有"茶产塔山者尤佳，寺僧种植其上，茶吸云雾，其芳烈十倍"的记载。

茶叶功效

祛除胃热：黄茶性微寒，适合于胃热者饮用。 莫干黄芽茶中的消化酶，有助于缓解消化不良、食欲不振。

预防食道癌：莫干黄芽中的茶多酚、氨基酸、维生素等物质，对防治食道癌有明显功效。

泡茶步骤

【茶具】白瓷盖碗、茶匙、茶荷、茶杯各 1 个。

【冲泡】

1. 温杯：将热水倒入盖碗进行温杯，而后弃水不用。

2. 冲泡：用茶匙将 3 克左右的莫干黄茶茶叶从茶荷中拨入盖碗，再冲入开水。

3. 品饮：2 分钟后即可出汤倒入茶杯中品饮，莫干黄芽茶汤入口后滋味醇爽，而且带有清鲜的香气。

干茶鉴别

莫干黄芽干茶是经杀青、轻揉、微渥堆、炒二青、烘焙干燥、过筛等传统工序，所制成品，芽叶完整，净度良好，外形紧细成条似莲心，芽叶肥壮显茸毫，色泽黄嫩油润。

贮藏

可用干燥箱或陶罐存放茶叶。罐内底部放置双层棉纸，罐口放置两层棉布而后压上盖子。

霍山黄芽

茶叶产地： 安徽省六安市霍山县

 **茶**叶介绍

　　霍山黄芽是黄茶的一种，主要产于安徽省霍山县大花坪金子山、漫水河金竹坪、上土市九宫山、单龙寺、磨子谭、胡家河等地。霍山黄芽源于唐朝之前。唐李肇《国史补》曾把寿州霍山黄芽列为十四品目贡品名茶之一。霍山黄芽为不发酵自然茶，保留了鲜叶中的天然物质，富含氨基酸、茶多酚、维生素、脂肪酸等多种有益成分。

茶叶特色

外形	/	形似雀舌
色泽	/	嫩绿披毫
汤色	/	黄绿清澈
香气	/	清香持久
滋味	/	鲜醇浓厚
叶底	/	嫩黄明亮

茶叶小故事

霍山黄芽传说: 唐太宗的御妹玉真公主李翠莲出生在帝王之家, 自幼淡泊名利, 敬佛修善, 经常出没于京城大小寺庙之中。虽贵为公主, 但千经万典, 无所不通; 佛号仙音, 无经不会。在唐太宗为玄奘法师西域取经饯行的法会上, 李翠莲巧遇一位霍山南岳庙的游方高僧。高僧见李翠莲面相慈悲, 骨格清奇, 便对李翠莲说道: "公主出身豪门, 心怀慈悲, 幼时即结佛缘, 甚是难得, 如能在东南方出家修行, 他日必成正果。"李翠莲听了高僧一席话后, 更坚定了她出家修行的决心。于是, 在一个秋阳高照的日子, 她悄然离开京城, 千里迢迢地来到霍山, 在霍山县令和南岳高僧的帮助下, 到了挂龙尖上的一座庵庙, 削发为尼, 当上了住持。

李翠莲在京城时虽不食荤, 却酷爱饮茶。霍山是著名的黄芽茶之乡, 李翠莲在诵经弘法之余, 也带领众尼随当地茶农一起采茶制茶, 乐此不疲。李翠莲在采茶制茶之初, 遍访当地茶农, 虚心请教采茶制茶的经验。晚上, 李翠莲在灯下细心研读陆羽《茶经》。几年后, 李翠莲终于悟出茶叶制作的精髓, 总结了一套完整的采茶制茶方法和加工工艺。她制作的茶叶有一种独特的清香之气, 得到当地茶农的赞赏, 经常向她讨教制茶中遇到的疑难问题。一天, 一位农妇捧着一包自制的生茶, 请李翠莲品尝指导。李翠莲品尝之后甚是惊讶。见此茶虽然制作粗糙, 但茶质甚好。急问农妇此茶产于何处。农妇答道, 此茶产于抱儿峰 (今霍山太阳乡金竹坪附近)。

李翠莲听完农妇介绍之后, 感叹不已。从此以后, 每到春季谷雨前, 就带领众尼跋山涉水, 到抱儿峰一带采摘茶叶。回来后用她独特的制作工艺, 精心烘制。此茶经诸多茶农茶商品尝后, 称之为黄茶之冠, 茶中极品。

后送于太宗李世民品尝, 太宗当即降旨, 将抱儿钟秀黄芽茶, 纳

为朝廷贡茶，岁贡300斤。太宗皇帝为霍山黄芽茶赐名并亲笔题写"抱儿钟秀"茶名，一时在民间传为佳话。

史料记载：霍山黄芽茶历史悠久，早在1000多年前就已成为唐朝名茶，明代被列为贡品，清朝更定为内用，清末民初作为贡茶忽然绝迹。据唐朝李肇写的《国史补》中，关于开元至长庆（713～821年）年间史实的记载，有一段这样说："寿州有霍山黄芽，蕲州有蕲门团黄，而浮梁商货不在焉。"

唐杨晔《膳夫经手金录》载："有寿州霍山小团，此可能仿造小片龙芽作为贡品，其数甚微，古称霍山黄芽乃取一旗一枪，古人描述其状如甲片，叶软如蝉翼是未经压制之散茶也。"

欧阳修在《新唐书》中记载："寿州、寿春郡士贡丝、布匹、茶、生石斛。"从这位唐代大文学家记述中，可以看出霍山茶叶，唐时即为贡品。因当时霍山属寿春郡，茶、石斛均为霍山出产。

据《霍山县志》记载：朱明王朝把霍山黄芽列为贡茶。明初规定年贡20斤。正德十年（1515年）贡宁王府芽茶1200斤，细茶6000斤。芽茶1斤买银1两，尤恐不得。

清乾隆十四年《霍山县志·茶考》载，六安州岁贡芽茶200袋，每袋重1斤12两。自明弘治七年分设霍山县后，随定额分办，州办茶25袋，县办茶175袋……

清朝文学家、旅行家张星焕称诸佛庵仙人冲的茶为"仙人茶"。他在《皖游记闻》中曰："霍山仙人冲以左元放故里得名，如今左姓最多，皆为元放之后裔也。其地产石灰……亦产茶，贾人美其名曰'仙人茶'。"

 **茶叶功效**

1. 降血脂： 霍山黄芽含有茶多酚，能清除血管壁上胆固醇的堆积，有助于降血脂。

2. 增强免疫力： 此茶可以提高人体中的白细胞和淋巴细胞的数量和活性，以及促进脾脏细胞中白细胞间素的形成，从而增强人体免疫力。

 **泡茶步骤**

【茶具】 玻璃杯、茶匙、茶荷各 1 个。

【冲泡】

1. 冲泡：用茶匙将 4 克霍山黄芽茶叶从茶荷中拨入到玻璃杯中，用 80℃左右的水冲泡即可。

2. 品饮：片刻后，只见汤色黄绿清澈，香气清香持久，叶底嫩黄明亮，即可品饮。

 **干茶鉴别**

霍山黄芽干茶经过杀青、初烘、摊放、复烘、足烘五道工序。外形紧细成条，有如莲心；色泽黄嫩油润，芽叶成朵为上品。

贮藏

密封

可用干燥箱或陶罐存放茶叶。罐内底部放置双层棉纸，罐口放置两层棉布而后压上盖子。

干燥

可用有双层盖子的罐子贮存，以纸罐较好，其他锡罐、马口铁罐等都可以，罐内仍是须先摆一层棉纸或牛皮纸，再盖紧盖子（棉纸或牛皮纸都能起到防潮的作用）。

沩山
毛尖

茶叶产地： 湖南省长沙市宁乡县

茶叶介绍

沩山毛尖产于湖南省宁乡县，历史悠久，传说远在唐朝就已称著。1941 年《宁乡县志》载："沩山茶雨前采制，香嫩清醇，不让武夷、龙井。商品销甘肃、新疆等省区，久获厚利，密印寺院内数株味尤佳。"沩山毛尖制造分杀青、闷黄、轻揉、烘焙、拣剔、熏烟六道工序。烟气为一般茶叶所忌，更不必说是名优茶。而悦鼻的烟香，却是沩山毛尖品质的特点。

茶叶特色

外形	/	叶缘微卷
色泽	/	黄亮油润
汤色	/	橙黄明亮
香气	/	芬芳浓厚
滋味	/	醇甜爽口
叶底	/	黄亮嫩匀

 **茶叶功效**

1. 防辐射： 沩山毛尖含有茶多酚类化合物和脂多糖，能够起到抗氧化作用。

2. 护齿明目： 此茶含氟量较高，可护齿明目。

 **泡茶步骤**

【**茶具**】茶壶、茶匙、茶荷各 1 个，茶杯数个。

【**冲泡**】

1. **冲泡：** 用茶匙将 3 克左右的沩山毛尖茶叶从茶荷中拨入茶壶中，然后倒入开水冲泡。

2. **品饮：** 等待 2 分钟左右，可以闻到冲泡后的茶香芬芳，将其倒入茶杯中即可品用，入口后醇甜爽口，令人回味无穷。

 **干茶鉴别**

成品外形微卷成块状，色泽黄亮油润，白毫显露是为上品。

 **贮藏**

密封

可用干燥箱或陶罐存放茶叶。罐内底部放置双层棉纸，罐口放置两层棉布而后压上盖子。

干燥

可用有双层盖子的罐子贮存，以纸罐较好，其他锡罐、马口铁罐等都可以，罐内仍是须先摆一层棉纸或牛皮纸，再盖紧盖子（棉纸或牛皮纸都能起到防潮的作用）。

北港毛尖

茶叶产地： 湖南省岳阳市北港

 叶介绍

北港毛尖是条形黄茶的一种，在唐代就有记载，清代乾隆年间已有名气。茶区气候温和，雨量充沛，湖面蒸汽冉冉上升，形成了北港茶园得天独厚的自然环境。北港毛尖鲜叶一般在清明后五六天开园采摘，要求一号毛尖原料为一芽一叶，二、三号毛尖为一芽二、三叶。于 1964 年被评为湖南省优质名茶。

茶叶特色

外形 /	芽壮叶肥
色泽 /	呈金黄色
汤色 /	汤色橙黄
香气 /	香气清高
滋味 /	甘甜醇厚
叶底 /	嫩黄似朵

茶叶小故事

北港毛尖传说：相传 4000 多年前，舜帝南巡，娥皇、女英寻夫赶至君山，听说舜帝驾崩，抚竹痛哭，泪洒成斑，并将随身带来的茶籽播于君山，以寄哀思，感谢百姓。这颗茶籽此后经悉心培育，在君山白鹤寺长出了 3 棵健壮的茶苗，成为君山茶母本，也是黄茶之源。

据民间传闻，后唐的第二个皇帝李嗣源，第一回上朝的时候，侍臣为他捧杯沏茶，开水往杯里一倒，马上看到一团白雾腾空而起，慢慢出现了一只白鹤。这只白鹤对明宗点了三下头，便朝蓝天翩翩飞去。再往杯里看时，茶叶都齐崭崭地悬空竖了起来，就像一群破土而出的春笋。过了一会儿，又慢慢下沉，就像是雪花坠落一般。明宗感到很奇怪，就问侍臣是什么原因。侍臣回答说"这是君山的白鹤泉（即柳毅井）水，泡黄翎毛的缘故。"明宗心里十分高兴，立即下旨把白鹤茶定为贡茶。

史料记载：唐代李肇《唐国史补》（758 年左右）载："风俗贵茶，茶之名品益众……湖南有衡山，岳州有灊湖之含膏。"同时相传，文成公主当年出嫁西藏时，曾带去灊湖茶。唐末诗僧齐已诗云："灊湖唯上贡，何以惠寻常？"

北宋范致明《岳阳风土记》载："灊湖诸山旧出茶，谓之灊湖茶，李肇所谓岳州灊湖之含膏也，唐人极重之。见于篇什，今人不甚种植，惟白鹤僧园有千余本，土地颇类此苑。所出茶，一岁不过一二十两，土人谓之白鹤茶，味极甘香，非他处草茶可比，并茶园地色亦相类，但土人不甚植尔。"

明代黄一正辑注的《事物绀珠》列出了今茶名 99 个，古制造茶名 101 个，其中岳州出的"黄翎毛""含膏冷"属古制造茶名。明代张谦德《茶经》也有"岳州之黄翎毛、含膏冷"茶的记载。明代的岳阳茶叶，栽培区域已由巴陵（今岳阳县）一带向临湘、平江扩展。据《隆庆岳州府志》载："临湘县，贡，茶芽十六斤。方物，茶（龙窖山出，味厚于巴陵，岁贡十六斤），巴陵县，方物，茶（四都，五都）。"当时湖南贡茶共 70 斤，其中龙窖山茶 16 斤，说明了湖南贡茶以龙窖山茶为主，且品质优良。

清代《致富奇书广集》又有岳州灊湖产

含膏茶的记载。清代黄本骥《湖南方物志》有"岳州之黄翎毛，岳阳之含膏冷，唐宋时产茶名"的记载。此时，君山茶为宫廷皇室不可缺少的贡品。《巴陵县志》载："君山贡茶，自国朝乾隆四十六年始，每岁贡十八斤。"同时，清代也是岳阳茶业的鼎盛时期。湘阴、临湘、平江、巴陵、华容等县茶叶相继快速发展起来。至光绪年间，岳阳茶叶面积达到 30 多万亩，产量 20 多万担。于 1964 年被评为湖南省优质名茶，后延续至今。

茶叶功效

1. 防辐射：北港毛尖含有防辐射的有效成分，包括茶多酚类化合物、脂多糖、维生素等，能够达到抗辐射效果。

2. 抗衰老：北港毛尖茶中含有维生素 C 和类黄酮，能有效抗氧化和抗衰老。

泡茶步骤

【茶具】玻璃杯、茶匙、茶荷各 1 个。

【冲泡】

1. 冲泡：用适量开水温杯，而后弃水不用，然后再用茶匙将 5 克左右的北港毛尖茶叶从茶荷中拨入玻璃杯中，而后冲入 85℃左右的水冲泡即可。

2. 品饮：冲泡后，等待 2 分钟左右，只见汤色橙黄，香气清高，叶底嫩黄似朵，入口后滋味醇厚。

干茶鉴别

北港毛尖干茶制造分锅炒、锅揉、拍汗、复炒和烘干五道工序。外形芽壮叶肥，毫尖显露，呈金黄色，内质香气清高是为上品。

贮藏

日常生活中应保存在干燥、通风、常温的环境中才不会使之变质。

蒙顶黄芽

茶叶产地： 四川省蒙山

茶叶介绍

　　蒙顶黄芽，属黄茶，为黄茶之极品。20 世纪 50 年代，蒙顶茶以黄芽为主，近来多产甘露，黄芽仍有生产。采摘于春分时节，茶树上有 10% 的芽头鳞片展开，即可开园采摘。选圆肥单芽和一芽一叶初展的芽头，经复杂制作工艺，制成茶芽条匀整，扁平挺直，色泽黄润，金毫显露；汤色黄中透碧，甜香鲜嫩，甘醇鲜爽。

茶叶特色

外形	/	扁平挺直
色泽	/	色泽黄润
汤色	/	黄中透碧
香气	/	甜香鲜嫩
滋味	/	甘醇鲜爽
叶底	/	全芽嫩黄

茶叶小故事

史料记载：蒙山产茶历史悠久，距今已有 2000 多年，许多古籍对此都有记载。如清代赵懿《蒙顶茶说》上载："名山之茶美于蒙，蒙顶又美之上清峰，茶园七株又美之，世传甘露慧禅师手所植也，二千年不枯不长。其茶，叶细而长，味甘而清，色黄而碧，酌杯中香云蒙覆其上，凝结不散，以其异，谓曰仙茶。每岁采贡三百三十五斤。"有诗云："蒙茸香叶如轻罗，自唐进贡入天府。"蒙顶茶自唐开始，直到明、清皆为贡品，为我国历史上最有名的贡茶之一。

蒙顶山区气候温和，年平均温度 14℃ ~ 15℃，年平均降水量 2000 毫米左右，阴雨天较多，年日照量仅 1000 小时左右，一年中雾日多达 280 ~ 300 天。雨多、雾多、云多是蒙山的特点。《九州记》云："蒙山者，沐也。言雨露蒙沐，因此得名。"每年初春开始，细雨绵绵。古人曾用"漏天难望蔚蓝明，十日曾无一天晴，刚得曦阳来借照，阴云又已漫空生"来形容这里的气候。只有秋季才会有天高云淡的景象。据统计，这里夜间雨量占总雨量的三分之二以上，真是"天漏中心夜雨多"。

蒙山冬无严寒，夏无酷暑，四季分明，雨量充沛，茶园土层深厚，pH 值在 4.5 ~ 5.6 之间，适宜茶树生长。所以人们说，蒙山上有天幕（云雾）覆盖，下有精气（沃壤）滋养，是茶树生长的好地方。吴中复有"蒙山之巅多秀岭，恶草不生生淑茗"的诗句。

采摘时严格做到"五不采"，即紫芽、病虫为害芽、露水芽、瘦芽、空心芽不采。采回的嫩芽要及时摊放，及时加工。蒙顶黄芽汤色黄亮，滋味鲜醇回甘，叶底全芽，嫩黄匀齐，为蒙山茶中的极品。

茶叶功效

1. 护齿明目： 黄芽茶叶含氟量较高，常饮此茶对护牙坚齿、防龋齿等有明显作用。

2. 抗衰老： 含有丰富的维生素 C 和类黄酮，能抗氧化、抗衰老。

泡茶步骤

【茶具】 透明玻璃杯、茶匙、茶荷各 1 个。

【冲泡】

1. 冲泡： 用茶匙将 3 克蒙顶黄芽茶叶拨入玻璃杯中，用 85℃左右的水冲泡即可。

2. 品饮： 泡好的蒙顶黄芽汤色黄中透碧，香气甜香鲜嫩，叶底全芽嫩黄，品饮后甘醇鲜爽。

干茶鉴别

蒙顶黄芽干茶制造分杀青、初包、复炒、复包、三炒、堆积摊放、四炒、烘焙八道工序。成品外形扁直，色泽微黄，芽毫毕露，甜香浓郁着为上品。

贮藏

密封

可用干燥箱或陶罐存放茶叶。罐内底部放置双层棉纸，罐口放置两层棉布而后压上盖子。

干燥

可用有双层盖子的罐子贮存，以纸罐较好，其他锡罐、马口铁罐等都可以，罐内仍是须先摆一层棉纸或牛皮纸，再盖紧盖子（棉纸或牛皮纸都能起到防潮的作用）。

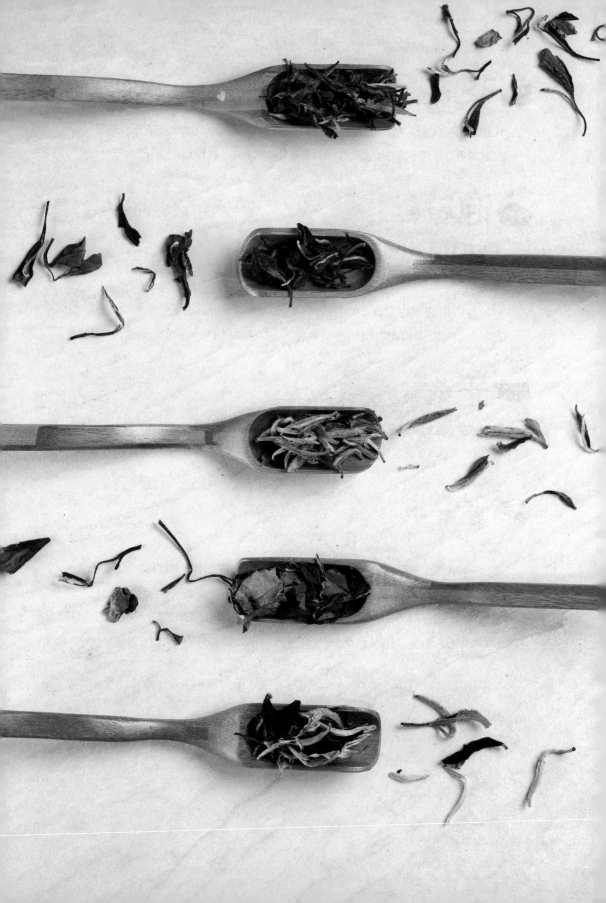

Part 11

认识白茶：清透碧绿

　　白茶属于轻微发酵茶，外观呈白色，因其成品茶多为芽头，满披白毫，如银似雪而得名，是我国茶类中的特殊珍品。

　　白茶的制作工序包括萎凋、烘焙（或阴干）、拣剔、复火等工序。萎凋是形成白茶品质的关键工序。

认识白茶

【 白茶的分类 】

白芽茶

白芽茶的外形芽毫完整，满身披毫，属于轻微发酵茶，主产自福建福鼎、政和两地，其典型代表有白毫银针。

白叶茶

白叶茶的特别之处则在于其自身带有的特殊花蕾香气，典型代表有白牡丹、贡眉、寿眉等。

【 白茶的冲泡 】

茶具选用

白茶的冲泡较自由，可选用的茶具较多，有玻璃杯、盖碗、茶壶、瓷壶等。

水温控制

通常，冲泡白茶时选择90℃左右的开水来温杯、洗茶、泡茶。

置茶量

小容器冲泡，置茶量为5～10克；如果用较大容器冲泡，则置茶量为10～15克。

冲泡方法

白茶的冲泡方法可分为杯泡法、盖碗法、壶泡法、大壶法、煮饮法五种。

1.杯泡法

取透明玻璃杯一个，放入适量白茶，先注入少许90℃开水洗茶温润，再注入剩余开水至玻璃杯八分满，稍温泡几秒即可品饮，可根据个人口感自由掌握置茶量。

2.盖碗法

取盖碗一个，入白茶洗茶，再注入开水至溢出盖碗，静置30～45秒后即可出汤。

3.壶泡法

取紫砂壶一个，入白茶洗茶，再注入开水洗茶，再注入剩余开水至八分满即可。

4.大壶法

取大瓷壶一个，放入10～15克白茶茶叶，直接注入90℃开水冲泡茶叶，稍静置40秒即可倒出茶汤品饮。

5.煮饮法

取煮水锅一个，倒入适量清水，再投入10克左右的白茶茶叶，小火煮3分钟左右至出浓茶汤，即可出汤，待凉至70℃即可品饮。

冲泡时间

白茶较耐冲泡，一般在冲泡入沸水40秒后，即可出汤品饮，具体可根据个人喜好，稍快或稍慢出汤。

适时续水

不需要等到茶杯中的茶汤都喝尽才续水，最佳的续水时间是在茶汤剩下1/3的量时，此时续水，既不会稀释茶叶，也可以保持茶的温度和深度。

［ 白茶的贮藏 ］

要选择干燥、低温、避光的地方贮藏白茶，常见的方式有以下两种。

冰箱储藏法

将白茶用塑料袋或者陶瓷罐、铁罐装起来，进行密封，之后将茶叶贮藏在冰箱冷藏室内，贮藏温度最好为5℃，这样可以避免阳光折射，且符合低温的条件。

生石灰储藏法

将白茶茶叶用纸装起来，放入容器内，再将生石灰用布袋包好，置于容器中，与茶叶同放，再将容器进行密封处理，且远离异味即可。

白毫银针

茶叶产地： 福建省福鼎市

 **茶**叶介绍

　　白毫银针，简称银针，又叫白毫，产于福建省福鼎市政和县，素有茶中"美女""茶王"之美称。由于鲜叶原料全部是茶芽，白毫银针制成成品茶后，形状似针，白毫密披，色白如银，因此命名为白毫银针。冲泡后，香气清鲜，滋味醇和，杯中的景观也使人情趣横生。茶在杯中冲泡，即出现白云凝光闪，满盏浮花乳，芽芽挺立，蔚为奇观。

茶叶特色

外形	/	茶芽肥壮
色泽	/	鲜白如银
汤色	/	清澈晶亮
香气	/	毫香浓郁
滋味	/	甘醇清鲜
叶底	/	肥嫩全芽

茶叶小故事

白毫银针传说：很早以前有一年，政和一带亢旱不雨，瘟疫四起，在洞宫山上的一口龙井旁有几株仙草，草汁能治百病。许多勇敢的小伙子纷纷去寻找仙草，但都有去无回。有一户人家，家中兄妹三人志刚、志诚和志玉。三人商定轮流去找仙草。

这一天，志刚来到洞宫山下，这时路旁走出一位老爷爷告诉他说仙草就在山上龙井旁，上山时只能向前不能回头，否则采不到仙草。志刚一口气爬到半山腰，只见满山乱石，阴沉恐怖，但忽听一声大叫"你敢往上闯！"志刚一惊，一回头，马上变成了这乱石岗上的一块新石头。志诚接着去找仙草。在爬到半山腰时因为回头也变成了一块巨石。

找仙草的重任终于落到了志玉的头上。她出发后，途中也碰见白发爷爷，同样告诉她万万不能回头等话，且送她一块烤糍粑，志玉用糍粑塞住耳朵，果断不回头，终于爬上山顶来到龙井旁，采下仙草上的芽叶，并用井水浇灌仙草，仙草开花结子，志玉摘下种子，当即下山。

回籍后将种子种满山坡。这种仙草即是茶树，这即是白毫银针名茶的来历。

经白毫银针在 1891 年开始外销。1912—1916 年为繁盛时期。1982 年被商业部评为全国名茶，在 30 种名茶中列第二位。1990 年在河南信阳召开的全国第二、三次名茶评比会上，又两次评为全国名茶。

茶叶功效

1. 治麻疹：陈年的白毫银针可用作患麻疹的幼儿的退烧药，其退烧效果比抗生素更好。

2. 明目：白毫银针富含维生素 A 原，它被人体吸收后，能迅速转化为维生素 A，能使眼睛在暗光下看东西更清楚，可预防夜盲症与干眼症。

泡茶步骤

【茶具】 透明玻璃杯、茶匙、茶荷各 1 个。

【冲泡】

1. 温杯： 将热水倒入玻璃杯中进行温杯，而后弃水不用。

2. 冲泡： 用茶匙将 5 克左右的白毫银针茶叶从茶荷中拨入玻璃杯中，而后冲入 90℃左右的水冲泡即可。

3. 品饮： 稍等片刻后即可品饮，入口后滋味甘醇清鲜，品尝的时候还能闻到浓郁的茶香。

干茶鉴别

白毫银针因产地和茶树品种不同，又分北路银针和南路银针两个品目。

白毫北路银针

产于福建福鼎，茶树品种为福鼎大白茶（又名福鼎白毫）。外形优美，芽头壮实，毫毛厚密，富有光泽，汤色碧清，呈杏黄色，香气清淡，滋味醇和。福鼎大白茶原产于福鼎的太佬山，太佬山产茶历史悠久，有人分析，《茶经》中所载"永嘉县东三百里有白茶山"，就指的是福鼎太佬山。清代周亮工《闽小记》中曾提到福鼎太佬山古时有"绿雪芽"名茶，"今呼白毫"。如此推来，福鼎大白茶品种和用其芽制成的白毫银针，历史相当久远矣。

白毫南路银针

产于福建政和，茶树品种为政和大白茶。外形粗壮，芽长，毫毛略薄，光泽不如北路银针，但香气清鲜，滋味浓厚。政和大白茶原产于政和县铁山高仑山头，于 19 世纪初选育出。政和白毫银针，则随政和大白茶的利用应运而生。据了解，1910 年，政和县城关经营银针的茶行，竟达数十家之多，畅销欧美，每担银针价值银元 320 圆。当时政和大白茶产区铁山、稻香、东峰、林屯一带，家家户户制银针。当地流行着"女儿不慕富豪家，只问茶叶和银针"的说法。

贮藏

可用干燥箱或陶罐存放茶叶。罐内底部放置双层棉纸，罐口放置两层棉布而后压上盖子。

白牡丹

茶叶产地： 福建省政和、建阳、松溪等县

茶叶介绍

白茶主要品种有白牡丹、白毫银针。白牡丹，产于福建政和、建阳、福鼎、松溪等县，是中国福建历史名茶，采用福鼎大白茶、福鼎大毫茶为原料，经传统工艺加工而成。因其绿叶夹银白色毫心，形似花朵，冲泡后绿叶托着嫩芽，宛如蓓蕾初放，故得美名白牡丹茶。白牡丹具有祛暑、通血管、明目、抗辐射、解毒之功效。

茶叶特色

外形 /	叶张肥嫩
色泽 /	灰绿显毫
汤色 /	杏黄明净
香气 /	毫香浓显
滋味 /	鲜爽清甜
叶底 /	浅灰成朵

茶叶小故事

　　传说白牡丹这种茶树是牡丹花变成的。在西汉时期，有位名叫毛义的太守，清廉刚正，因看不惯贪官当道，于是弃官随母去深山老林归隐。母子俩骑白马来到一座青山前，只觉得异香扑鼻，于是便向路旁一位鹤发童颜、银须垂胸的老者探问香味来自何处。老人指着莲花池畔的18棵白牡丹说，香味就来源于它。母子俩见此处似仙境一般，便留了下来，建庙修道，护花栽茶。

　　一天，母亲因年老加之劳累，口吐鲜血病倒了。毛义四处寻药，正在万分焦急、非常疲劳睡倒在路旁时，梦中又遇见了那位白发银须的仙翁，仙翁告诉他："治你母亲的病须用鲤鱼配新茶。"毛义醒来回到家中，母亲对他说："刚才梦见仙翁说我须吃鲤鱼配新茶，病才能治好。"母子二人同做一梦，认为定是仙人的指点。这时正值寒冬季节，到哪里去采新茶呢？正在为难之时，忽听得一声巨响，那18棵牡丹竟变成了18棵仙茶，树上长满嫩绿的新芽叶。毛义立即采下晒干，说也奇怪，白毛茸茸的茶叶竟像是朵朵白牡丹花，且香气扑鼻。毛义立即用新茶煮鲤鱼给母亲吃，母亲的病果然好了，她嘱咐儿子好生看管这18棵茶树，说罢跨出门便飘然飞去，变成了掌管这一带青山的茶仙，帮助百姓种茶。后来为了纪念毛义弃官种茶，造福百姓的功绩，建起了白牡丹庙，把这一带产的名茶叫作"白牡丹茶"。

　　白牡丹在1922年前创制于建阳水吉。据当地老农反映，原产地在大湖。水吉原属建瓯县。据《建瓯县志》载：白毫茶出西乡、紫溪二里……广袤约三十里。1922年政和开始产制白牡丹，成为白牡丹主产区。60年代初，松溪县曾一度盛产。现在白牡丹产区分布在政和、建阳、松溪、福鼎等县。

　　制造白牡丹的原料主要为政和大白茶和福鼎大白茶良种茶树芽叶，有时采用少量水仙品种茶树芽叶供拼和之用。制成的毛茶分别称为政和大白（茶）、福鼎大白（茶）和水仙白（茶）。

　　用于制造白牡丹的原料要求白毫显，芽叶肥嫩。传统采摘标准是春茶第一轮嫩梢采下一芽二叶，芽与二叶的长度基本相等，并要求"三白"，即芽及二叶满披白色茸毛。夏秋茶茶芽较瘦，不采制白牡丹。

茶叶功效

1. 防辐射： 白牡丹茶中有防辐射物质，对人体的造血机能有显著的保护作用，还能减少辐射的危害。

2. 保肝护肝： 白牡丹茶富含的二氢杨梅素等黄酮类天然物质能加速乙醇代谢产物乙醛迅速分解，变成无毒物质，从而降低对肝细胞的损害。

泡茶步骤

【茶具】透明玻璃杯、茶匙、茶荷各 1 个。

【冲泡】

1. 温杯： 将热水倒入玻璃杯中进行温杯，而后弃水不用。

2. 冲泡： 用茶匙将 5 克左右的茶叶从茶荷中拨入玻璃杯中，再冲入 90℃左右的水冲泡即可。

3. 品饮： 片刻后即可品饮，茶汤入口后醇厚清甜，尤其适合夏季消暑的时候饮用。

干茶鉴别

白牡丹茶干茶制造不经炒揉，只有萎凋及焙干两道工序。萎凋以室内自然萎凋的品质为佳。白牡丹两叶抱一芽，叶态自然，色泽深灰绿或暗青苔色，叶张肥嫩，呈波纹隆起，叶背遍布洁白茸毛，叶缘向叶背微卷，芽叶连枝为上品。

贮藏

密封

可用干燥箱或陶罐存放茶叶，罐内底部放置双层棉纸，罐口放置两层棉布而后压上盖子。

低温

最好能预备一台专门贮存茶叶的小型冰箱，设定温度在 -5℃ 以下，将拆封的封口紧闭好，将其放入冰箱内。

福鼎白茶

| 茶叶产地： 福建省福鼎市

茶叶介绍

　　福建是白茶之乡，以福鼎白茶品质最佳、最优。福鼎白茶是通过采摘最优质的茶芽，再经过萎凋和干燥、烘焙等一系列精制工艺而制成的。福鼎白茶有一特殊功效，在于可以缓解或解决部分人群因为饮用红酒上火的难题，长此以往，福鼎白茶也成了成功人士社交应酬的忠实伴侣。

茶叶特色

外形	/	分枝浓密
色泽	/	叶色黄绿
汤色	/	杏黄清透
香气	/	香味醇正
滋味	/	回味甘甜
叶底	/	浅灰薄嫩

茶叶功效

1. 清热降火： 福鼎白茶性凉，能够有效消暑解热，降火祛火。

2. 美容养颜： 福鼎白茶中的自由基含量较低，多饮此茶或者与此茶相关的提取物，可以起到延缓衰老、美容养颜的作用。

3. 抑制细菌： 福鼎白茶对葡萄球菌感染、肺炎、链球菌感染具有一定的预防作用。

泡茶步骤

【茶具】 玻璃杯、茶匙、茶荷各 1 个。

【冲泡】

1. 冲泡： 取 4 克左右福鼎白茶用沸水洗一遍，在玻璃杯内倒入沸水，等候 5 分钟。

2. 品饮： 茶中茶叶温润，汤色莹润婉和，茶汤浓淡均匀，白茶的每一口都让人有清新的口感，适合小口品饮。夏季可选择冰镇后饮用，口感更佳，清热解暑效果更佳。

干茶鉴别

福鼎白茶干茶满披白毫，色白如银，细长如针，因而得名。是由未展开的肥嫩芽头制成，芽头肥壮挺直、匀齐，满披茸毛，茶底色泽黄褐，香气清鲜，味甜爽。

贮藏

密封

可用干燥箱或陶罐存放茶叶。罐内底部放置双层棉纸，罐口放置两层棉布而后压上盖子。

干燥

可用有双层盖子的罐子贮存，以纸罐较好，其他锡罐、马口铁罐等都可以，罐内仍是须先摆一层棉纸或牛皮纸，再盖紧盖子（棉纸或牛皮纸都能起到防潮的作用）。

避光

阳光的照射会破坏茶叶中的维生素 C，并且会改变茶叶的色泽、味道，所以茶叶应放在阴暗处或者存放于不透明的容器中。

贡眉

茶叶产地： 福建省建阳县

茶叶介绍

贡眉，有时称作寿眉，产于福建建阳县。用茶芽叶制成的毛茶称为"小白"，以区别于福鼎大白茶、政和大白茶茶树芽叶制成的"大白"毛茶。茶芽曾用以制造白毫银针，其后改用大白制白毫银针和白牡丹，而小白则用以制造贡眉。一般以贡眉表示上品，质量优于寿眉，近年则一般只称贡眉，而不再有寿眉的商品出口。

茶叶特色

外形	/	形似扁眉
色泽	/	色泽翠绿
汤色	/	绿而清澈
香气	/	香高清鲜
滋味	/	醇厚爽口
叶底	/	嫩匀明亮

茶叶小故事

政和最早发现白茶树母树的传说，是在咸丰年间（1851—1861年）。当时铁山村有一位风水先生，走遍山中勘探风水宝地。有一天，他在黄畬山发现一丛奇树，摘数叶回家尝试，味道和茶叶相同，就压条繁殖，长大后嫩芽肥大，制成茶叶，味道很香。由于生长迅速，人们争相传植，大白茶由此繁殖起来。

春生茶树： 清光绪五年（1879年）是发现白茶树的另外一种说法，当前业界普遍认可。铁山村农民魏春生院中有一棵野生的树，起初没有引起注意。后来，墙塌压倒这棵树，于是形成自然压条繁殖，衍生新树数株，很像茶树，遂移植铁山高仑山头。铁山茶园种植的贡眉白茶至今仍然品质特优。

摇钱茶树： 咸丰年间发现白茶树在民间还有一个神话传说。铁山村古称金山村，山中蕴藏金银的消息，传至京城，贪婪的皇帝派来御林军，把金银矿宝全部运走，皇帝得意之余，提笔在金山字旁，写了一个"失"字，金失为铁，从此金山变成铁山，老百姓生活十分困难，陷入极端困境之中。有一天，一位仙翁化缘，指点村民说"高仑山上长有摇钱树，可保佑你们脱离困境，发家致富"。村民在高仑山上果然找到了叶大芽肥的大茶树，于是竞相移栽繁殖，大白茶越种越多，乡村又兴旺起来。

"贡眉白茶"历史悠久，原产地就在漳墩镇，清乾隆三十七年（1772年）形成白茶主产区，具有200多年的生产历史。当时由该镇南坑村萧氏兄弟所创制。

据《茶叶通史》载："民国二十五年（1936年）水吉产白茶1640担，约占全省白茶出口的48.17%。民国二十九年（1940年）核准加工水吉出口白茶3600箱（其中白牡丹950箱，寿眉2650箱），占全国侨销茶的三分之一。"

改革开放后，随着农村产业结构调整，南坑白茶生产恢复生机。1984年贡眉白茶在合肥全国名茶品质鉴评会上被授予"中国名茶"称号。2006年1月与2009年8月，韩国茶联会会长、韩国国际茶叶研究会长郑仁梧率茶道大学院茶文化考察团一行，两次来到漳墩镇对"贡眉白茶"进行考察、交流。郑仁梧教授在正宗小白茶发源地参观后说："而今市场上由小白茶加工的贡眉白茶十分罕见，白茶品质远比原先想象的要好。"

茶叶功效

1. **明目：** 贡眉中的维生素 A 能预防夜盲症、干眼症。
2. **防辐射：** 贡眉茶不仅能帮助人体抵抗辐射，还能减少电视及电脑辐射的危害。

泡茶步骤

【茶具】 透明玻璃杯、茶匙、茶荷各 1 个。

【冲泡】

1. **冲泡：** 贡眉茶放入玻璃杯中，然后往杯中冲入 90℃ 左右的水即可。
2. **品饮：** 只见茶叶徐徐伸展，汤色绿而清澈，香气香高清鲜，叶底嫩匀明亮，片刻后即可品饮。

干茶鉴别

贡眉白茶原料采摘标准为一芽二叶至三叶，要求含有嫩芽、壮芽。基本加工工艺是：萎凋、烘干、拣剔、烘焙、装箱。成品茶毫心明显，茸毫色白且多，干茶色泽翠绿。

贮藏

密封

可用干燥箱或陶罐存放茶叶。罐内底部放置双层棉纸，罐口放置两层棉布而后压上盖子。

低温

最好能预备一台专门贮存茶叶的小型冰箱，设定温度在 -5℃ 以下，将拆封的封口紧闭好，将其放入冰箱内。

月光白

 **茶**叶介绍

　　月光白，又名月光美人，它的形状奇异，一芽一叶，一面白，一面黑，表面绒白，底面黝黑，叶芽显毫白亮，看上去犹如一轮弯弯的月亮，就像月光照在茶芽上，故此得名。月光白采用普洱古茶树的芽叶制作，是普洱茶中的特色茶，因其采摘手法独特，且制作的工艺流程秘而不宣，因此更增添了几分神秘色彩。

茶叶特色

外形	/	茶绒纤纤
色泽	/	面白底黑
汤色	/	金黄透亮
香气	/	馥郁缠绵
滋味	/	醇厚饱满
叶底	/	红褐匀整

茶叶小故事

月光白传说：传闻南发来是景洪傣王召孟勐的七公主。她美丽善良，勤劳勇敢，是坝子里傣族美丽和智慧的化身。为了巴朗部落与傣族部落的和平、友好，舍弃王宫天堂般的生活，上山与巴朗人帕艾冷共结连理。

南发来不仅教会巴朗人开挖梯田种植水稻，并为其大面积人工种茶带来了技术，使巴朗人从树皮遮身走进了文明社会。后来的茶文化，最早就是由巴朗人开创而来。而南发来则被巴朗人尊称为"族母"，即是"茶母"。"月光白"茶则是巴朗人从众多茗茶中选用来进贡王族的极品，它被民间称颂如"七公主"般圣洁、高贵，是"七公主"美丽的化身。

史料记载月光白的主要原料景谷大白茶，其核心原产地在云南普洱景谷县民乐乡大村秧塔。大白茶为何人所栽？据记载，秧塔大白茶种植历史有160多年，清道光二十年（1840年），陈家从勐库茶山采得数十粒种子，藏于竹筒扁担中带回种植，出苗后发现一株芽叶黄色的茶苗，就把它移到家边园地里，这株奇特的茶苗就是现在的秧塔大白茶。

由此可以说，大白茶是民间选种的成果。当时种植的老树如今仍然尚在，而且长势良好。最大的一棵茶树径围1.22米，主干直径0.28米，树高5.8米，冠幅4.6米。景谷大白茶与云南其他茶叶有明显差别：芽叶披满茸毛、成茶肥硕重实，白毫显露、条索银白，并具有橄榄清香。清朝时期，景谷大白茶还有过"贡茶"的辉煌历史，当地官员责令以红丝线扎成谷穗状，进贡朝廷，称为"白龙须贡茶"。是云南"八色贡茶"之一。

茶叶功效

1. 护肤： 茶叶中的醇酸能去除死皮，促使新细胞更快到达皮肤表层，帮助对抗皱纹。

2. 降低胆固醇： 茶叶中含有咖啡碱、氨基酸、茶多酚类化合物等，能减少体内胆固醇和三酸甘油脂，帮助恢复人体健康。

泡茶步骤

【**茶具**】紫砂壶、茶匙、茶荷各 1 个，茶杯数个。

【**冲泡**】

1. 冲泡： 用茶匙从茶荷中取月光白茶叶 3 克投入紫砂壶中，往壶中快速倒入 90℃ 左右的水，至七分满即可。

2. 品饮： 只见茶叶徐徐伸展，汤色金黄透亮，香气馥郁缠绵，脱俗飘逸，叶底红褐匀整，倒入茶杯中品饮，入口后醇厚饱满，香醇温润。

干茶鉴别

用古树制作的月光白，以一芽一叶为主，夹杂黄叶较少，且持久耐泡，稳定性强。 一般的月光白，外观看，面白背黑，色泽分明，汤色清淡、清亮洁净。气味方面，花香馥郁。口感方面，无苦涩、润泽爽滑、甜香四溢。 现在市场以月光白命名的茶品越来越多，而以景迈古树料制作的被公认为最佳品。

贮藏

密封

可用干燥箱或陶罐存放茶叶。罐内底部放置双层棉纸，罐口放置两层棉布而后压上盖子。

低温

最好能预备一台专门贮存茶叶的小型冰箱,设定温度在 -5℃ 以下,将拆封的封口紧闭好,将其放入冰箱内。

Part 12

认识花茶：香形相辅

花茶又称"香片"，主要是以绿茶、红茶、乌龙茶为茶坯，配以能够吐香的鲜花作为原料，采用窨制工艺制作而成的茶叶。茶香与花香混合在一起，闻起来使人精神愉悦，喝来令使人神清气爽，还具有许多保健功效。

认识花茶

[花茶的分类]

窖制花茶

窖制花茶是用茶叶和香花进行拼和窖制，使茶叶吸收花香而制成的香茶，亦称熏花茶。花茶的主要产区有福建的福州、浙江的金华、江苏的苏州等地。花茶因窖制的不同可分为茉莉花茶、珠兰花茶等。

花草茶

一般我们所谓的花草茶，特指那些不含茶叶成分的香草类饮品。准确地说，花草茶指的是将植物之根、茎、叶、花或皮等部分加以煎煮或冲泡，而产生芳香味道的草本饮料。花草茶有玫瑰花、洛神花、金银花等。

工艺花茶

工艺花茶是最近几年刚兴起的一种再加工茶，这种茶极大地改变了传统花茶去花留茶的做法，而是将干包花藏于茶叶之中。冲泡时茶叶渐渐舒展，干花吸水开放，极大地提高了花茶的观赏性，增加了茶的趣味。

[花茶的冲泡]

茶具选用

由于花茶外观美丽，冲泡时更多是希望维护花茶的香气以及欣赏茶坯的美，因此更多时候是选择透明的玻璃茶杯，或者是广口且精致的陶瓷杯来冲泡。

水温控制

质量较上乘的花茶，冲泡水温宜控制在85℃为宜，而中低档的花茶可不用追求品质，采用100℃沸水冲泡出汤即可。

置茶量

以冲泡花茶的沸水用500毫升为标准，那相应的置茶量应为5~10克。如果是选择混合式的花茶，即花草的种类多于两种，则每一种材料各取2~3克。同时，冲泡时可依据个人口味，搭配2~3克冰糖或蜂蜜，理想的花茶和冰糖或蜂蜜的比例为3：2。

冲泡方法

花茶冲泡时基本采用先冲后泡的方式。取花茶5~10克放入玻璃杯或陶瓷杯中，倒入沸水没过花茶，浸泡2~3分钟，将花茶略洗后即可倒掉部分浮水，再注水至八分满，泡3~5分钟，待茶叶舒展开后即可饮用。若不习惯花茶口味清淡，可适量添加冰糖或蜂蜜，但须避免盖过花茶本身的滋味。单一花茶和混合式花茶的冲泡方法类似。

冲泡时间

洗茶后，沸水注入杯中冲泡花茶的时间既不宜过短，也不宜过长，通常冲泡后保持3~5分钟，即可品饮。

适时续水

花茶是用玻璃杯或陶瓷杯饮用，以方便欣赏花茶舒展的姿态，因此不宜将杯中茶汤全部饮用完再续水。最好是在杯中茶汤剩下三分之一时续水，既可保持花茶继续舒展，也可控制茶温，保全茶汤品质。

［花茶的贮藏］

花茶在贮藏时，确保其香味不散就要使其隔绝异味。

首先，将花茶放入干净的容器中，可以是陶瓷罐、铁罐等耐贮藏的容器，应尽量填满容器空隙，以隔绝空气。

其次，花茶一旦吸潮、吸异味则很容易变质，因此应注意保存环境的水分控制，最好是保存在温度-5℃以下的冰箱中冷藏，再与有异味的物品隔绝开，以确保花茶不变质及老化。

玉衣金莲

组成成分：以玉蝴蝶和金莲花为花芯，用茶针制作而成

茶叶介绍
玉衣金莲是以玉蝴蝶和金莲花为花芯，用茶针制作而成的，特点是外形犹如凝固的喷泉，冲泡时，如蝉翼般的玉蝴蝶凝满露珠，曼舞轻开。

茶叶功效
玉衣金莲的金莲花有清热解毒、消炎、养颜的作用；玉蝴蝶则能够滋润肺部，清咽润喉。

一见钟情

组成成分：由茉莉花、菊花、碧螺春组成

茶叶介绍
一见钟情工艺花茶泡开后就像两个人一见钟情的情景。在饮用过程中既能闻到天然茶叶与鲜花的醇香，又有赏心悦目的艺术享受。

茶叶功效
本茶品清热解毒、利湿润肤、减肥瘦身、清肝明目、止咳平喘且养颜。常饮能够抗肌肤老化，保持皮肤光滑。

旭日彩虹

组成成分：由千日红、茉莉花、银针绿茶组成

茶叶介绍

旭日彩虹具有外形奇特、经典美观、香气怡人的特点。一颗颗含苞欲放的茶花朵，冲泡后，像孔雀开屏一样鲜艳夺目，抢入眼帘。

茶叶功效

银针茶可消暑、生津祛风、润喉；茉莉花润肤养颜，有排毒的功效；千日红内含人体所需的多种微量元素，具有清肝明目、止咳、降压排毒、美容养颜等功效。

出水芙蓉

组成成分：由红花、玫瑰花、果肉组成

茶叶介绍

出水芙蓉冲泡一两分钟后，圆圆的茶球慢慢舒展开来，成为由绿茶拥抱的美丽花枝，赏心悦目，天然健康。

茶叶功效

红花活血通经、散瘀止痛；玫瑰花养颜美容、调节心情、安抚情绪；果肉富含维生素，能促进身体循环更为均衡。

百花仙子

组成成分：由茉莉花、菊花、茶叶嫩芽组成

茶叶介绍
百花仙子具有香气鲜美、浓厚纯正、持续性能好等特点。既保持了绿茶浓郁爽口的天然茶味，又饱含了茉莉花的鲜灵芳香。

茶叶功效
本茶品有"理气开郁、辟秽和中"的功效，并对痢疾、腹痛、结膜炎及疮毒有很好的消炎解毒的作用。

万紫千红

组成成分：由康乃馨、银针绿茶制作而成

茶叶介绍
万紫千红是由康乃馨和银针茶制成的，它姿态别致，色彩绚丽妖艳，更有诱人的浓郁香气，使人心醉。

茶叶功效
本茶品味甘温和，有助消化、益脾胃、降血压等功效。长期饮用可以促进脂肪分解代谢，促进血糖平衡。银针茶含丰富的氨基酸，具有退热、祛暑、解毒之功效。

秋水伊人

组成成分：由茉莉花、百合花、银针绿茶组成

茶叶介绍

醇醇花香从杯中满溢出来，感觉优雅的品位翩然降临，在惊喜的氛围里，即刻感受到轻松、喜悦和舒爽。

茶叶功效

茉莉花能清虚火、祛寒积；百合花润肺止咳、清心安神、补中益气；银针绿茶味甘温和，有明目降火、益脾养胃、降血压、保护心脏等功效。

蝶恋花

组成成分：由木蝴蝶、千日红、金盏花、银针绿茶组成

茶叶介绍

茶品香气鲜灵浓郁、持久，绿茶爽口、回味甘醇。蝶恋花工艺花茶不仅造型美观，口感也非常好。

茶叶功效

木蝴蝶清肺利咽、疏肝和胃；千日红性温味辛，具有清肝明目、止咳定喘、降压排毒、解除疲劳、美容养颜的功效；金盏花性甘，能清湿热，祛火。

步步高升

组成成分：由金盏花、银针绿茶制作而成

茶叶介绍
当热水冲泡时，包裹的茶叶慢慢打开，金盏花犹如刚盛开一般，姗姗绽放，花团锦簇，整齐和谐，妙不可言。

茶叶功效
金盏花性甘，能清除火气；银针绿茶味甘温和，能明目降火、助消化、益脾胃。常饮绿茶可以防止血管硬化，有改善血液循环等功效。

锦上添花

组成成分：由黄山贡菊花干、千日红、桂花、金针花、茉莉花干制成

茶叶介绍
锦上添花由黄山贡菊花干、千日红、桂花、金针花、茉莉花干等经过干燥、增湿等处理加工而成。冲泡时醇醇的花香从杯中满溢而出，香气鲜灵浓郁，能得到视觉和味觉上的双重享受。

茶叶功效
锦上添花工艺花茶保留了鲜花的保健药理功效，回味甘甜，有润肤养颜、提神醒脑、清热解毒、清心安神、清肝明目的功效。

金盏银坛

组成成分：由美丽的金盏花尾花芯、

银针绿茶制作而成

茶叶介绍

看着橙黄明亮的金盏花在水中怒放，宛若海底罕见的绝美水生植物，绚丽旖旎，柔美悦目。

茶叶功效

金盏银坛的营养功效是平肝、清热、化痰以及祛风等，常饮此茶有助于改善睡眠不佳的情况。

仙桃献瑞

组成成分：由茉莉花、银针绿茶制

作而成

茶叶介绍

仙桃献瑞经过冲泡以后，工艺花茶的气息馥郁，汤色亮丽见底，茶汤中的茉莉花如鲜桃般美丽诱人。

茶叶功效

清热解毒是此工艺花茶一大特征，但它同时还有利湿、润肤以及一般工艺花茶所没有的香肌功效。

花开富贵

组成成分： 由金盏菊和银针绿茶制作而成

茶叶介绍
精选的银针绿叶等制成的手工花茶，深受女性朋友的喜欢，滋味鲜浓醇和，回味甘甜，具有花香和银针绿茶的清香。

茶叶功效
治疗胃病和调理月经是金盏菊的一个特殊功效，还有清热解表、保湿肌肤、降脂降压、利尿解频等作用。

七子献寿

组成成分： 以茉莉花和千日红为花蕊，用茶针制成

茶叶介绍
七子献寿的特点是花球在水中含满气泡，如晨曦中的露珠，千日红娇艳，花下的绵白茶桃在水中缓缓绽开，露出七朵环抱着的茉莉。

茶叶功效
其滋味醇香，同时具备天然茶叶与鲜花的醇香，又有赏心悦目的艺术享受，而且具备药用保健的功效，能够润肺、止咳、顺气、祛痰。

七星伴月

组成成分：由千日红、茉莉花、银针绿茶组成

茶叶介绍

七星伴月外观紧细匀整，白毫显露，色泽油润，汤色微黄明亮，清澈透明，香气鲜美。

茶叶功效

千日红具有清肝明目、止咳定喘、降压排毒、解除疲劳、美容养颜的功效；茉莉花清肝明目、生津止渴、抗癌、抗衰老；银针绿茶味甘温和，能明目降火、助消化、益脾胃。

百合花篮

组成成分：由百合花、茉莉花、银针绿茶制成

茶叶介绍

百合花篮的特点是在开水冲泡下各种不同的花朵在银针茶的绿色掩映中逐渐盛开怒放，形成一道独特动人的自然景观。

茶叶功效

百合花养颜、润肺止咳、清心安神；茉莉花可开郁辟秽、理气安神、舒缓神经、放松心情；银针绿茶可提神醒脑、消暑止渴、解疲生津、降低血脂等。

金丝皇菊

茶叶产地： 江西省九江市修水县

茶叶介绍

　　金丝皇菊，来自江西修水，修水自然资源丰富，是贡茶宁红的故乡。金丝皇菊是当地一宝，人工除草，施农家肥，生态自然，每单枝仅保留一个花蕾，其花形越大越圆润饱满，为皇菊之上品。金丝皇菊味甘苦，性微寒，具有疏散风热、平抑肝阳、清肝明目、清热解毒的功效；且长相美好，花色动人，具备欣赏价值。

茶叶特色

外形 /	成散落状
色泽 /	金蕊艳黄
汤色 /	浅黄透亮
香气 /	清香扑鼻
滋味 /	入口甘甜
叶底 /	呈黄厚实

茶叶小故事

正宗的金丝皇菊产地是位于江西西北部的一个山区修水县，这里家家户户都爱喝菊花茶，菊花茶也是修水人招待贵客的必备礼数。

修水皇菊品种很多，唯有金丝皇菊外形美丽且味道香润清甜，很受当地人的喜爱。修水县地处山区，海拔较高，金丝皇菊迎寒开放，一般在 11 月初全面盛开，也就是农历的重阳节往后，诗云："待到重阳日，还来就菊花！"金丝皇菊每年盛开一次，周期长，花期短，只有20 天左右。

据相关记载，修水人喝菊花茶已有几千年的历史，在这悠悠的历史长河中，金丝皇菊滋养了一代又一代的修水人。

茶叶功效

金丝皇菊的黄酮素含量极高，富含多种氨基酸、维生素和微量元素，饮用价值极高。用皇菊泡茶，气味芳香，可消暑生津，祛风，润喉，养目，解酒。

具有降血压、消除癌细胞、扩张冠状动脉和抑菌的作用，长期饮用能增加人体钙质、调节心肌功能、降低胆固醇，适合中老年人和预防流行性结膜炎时饮用。

泡茶步骤

泡茶法一：先用一小锅将水煮开，加入金丝皇菊整朵转小火再煮约一分钟，再将菊花茶倒入茶壶中，待汤色转浓即可饮用。用此种煮泡法，释放的茶香最为浓郁，不过时间比较长及繁复。

泡茶法二：将金丝皇菊整朵放在茶壶内或滤斗内，直接冲入滚水，菊花茶会迅速舒展，实时散发出香气，但缺点是容易使菊花粉碎，产生茶屑。

泡茶法三：在茶壶内先放入半壶热水，再将金丝皇菊整朵放入，之后再注满热水。此种泡法，茶汤会比较干净，但因菊花的舒展速度较之前两种泡法慢，所以汤色会淡一些。

泡茶法四：在茶壶内先盛满热水，再将金丝皇菊整朵放入浸泡，此种泡法，可保持菊花形态的完整，另外浸泡的时间也可较长，此时金丝皇菊舒展缓慢，茶香会更清淡。

干茶鉴别

一看花型：真正好的金丝皇菊泡出来是非常漂亮的，就像一朵盛开的菊花，花瓣丝状明显，而且不易脱落，如果一朵金丝皇菊用热水一冲花瓣就散落了，那是不合格的。

二看汤色：金丝皇菊泡出来的汤色干净透明，略带一点淡淡的黄色，一般都不会太深，所以说如果汤色特别黄的这种茶，就需要注意了。

三尝口感：金丝皇菊入口会有淡淡的菊花香气，喝进去之后口腔内会有回甘，它并不属于六大茶类的哪一种，所以没有茶那么浓郁的口感。

贮藏

密封

可用干燥箱贮存或陶罐存放茶叶。罐内底部放置双层棉纸，罐口放置二层棉布而后压上盖子。

低温

最好能预备一台专门贮存绿茶叶的小型冰箱，设定温度在 -5℃ 以下，将拆封的封口紧闭好，将其放入冰箱内。

玉兰花茶

茶叶产地： 江苏省苏州市

茶叶介绍

　　玉兰花属木兰科植物，原产于长江流域。玉兰花采收以傍晚时分最宜，用剪刀将成花一朵朵剪下，浸泡在8℃~10℃的冷水中1~2分钟，再沥干，经严格的气流式窨制工艺，即分拆枝、摊花、晾制、窨花、通花、续窨复火、匀堆装箱等工序，再经照射灭菌制成花茶。

茶叶特色

外形	/	紧结匀整
色泽	/	黄绿尚润
汤色	/	浅黄明亮
香气	/	鲜灵浓郁
滋味	/	醇厚鲜爽
叶底	/	细嫩匀亮

茉莉龙珠

茶叶产地： 福建省福州市

 **茶**叶介绍

　　茉莉龙珠，又称茉莉龙团珠、茉莉花团，因其从外形上看干茶紧结成圆珠形而得名，属于花茶的一种。茉莉龙珠是选用优质绿茶嫩芽作为茶坯，经过加工干燥以后，与含苞待放的茉莉花瓣混合窨制而成的再加工茶。通过这种加工方式，将茶叶本身的营养成分保留了下来，还增加了花的功效。

茶叶特色

外形	/	紧细匀整
色泽	/	褐绿油润
汤色	/	黄亮清澈
香气	/	鲜浓纯正
滋味	/	醇厚回甘
叶底	/	柔软肥厚

玑玑花茶

茶叶产地： 浙江省金华市

茶叶介绍

　　玑玑花茶因其香味浓醇的品质和开胃通气的药理作用而深受消费者喜爱，被誉为"花茶小姐"，畅销华北、东北、江浙一带。玑玑花茶一般用中档茶窨制，头年必须备好足够的茶坯，窨制前应烘好素坯，使陈味挥发，茶香透出，从而有利于玑玑花香气的发展。

茶叶特色

外形	/	条索细匀
色泽	/	全黄泛绿
汤色	/	黄明清澈
香气	/	鲜爽浓烈
滋味	/	滋味浓醇
叶底	/	黄绿明亮

贵妃玉环

茶叶产地： 福建省福鼎市

茶叶介绍

贵妃玉环，又名"女儿环"，因其外形形似玉耳环而得名。贵妃玉环是利用优良福鼎玉毫茶清明前的单芽鲜叶作为原料，再经过一系列传统的手工工艺制造而成的一款花茶，很好地结合了绿茶和茉莉花的优良品质。贵妃玉环冲泡后香气浓郁持久，香气之中会带点淡淡的茉莉花香，茶质就如茶名一样美好而打动人心。

茶叶特色

外形	/	形似耳环
色泽	/	色泽翠绿
汤色	/	黄绿清澈
香气	/	浓郁持久
滋味	/	鲜浓醇厚
叶底	/	匀嫩完整

茉莉花茶

茶叶介绍

茉莉花茶是将茶叶和茉莉鲜花进行拼和、窨制，使茶叶吸收花香而成，因茶中加入茉莉花朵熏制而成，故名茉莉花茶。茉莉花茶经久耐泡，根据品种和产地、形状的不同，茉莉花茶又有着不同的名称。

茶叶特色

外形	/	紧细匀整
色泽	/	黑褐油润
汤色	/	黄绿明亮
香气	/	鲜灵持久
滋味	/	醇厚鲜爽
叶底	/	嫩匀柔软

金银花茶

 **茶叶产地：** 四川省

![茶叶介绍]**茶**叶介绍

  金银花茶是一种新兴保健茶，茶汤芳香、甘凉可口。常饮此茶，有清热解毒、通经活络、护肤美容之功效。市场上的金银花茶有两种：一种是鲜金银花与少量绿茶拼和，按金银花茶窨制工艺窨制而成的金银花茶；另一种是用烘干或晒干的金银花干与绿茶拼和而成。

茶叶特色

外形	/	紧细匀直
色泽	/	灰绿光润
汤色	/	黄绿明亮
香气	/	清纯隽永
滋味	/	醇厚甘爽
叶底	/	嫩匀柔软

玉蝴蝶

茶叶介绍

　　玉蝴蝶也称木蝴蝶，又名白玉纸，为紫葳科植物玉蝴蝶的种子，主产于云南、贵州等地，因为略似蝴蝶形而得名。玉蝴蝶茶主要摘取玉蝴蝶种子进行冲泡，既是云南少数民族的一种民间茶，又是一味名贵中草药，能清肺热，对急慢性支气管炎有很好的疗效。

茶叶特色

外形	/	形似蝴蝶
色泽	/	米黄无光
汤色	/	黄亮清澈
香气	/	花郁茶香
滋味	/	淡雅清爽
叶底	/	蝴蝶展翅

玫瑰
花茶

茶叶产地： 山东省济南市平阴县

茶叶介绍

玫瑰花是一种珍贵的药材，对心脑血管、高血压、心脏病及妇科病有显著疗效，能调和肝脾、理气和胃。玫瑰花茶是用鲜玫瑰花和茶叶的芽尖按比例混合，利用现代高科技工艺窨制而成的高档茶，其香气具浓、轻之别，和而不猛。我国现今生产的玫瑰花茶主要有玫瑰红茶、玫瑰绿茶、墨红红茶、玫瑰九曲红梅等花色品种。玫瑰花采下后，经适当摊放、折瓣，拣去花蒂、花蕊，以净花瓣付窨。

茶叶特色

外形	/	紧细匀直
色泽	/	色泽均匀
汤色	/	淡红清澈
香气	/	浓郁幽长
滋味	/	浓醇甘爽
叶底	/	嫩匀柔软

七彩菊茶

茶叶介绍

　　七彩菊，又名洋菊花，产于西藏高山之中，有散风清热、平肝明目的作用，还有独特的美容奇效，长期饮用对女性面部美容有很好的效果。七彩菊长在高山云雾中，吸山水之灵秀，收日月之精华，无污染，集观赏与饮用为一体，无论单饮还是配茶叶共饮，均清香四溢。花朵在杯中经水一泡，含苞欲放，或悬或浮，令饮者心境舒展。

茶叶特色

外形	/	花朵饱满
色泽	/	橘黄渐变
汤色	/	清澈亮黄
香气	/	淡淡清香
滋味	/	滋味清爽
叶底	/	花朵匀整

菊花茶

茶叶产地： 湖北省大别山、浙江省桐乡、安徽省亳州

茶叶介绍

　　菊花为人们所认识的样子总是多姿多彩，明黄鲜艳。除了极具观赏性，菊花茶的用途也很广泛，在家庭聚会、下午茶、饭后消食解腻的时候，菊花茶常被作为饮品饮用。菊花产地分布各地，自然品种繁多，比较引人注目的则有黄菊、白菊、杭白菊、贡菊、德菊、川菊、滁菊等，大多都具备较高的药用价值。

茶叶特色

外形	/	花朵外形
色泽	/	色泽明黄
汤色	/	汤色黄色
香气	/	清香怡人
滋味	/	滋味甘甜
叶底	/	叶子细嫩

洛神花茶

茶叶产地：广东、广西、台湾、云南、福建等各地

茶叶介绍

洛神花又称玫瑰茄、洛神葵、山茄等，广布于热带和亚热带地区，原产于西非、印度，目前在我国的广东、广西、福建、云南、台湾等地均有栽培。洛神花茶有美容、瘦身、降压之功效，很适合现代女性饮用。用其泡成的洛神花茶富含人体所需氨基酸、有机酸、维生素C及多种矿物质和木槿酸等，其中木槿酸被认为对治疗心脏病、高血压、动脉硬化等有一定疗效。

茶叶特色

外形	外形完整
色泽	透着鲜红
汤色	艳丽通红
香气	天然花香
滋味	微酸回甜
叶底	叶底匀整

红巧梅茶

茶叶产地： 中国西南边疆地区

茶叶介绍

　　红巧梅是干日红的一种，俗称妃子红，花朵红艳。红巧梅茶产于中国西南边疆地区，为历代宫廷饮用必备贡品，产量极为稀少。红巧梅茶富含精氨酸、天冬氨酸、谷氨酸、氨基丁酸、酪氨酸、脯氨酸、丝氨酸、苯丙氨酸、酥氨酸等多种氨基酸，具有调节内分泌紊乱、解郁降火、补血、健脾胃、通经络等功效。

茶叶特色

外形	/	朵朵饱满
色泽	/	鲜亮玫红
汤色	/	淡粉红色
香气	/	清高凛冽
滋味	/	甘甜清爽
叶底	/	叶底匀整